H3C 认证高级工程师实训教程

吴　昊　编著

清 华 大 学 出 版 社

北 京 交 通 大 学 出 版 社

·北京·

内 容 简 介

本教材按照新华三公司 H3CSE Routing & Switching（H3C Certified Senior Engineer for Routing & Switching, H3C 认证路由交换网络高级工程师）认证的知识要点进行设计。教材共 9 个章，分别是第 1 章交换技术、第 2 章路由基础、第 3 章 OSPF 协议、第 4 章 BGP 协议、第 5 章 IS-IS 协议、第 6 章组播技术、第 7 章 MPLS 技术、第 8 章 VPN 技术、第 9 章其他。

本教材将 H3CSE Routing & Switching 认证的大部分理论知识要点配合相应的实验内容进行验证，实现理论支持实践、实践印证理论，理实相互结合。通过学习，读者可以快速地熟悉 H3C 网络设备操作，理解、掌握信息和网络技术，更快地积累企业网络实践经验，有助于通过 H3CSE 认证。

本教材可作为高等职业院校 H3C 网络技术学院的实验教材，也适合用作网络技术方面的培训教材。此外，也可供网络工程技术专业人员参考使用。

需要特别说明的是，在实际的网络工程项目中，公/私 IP 地址是有严格限定的。本教材中的实验会使用到大量的 IP 地址，并没有严格地区分公/私 IP 地址，而是从便于实验操作的目的出发选择实验所需的 IP 地址。

图书在版编目（CIP）数据

H3C 认证高级工程师实训教程 /吴昊编著. —北京：北京交通大学出版社：清华大学出版社，2024.1

ISBN 978-7-5121-5149-9

Ⅰ. ①H… Ⅱ. ①吴… Ⅲ. ①计算机网络-教材 Ⅳ. ①TP393

中国国家版本馆 CIP 数据核字（2024）第 010064 号

H3C 认证高级工程师实训教程

H3C RENZHENG GAOJI GONGCHENGSHI SHIXUN JIAOCHENG

责任编辑：谭文芳

出版发行：	清华大学出版社	邮编：100084	电话：010-62776969	http://www.tup.com.cn
	北京交通大学出版社	邮编：100044	电话：010-51686414	http://www.bjtup.com.cn
印 刷 者：	三河市华骏印务包装有限公司			
经 销：	全国新华书店			
开 本：	185 mm×260 mm　印张：20.25　字数：518 千字			
版 印 次：	2024 年 1 月第 1 版　2024 年 1 月第 1 次印刷			
定 价：	59.00 元			

本书如有质量问题，请向北京交通大学出版社质监组反映。对您的意见和批评，我们表示欢迎和感谢。

投诉电话：010-51686043，51686008；传真：010-62225406；E-mail：press@bjtu.edu.cn。

前　　言

本书共有 58 个实验。每个实验由"原理概述""实验目的""实验内容""实验步骤""思考"模块组成。在"原理概述"和"实验目的"模块中讲解了开展实验应该掌握的知识和技能；在"实验步骤"模块中设计了实现实验的思路和方法；最后在"思考"模块中提出与实验知识内容相关的知识要点的思考，加深读者对网络知识的理解。

本书是 H3C 认证路由交换网络高级工程师的认证参考书，覆盖了 H3CSE 认证的知识要点。本书适用于以下几类读者。

1．高校学生。本书可作为计算机网络技术实验教材。配合 HCL 软件，本书可以帮助学生快速地熟悉新华三公司网络设备的操作，积累企业网络实践经验，更早获得认证。

2．新华三公司路由器和交换机的用户。本书可帮助新华三公司路由器和交换机的用户更加熟练地操作和使用网络设备，加深对网络技术的理解，通过实验模拟现网，丰富项目经验。

3．ICT（信息与通信技术）从业人员。本书有助于 ICT 从业人员获取新华三公司认证，提升在企业中的个人价值。

本书实验涉及的资源和"思考"模块的参考答案可扫描扉页上的二维码获取。

由于作者水平有限，教材中难免有不妥和疏漏之处，敬请各位专家、读者不吝指正（QQ号：329338630），特此为谢。

编　者
2023 年 11 月

目　　录

第 1 章　交　换　技　术

1.1　交换机原理

1.1.1　原理概述

1．交换机收到数据帧后的处理方式

交换机在收到一个数据帧后，提取数据帧中携带的 DMAC（destination MAC，目的 MAC）地址和 SMAC（source MAC，源 MAC）地址，结合 MAC 表项进行分析判断，对数据帧进行转发（forwarding）、泛洪（flooding）、丢弃（discarding）操作。

2．MAC 表项

（1）动态 MAC 表项（dynamic）

交换机每收到一个数据帧都会学习其中的 SMAC，并与收到该数据帧的接口编号、VLAN 信息形成动态 MAC 表项；动态 MAC 表项可以老化，自然老化时间为 300 秒。300 秒的理解为：若该 SMAC 在 300 秒内不再出现，则删除该表项记录。

① 若是热插拔等情况，动态 MAC 表项中相应的记录会立刻被删除；

② 若网络中存在集线器（hub），会出现多个 SMAC 对应一个接口的情况。

（2）静态 MAC 表项（static）

管理员手动配置，需要保存，热插拔不会导致表项丢失，也不会老化，静态 MAC 表项转发优先级优于动态 MAC 表项。

（3）黑洞 MAC 表项（blackhole）

与静态 MAC 表项类似，只是当匹配此表项的 DMAC/SMAC 出现后，交换机直接丢弃该数据帧。

3．交换机对数据帧的处理操作

（1）转发

若接收到的数据帧中 DMAC 的第 8 位为 0 的单播帧，则进行 MAC 地址表查询，查询到记录的按照 MAC 地址表进行转发。

（2）泛洪

交换机将从某个接口收到的数据帧向除该接口之外的所有启动的其他接口发送出去。触发泛洪行为的数据帧有广播帧、组播帧及 DMAC 未匹配 MAC 表项的数据帧。

（3）丢弃

交换机接收到的数据帧满足下面任意一种情况，则不进行转发，而是进行丢弃处理。

① 数据帧的 DMAC 和 SMAC 相同。

② 当匹配黑洞 MAC 表项时。

③ 数据帧残缺。

④ 交换机接口拥塞，缓存不够。

⑤ 交换机 CPU 过载。

1.1.2 实验目的

① 掌握静态 MAC 表项创建方法。

② 掌握与 MAC 表项相关的命令。

③ 理解掌握 ARP 报文的用途。

④ 理解 MAC 表项的基本作用和交换机工作机制。

⑤ 理解 PC 的数据帧封装过程和网关的作用。

1.1.3 实验内容

本实验是一个简单的网络场景，S1、S2 是接入层交换机，R1 为路由器，隔离 S1 和 S2 的业务网段。

本实验拓扑结构如图 1-1-1 所示。

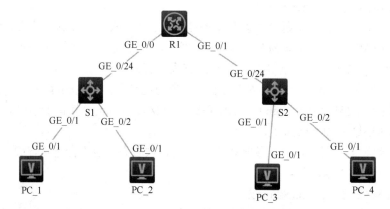

图 1-1-1   MAC 表项实验拓扑结构

实验编址如表 1-1-1 所示。

表 1-1-1   实验编址表

设备	接口	MAC 地址	IP 地址	子网掩码	网关
PC_1	GE 0/1	3a2a-917f-0406	192.168.10.1	255.255.255.0	192.168.10.254
PC_2	GE 0/1	3a2a-96c7-0506	192.168.10.2	255.255.255.0	192.168.10.254
PC_3	GE 0/1	3a2a-9cea-0606	192.168.20.1	255.255.255.0	192.168.20.254
PC_4	GE 0/1	3a2a-a13f-0706	192.168.20.2	255.255.255.0	192.168.20.254
R1	GE 0/0	3a29-e98c-0105	192.168.10.254	255.255.255.0	N/A
R1	GE 0/1	3a29-e98c-0106	192.168.20.254	255.255.255.0	N/A

注意：

1. 上述表格中，MAC 地址系模拟器算法产生，与设备添加顺序有关，请以实验操作时

MAC 地址为准。

2. HCL 模拟器可以通过 MAC 地址的第 10 个数值判断出设备添加顺序，如表 1-1-1 中 R1 所示，GE 0/1 口的 MAC 地址第 10 位数值为 1，则说明 R1 是在本实验中第一个添加的设备。

1.1.4　实验步骤

步骤 1：基本配置

在完成网络拓扑结构搭建后，启动拓扑设备之前，请在 PC_1 的 GE 0/1 和 R1 的 GE 0/1 口的链路上开启抓包程序。

PC 的 IP 地址配置略。

路由器的配置：

```
<H3C>system-view
[H3C]sysname R1
[R1]interface GigabitEthernet 0/0
[R1-GigabitEthernet0/0]ip address 192.168.10.254 24
[R1-GigabitEthernet0/0]quit
[R1]interface GigabitEthernet 0/1
[R1-GigabitEthernet0/1]ip address 192.168.20.254 24
```

交换机的配置：

```
S1:
<H3C>system-view
[H3C]sysname S1
S2:
<H3C>system-view
[H3C]sysname S2
```

步骤 2：观察 MAC 表项

在 S1 上使用[S1]display mac-address 查看 MAC 地址表：

MAC Address	VLAN ID	State	Port/Nickname	Aging
3a29-e98c-0105	1	Learned	GE 1/0/24	Y
3a2a-917f-0406	1	Learned	GE 1/0/1	Y
3a2a-96c7-0506	1	Learned	GE 1/0/2	Y

步骤 3：理解 ARP 报文

打开 PC_1 处的 wireshark 软件抓包，在输入栏输入 arp，如图 1-1-2 所示。

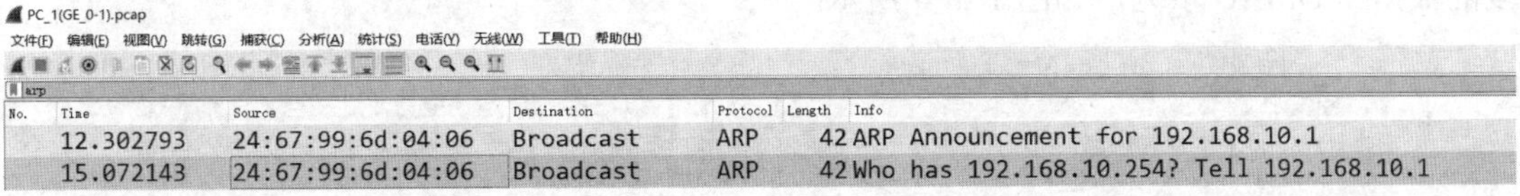

图 1-1-2　PC_1 的 GE 0/1 口的 ARP 数据报文

可以发现，PC_1 在配置完 IP 地址和网关地址后，发出了多个 ARP 报文，本实验只截取了其中两个重要的报文，如图 1-1-2 所示。

第一个 ARP 报文由 PC_1 发出，广播报文，用于检测 PC_1 的 IP 地址是否存在冲突；交换机通过该 ARP 报文，学习到了 PC_1 的 MAC，并记录学习到该报文的接口 GE 1/0/1 信息，形成 MAC 表项；同理，交换机可以习得 PC_2 的 MAC 地址。

第二个 ARP 报文也由 PC_1 发出，广播报文，用于向 PC_1 配置的网关请求其 MAC 地址，R1 的 GE 0/0 口是 PC_1 的网关，回复该请求，S1 记录学习到该报文的接口 GE 0/24 的信息，形成 MAC 表项。

步骤 4：配置静态 MAC 表项

[S1]mac-address static 3a2a-96c7-0506 interface GigabitEthernet 1/0/2 vlan 1				
[S1]display mac-address static				
MAC Address	VLAN ID	State	Port/Nickname	Aging
3a2a-96c7-0506	1	Static	GE1/0/2	N

将交换机 S1 与 PC_2 相连的接口更换为 GE 0/3，再打开 PC_1 终端调试台，使用 ping 命令测试 PC_1 与 PC_2 之间的通信，发现不能通信。原因在于静态 MAC 表项的优先级优于动态 MAC 表项，导致从 PC_1 发出的 ping 包，错误地被交换机从 GE 0/2 口进行转发，所以不能通信。

步骤 5：观察数据帧 DMAC 的变化过程，理解网关的用途

① 理解同一网段的数据帧 DMAC 填充。

PC_1 在网络层判断 DIP（destination IP，目的 IP 地址）与 SIP（source IP，源 IP 地址）是否属于同一个网段，如属于同一个网段，则在该终端 ARP 缓存表中查找目标主机 MAC 地址，如果查询不到，则以广播的形式发送 ARP 解析请求，解析目标主机的 MAC 地址。

在 PC_1 上使用 ping -c 1 192.168.10.2 访问 PC_2，开启 PC_1 上的软件抓包，理解同一网段的数据帧 DMAC 填充，如图 1-1-3 所示。

图 1-1-3   同一网段互访时 PC_1 的 DMAC 地址填充

② 理解不同网段的数据帧 DMAC 填充

PC_1 在网络层判断 DIP 与 SIP 是否属于同一个网段，如果不属于同一个网段，则使用网关的 MAC 地址填充到 DMAC，并发出。

在 PC_1 上使用 ping -c 1 192.168.20.1 访问 PC_3，开启 PC_1 上的软件抓包，理解不同网段的数据帧 DMAC 填充，如图 1-1-4 所示。

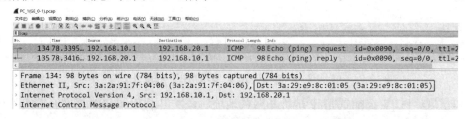

图 1-1-4   不同网段互访时 PC_1 的 DMAC 地址填充

1.1.5 思考

在本实验中，若 PC_1 和 PC_2 没有配置网关，它们能否互相通信？能否与 PC_3 通信？

1.2 VLAN 配置

1.2.1 原理概述

关于虚拟局域网（virtual local area network，VLAN）的基本概念和作用，在 H3CNE 的学习中已经有了一定的认知和理解，这里不再累述。下面着重讲解数据在交换机不同类型端口标记转发的过程。

1. access 端口标记转发

access 端口是交换机上用于连接用户终端设备的端口，是 H3C 交换设备默认的端口类型。下面以图 1-2-1 举例讲析数据帧在 access 端口转发标记的过程。

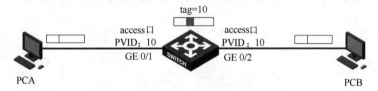

图 1-2-1 交换机 access 端口数据转发

➤ PCA 发出一个不带 VLAN 标记的数据去往 PCB，从交换机端口 GE 0/1 进入交换机；
➤ 交换机收到该数据后，通过物理层解析，变成数据帧，发现该帧未带 VLAN 标记，则使用 GE 0/1 端口的 PVID=10 充当该数据的 VLANID；
➤ 交换机查询 MAC 地址转发表，属于 VLAN10 的端口有 GE 0/2，且从该端口学习到的 MAC 表项正好有 PCB 的 MAC，则剥离 VLAN 标记，进行物理层封装，从 GE 0/2 端口单播发出；
➤ PCB 收到一个从 PCA 发出的不带 VLAN 标记的数据。

2. trunk 端口标记转发

trunk 端口是交换机上用于连接其他交换机的端口，它允许属于多个 VLAN 的帧通过。下面以图 1-2-2 举例讲析数据帧在 trunk 端口转发标记的过程。

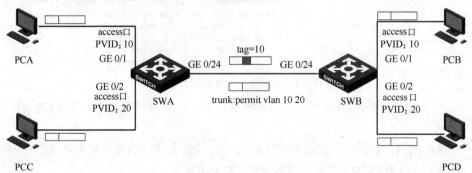

图 1-2-2 交换机 trunk 端口数据转发

> PCA 发出一个不带 VLAN 标记的数据去往 PCB，从交换机 SWA 端口 GE 0/1 进入交换机；

> 交换机 SWA 收到该数据后，通过物理层解析，变成数据帧，发现该帧未带 VLAN 标记，则使用 GE 0/1 端口的 PVID=10 充当该数据的 VLANID；

> 交换机 SWA 查询 MAC 表项和接口信息，发现该帧需要通过 GE 0/24 端口进行转发，进行物理层封装，执行转发；

> 交换机 SWB 从 GE 0/24 端口收到一个数据，通过物理层解析后，发现该帧携带 VLANID=10，查询 MAC 地址转发表和接口信息，发现该帧需要通过 GE 0/1 端口进行转发，且该帧的 VLANID=10 与 GE 0/1 端口的 PVID=10 相同，则剥离 VLAN 标记，执行转发；

> PCB 收到一个从 PCA 发出的不带 VLAN 标记的数据。

3．hybrid 端口标记转发

hybrid（混杂）端口既可以连接交换机也可以连接用户终端设备，它允许属于多个 VLAN 的帧通过，下面以图 1-2-3 举例讲析数据帧在 hybrid 端口转发标记的过程。

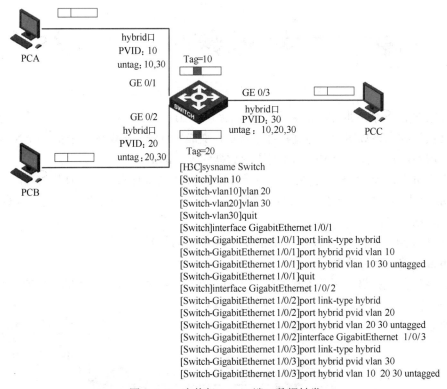

```
[H3C]sysname Switch
[Switch]vlan 10
[Switch-vlan10]vlan 20
[Switch-vlan20]vlan 30
[Switch-vlan30]quit
[Switch]interface GigabitEthernet 1/0/1
[Switch-GigabitEthernet 1/0/1]port link-type hybrid
[Switch-GigabitEthernet 1/0/1]port hybrid pvid vlan 10
[Switch-GigabitEthernet 1/0/1]port hybrid vlan 10 30 untagged
[Switch-GigabitEthernet 1/0/1]quit
[Switch]interface GigabitEthernet 1/0/2
[Switch-GigabitEthernet 1/0/2]port link-type hybrid
[Switch-GigabitEthernet 1/0/2]port hybrid pvid vlan 20
[Switch-GigabitEthernet 1/0/2]port hybrid vlan 20 30 untagged
[Switch-GigabitEthernet 1/0/2]interface GigabitEthernet 1/0/3
[Switch-GigabitEthernet 1/0/3]port link-type hybrid
[Switch-GigabitEthernet 1/0/3]port hybrid pvid vlan 30
[Switch-GigabitEthernet 1/0/3]port hybrid vlan 10 20 30 untagged
```

图 1-2-3　交换机 hybrid 端口数据转发

① PCA 发出一个不带 VLAN 标记的数据去往 PCC，从交换机 SWA 端口 GE 0/1 进入交换机；

② 交换机收到该数据后，通过物理层解析，变成数据帧，发现该帧未带 VLAN 标记，则使用 GE 0/1 端口的 PVID=10 充当该数据的 VLANID；

③ 交换机查询 MAC 表项和接口信息，发现该帧需要通过 GE 0/3 端口进行转发，因为 GE 0/3 端口针对 VLANID=10 的数据帧需要剥离标记，所以剥离标记后，进行物理层封装，执行转发；

④ PCC 收到一个从 PCA 发出的不带 vlan 标记的数据。

1.2.2 实验目的

① 掌握交换机端口设置。
② 掌握 VLAN 的基本配置。
③ 理解局域网中 VLAN 标记。

1.2.3 实验内容

本实验拓扑结构如图 1-2-4 所示，实验编址如表 1-2-1 所示。SWA 与 SWB 是楼层间交换设备。企业希望通过 VLAN 的划分和配置，实现各业务部门之间的通信。具体需求为：A 部门和 B 部门能够与 C 部门进行通信，但是 A 部门与 B 部门之间不能互相通信。

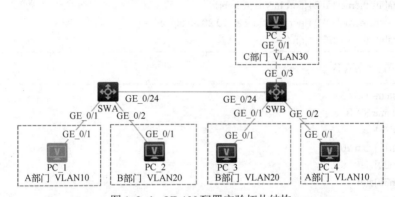

图 1-2-4　VLAN 配置实验拓扑结构

表 1-2-1　实验编址表

设备	接口	IP 地址	子网掩码	网关
PC_1	GE 0/1	192.168.10.1	255.255.255.0	N/A
PC_2	GE 0/1	192.168.10.2	255.255.255.0	N/A
PC_3	GE 0/1	192.168.10.3	255.255.255.0	N/A
PC_4	GE 0/1	192.168.10.4	255.255.255.0	N/A
PC_5	GE 0/1	192.168.10.5	255.255.255.0	N/A

1.2.4 实验步骤

步骤 1：PC 的 IP 地址配置
略。
步骤 2：SWA 的配置

```
<H3C>system-view
```

```
[H3C]sysname SWA
[SWA]vlan 10
[SWA-vlan10]vlan 20
[SWA-vlan20]vlan 30
[SWA-vlan30]quit
[SWA]interface GigabitEthernet 1/0/1
[SWA-GigabitEthernet1/0/1]port link-type hybrid
[SWA-GigabitEthernet1/0/1]port hybrid pvid vlan 10
[SWA-GigabitEthernet1/0/1]port hybrid vlan 10 30 untagged
[SWA-GigabitEthernet1/0/1]quit
[SWA]interface GigabitEthernet 1/0/2
[SWA-GigabitEthernet1/0/2]port link-type hybrid
[SWA-GigabitEthernet1/0/2]port hybrid pvid vlan 20
[SWA-GigabitEthernet1/0/2]port hybrid vlan 20 30 untagged
[SWA-GigabitEthernet1/0/2]quit
[SWA]interface GigabitEthernet 1/0/24
[SWA-GigabitEthernet1/0/24]port link-type hybrid
[SWA-GigabitEthernet1/0/24]port hybrid vlan 10 20 30 tagged
[SWA-GigabitEthernet1/0/24]quit:
```

步骤 3：配置 SWB

```
<H3C>system-view
[H3C]sysname SWB
[SWB]vlan 10
[SWB-vlan10]vlan 20
[SWB-vlan20]vlan 30
[SWB-vlan30]quit
[SWB]interface GigabitEthernet 1/0/1
[SWB-GigabitEthernet1/0/1]port link-type hybrid
[SWB-GigabitEthernet1/0/1]port hybrid pvid vlan 20
[SWB-GigabitEthernet1/0/1]port hybrid vlan 30 untagged
[SWB-GigabitEthernet1/0/1]quit
[SWB]interface GigabitEthernet 1/0/2
[SWB-GigabitEthernet1/0/2]port link-type hybrid
[SWB-GigabitEthernet1/0/2]port hybrid pvid vlan 10
[SWB-GigabitEthernet1/0/2]port hybrid vlan 10 30 untagged
[SWB-GigabitEthernet1/0/2]quit
[SWB]interface GigabitEthernet 1/0/24
[SWB-GigabitEthernet1/0/24]port link-type hybrid
[SWB-GigabitEthernet1/0/24]port hybrid vlan 10 20 30 tagged
[SWB-GigabitEthernet1/0/24]quit
[SWB]interface GigabitEthernet 1/0/3
[SWB-GigabitEthernet1/0/3]port hybrid pvid vlan 30
[SWB-GigabitEthernet1/0/3]port hybrid vlan 10 20 30 untagged
[SWB-GigabitEthernet1/0/3]quit
```

1.2.5 实验验证

PC_1 能够 ping 通 PC_4 和 PC_5，不能 ping 通 PC_2 和 PC_3。

1.2.6 思考

1. 描述 PC_1 使用 ping 命令访问 PC_5 的数据帧封装、标记、转发的过程。
2. SWA 的 GE 0/1 口设定 port hybrid vlan 10 untagged 的意义。

1.3 VLAN 间通信配置

1.3.1 原理概述

因为 VLAN 能够对广播进行隔离，通常情况下如果不采用特殊的方法（如 1.2 节介绍了 hybrid 端口的方法），VLAN 之间是不能够进行数据链路层通信的。VLAN 之间的通信需要在网络层才能实现，常见的设备有三层交换机和路由器。

一般情况下，从外观无法判断出交换机是三层交换机还是二层交换机。在实际工作中，应前往设备厂家的官方网站进行查询。在工程项目中，在制定采购清单时，应根据项目需求对交换设备具有的特殊功能加以标识，例如：需要交换机具有 POE 供电功能，便于项目的顺利开展。

1.3.2 实验目的

① 掌握三层交换机单臂路由配置的方法。
② 理解三层交换机数据流向和数据帧封装的过程。

1.3.3 实验内容

本实验拓扑结构如图 1-3-1 所示，实验编址如表 1-3-1 所示。本实验模拟了一个简单网络场景，S2 是接入层交换机（二层交换机），S1 是核心层交换机（三层），PC_1 和 PC_2 属于两个不同 VLAN 业务流的计算机，通过 S1 设备来实现两个 VLAN 间计算机的通信。

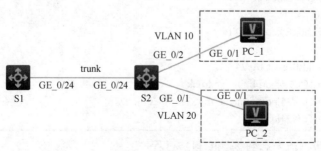

图 1-3-1　VLAN 间通信配置实验拓扑结构

表 1-3-1　实验编址表

设备	接口	IP 地址	子网掩码	网关
PC_1	GE 0/1	192.168.10.1	255.255.255.0	192.168.10.254
PC_2	GE 0/1	192.168.20.1	255.255.255.0	192.168.20.254
S1	VLAN 10	192.168.10.254	255.255.255.0	N/A
	VLAN 20	192.168.20.254	255.255.255.0	N/A

1.3.4　实验步骤

步骤 1：基本配置

完成网络拓扑结构搭建后，启动拓扑设备之前，在 PC_1 的 GE 0/1、S1 的 GE 0/24 和 PC_2 的 GE 0/1 口处开启抓包程序。

PC 的 IP 地址配置（略）。

交换机 S1 的配置如下：

```
<H3C>system-view
[H3C]sysname S1
[S1]vlan 10
[S1-vlan10]vlan 20
[S1-vlan20]quit
[S1]interface GigabitEthernet 1/0/24
[S1-GigabitEthernet1/0/24]port trunk permit vlan 10 20
[S1-GigabitEthernet1/0/24]quit
[S1]interface vlan 10
[S1-Vlan-interface10]ip address 192.168.10.254 24
[S1-Vlan-interface10]quit
[S1]interface vlan 20
[S1-Vlan-interface20]ip address 192.168.20.254 24
```

交换机 S2 的配置如下：

```
<H3C>system-view
[H3C]sysname S2
[S2]vlan 10
[S2-vlan10]port GigabitEthernet 1/0/2
[S2-vlan10]vlan 20
[S2-vlan20]port GigabitEthernet 1/0/1
[S2-vlan20]quit
[S2]interface GigabitEthernet 1/0/24
[S2-GigabitEthernet1/0/24]port link-type trunk
[S2-GigabitEthernet1/0/24]port trunk permit vlan 10 20
[S2-GigabitEthernet1/0/24]quit:
```

步骤 2：观察数据流向和数据帧的封装过程

PC_1 输入命令 ping -c 1 192.168.20.1，测试 PC_2 的通信。

PC_1 去往 PC_2 的流量按照图 1-3-2 中①~⑥的路径转发，而 PC_2 返回 PC_1 的流量按照⑥~①的路径转发。

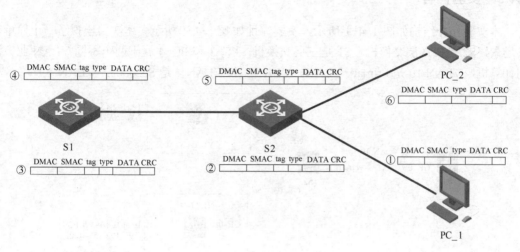

图 1-3-2　数据传输和封装图示

1.3.5　思考

请结合抓包软件分析图 1-3-2 中①~⑥的数据帧中，每一步的 DMAC、SMAC、tag 对应的值，理解加深数据帧的封装过程。

1.4　Private VLAN 配置

1.4.1　原理概述

在大型网络中（特别是运营商的网络），一般要求接入用户之间相互隔离，VLAN 可以隔离广播域，但是 VLAN 数量只有 4 096 个，明显不够，使用 Private VLAN 技术可以满足接入用户的隔离需求。

Private VLAN 在同一个交换设备上设置 Primary VLAN 和 Secondary VLAN 两类 VLAN。

Primary VLAN 用于上行连接，不同的 Secondary VLAN 关联到同一个 Primary VLAN。上行设备只知道 Primary VLAN。

Secondary VLAN 用于用户连接，Secondary VLAN 之间二层互相隔离；如果需要 Secondary VLAN 之间相互通信，则需要在上行设备中配置本地代理 ARP 实现 Secondary VLAN 间三层通信。

因此可以理解为每一个 Primary VLAN 都最大可以拥有 4 096 个 Secondary VLAN，满足了接入用户的隔离需求。

1.4.2　实验目的

① 掌握 Private VLAN 配置。

② 理解 Private VLAN 的应用场景和数据帧封装的过程。

1.4.3　实验内容

本实验拓扑结构如图 1-4-1 所示，实验编址如表 1-4-1 所示。本实验模拟了一个简单网络场景，S2 是接入层交换机，S1 是三层交换机，PC_3 和 PC_4 属于两个不同 VLAN 业务流的计算机，VLAN 10 是 Primary VLAN，VLAN 3 和 VLAN 4 是 Secondary VLAN。

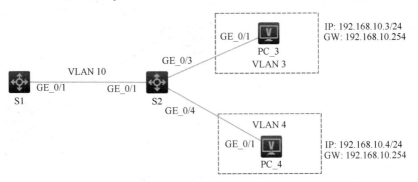

图 1-4-1　Primary VLAN 配置实验拓扑结构

表 1-4-1　实验编址表

设备	接口	IP 地址	子网掩码	网关
PC_3	GE 0/1	192.168.10.3	255.255.255.0	192.168.10.254
PC_4	GE 0/1	192.168.20.4	255.255.255.0	192.168.10.254
S1	VLAN 10	192.168.10.254	255.255.255.0	N/A

1.4.4　实验步骤

步骤 1：基本配置

PC 的 IP 地址配置（略）。

交换机 S1 的配置：

```
<H3C>system-view
[H3C]sysname S1
[S1]vlan 10
[S1]interface Vlan-interface 10
[S1-Vlan-interface10]ip address 192.168.10.254 24
[S1-Vlan-interface10]quit
[S1] interface GigabitEthernet 1/0/1
[S1-GigabitEthernet1/0/1] port access vlan 10
//本实验此端口属于上行端口，只对应一个 Primary VLAN；
//若需要对应多个 Primary VLAN，根据实际需求设定端口为 hybrid 或是 trunk 端口，并放行相应的 VLAN
[S1-GigabitEthernet1/0/1]quit
```

交换机 S2 的配置：

```
<H3C>system-view
```

```
[H3C]sysname S2
[S2]vlan 3
[S2-vlan3]vlan 4
[S2-vlan4]vlan 10
[S2-vlan10]private-vlan primary
[S2-vlan10]private-vlan secondary 3 4
//设定完成后，请使用 display this 观察 Primary VLAN 的具体信息
[S2] interface GigabitEthernet 1/0/1
[S2-GigabitEthernet1/0/1]port private-vlan 10 promiscuous
//此命令会按照 VLAN 10 的配置，将端口从 access 端口自动变为 hybrid 端口
//本实验上行端口只对应一个 Primary VLAN，因此设定工作模式为 promiscuous
//若上行端口对应多个 Primary VLAN，则应当设定模式为 trunk promiscuous
[S2-GigabitEthernet1/0/1]display this
#
interface GigabitEthernet1/0/1
port link-mode bridge
port link-type hybrid
undo port hybrid vlan 1
port hybrid vlan 3 to 4 10 untagged
port hybrid pvid vlan 10
port private-vlan 10 promiscuous
combo enable fiber
#
[S2-GigabitEthernet1/0/1]quit
[S2]interface g1/0/3
[S2-GigabitEthernet1/0/3]port access vlan 3
[S2-GigabitEthernet1/0/3]port private-vlan host
[S2-GigabitEthernet1/0/3]quit
[S2]interface g1/0/4
[S2-GigabitEthernet1/0/4]port access vlan 4
[S2-GigabitEthernet1/0/4]dis this
#
interface GigabitEthernet1/0/4
port link-mode bridge
  port access vlan 4
combo enable fiber
#
[S2-GigabitEthernet1/0/4]port private-vlan host
//此命令会按照 VLAN 10 的配置，将端口从 access 端口自动变为 hybrid 端口
//本实验下行端口 GE 0/3 和 GE 0/4 只对应一个 Secondary VLAN，所以设定为 host 模式
//若下行端口对应多个 Secondary VLAN，则需要设定该端口为 trunk secondary 模式
[S2-GigabitEthernet1/0/4]display this
#
interface GigabitEthernet1/0/4
port link-mode bridge
port link-type hybrid
```

```
undo port hybrid vlan 1
port hybrid vlan 4 10 untagged
port hybrid pvid vlan 4
port private-vlan host
combo enable fiber
```

步骤 2：验证

（1）PC_3 和 PC_4 使用 ping 命令测试与 VLAN 10 的连通性，可以通信。

（2）PC_3 和 PC_4 属于 Secondary VLAN，隔离，不能通信。

若需要 Secondary VLAN 之间能够通信，需要在 S1 的 VLAN 10 接口开启本地代理 ARP 协议。

```
[S1]interface vlan 10
[S1-Vlan-interface10]local-proxy-arp enable
```

1.4.5 思考

参照实验 1.2 的思考题解析，可知，采用 hybrid 端口配置时，数据帧在进行转发时会有泛洪广播的情况。那么 Primary VLAN 是否也存在这个情况？

1.5   Super VLAN 配置

1.5.1   原理概述

通过前面的项目可以知道，在一般的交换设备中，通常采用一个 VLAN 对应一个 VLAN 接口的方式来实现广播域间互通，但是这种情况下也导致了 IP 地址的浪费。

Super VLAN 可以实现 VLAN 的聚合。一个 Super VLAN 和多个 Sub VLAN 相关联，关联的 Sub VLAN 使用 Super VLAN 对应的接口 IP 地址作为三层通信的网关地址实现 Sub VLAN 间通信及 Sub VLAN 与外网通信，节约 IP 地址。

① Super VLAN：支持创建 VLAN 接口，可以配置 IP，不能加入物理接口；

② Sub VLAN：不支持创建 VLAN 接口，可以加入物理接口，不同 Sub VLAN 之间二层隔离。

为了实现 Sub VLAN 之间三层互通，在创建好 Super VLAN 及其 Super VLAN 接口之后，在 Super VLAN 接口上启动本地代理功能。

① 本地代理 ARP 功能：适用 IPV4 环境。

② 本地代理 ND 功能：适用 IPV6 环境。

Super VLAN 配置需要注意的事项：

↻ MAC VLAN 表项中的 VLAN 不能配置成为 Super VLAN；

↻ 一个 VLAN 不能同时成为 Super VLAN 和 Sub VLAN。

1.5.2   实验目的

① 理解 Super VLAN 原理和使用场景。

② 掌握 Super VLAN 配置。

1.5.3 实验内容

本实验拓扑结构如图 1-5-1 所示，实验编址如表 1-5-1 所示。本实验模拟了一个简单网络场景，S1 上行交换机、PC_3 和 PC_4 属于两个不同 VLAN 业务流的计算机，VLAN 10 是 Super VLAN，VLAN 3 和 VLAN 4 是 Sub VLAN。

注意: HCL 现有版本（V3.0.1 及其低版本）不支持本实验，请使用实体设备进行实验验证。

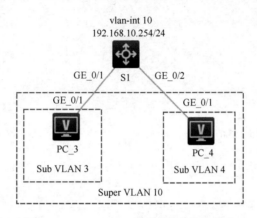

图 1-5-1 Super VLAN 配置实验拓扑结构

表 1-5-1 实验编址表

设备	接口	IP 地址	子网掩码	网关
PC_3	GE 0/1	192.168.10.3	255.255.255.0	192.168.10.254
PC_4	GE 0/1	192.168.20.4	255.255.255.0	192.168.10.254
S1	VLAN 10	192.168.10.254	255.255.255.0	N/A

1.5.4 实验步骤

步骤 1：基本配置
PC 的 IP 地址配置（略）。
交换机 S1 的配置如下：

```
<H3C>system-view
[H3C]sysname S1
[S1]vlan 3
[S1-vlan3]port GigabitEthernet 1/0/1
[S1-vlan3]quit
[S1]vlan 4
[S1-vlan4]port GigabitEthernet 1/0/2
[S1-vlan4]quit
```

```
[S1]vlan 10
[S1-vlan10]supervlan
[S1-vlan10]subvlan 3 4
[S1-vlan10]quit
[S1]interface vlan 10
[S1-Vlan-interface10]ip address 192.168.10.254 24
[S1-Vlan-interface10]local-proxy-arp enable
[S1-Vlan-interface10]quit
[S1]display   supervlan
Super VLAN ID: 10
Sub-VLAN ID: 3-4

VLAN ID: 10
VLAN type: Static
It is a Super VLAN.
Route interface: Configured
IPv4 address: 192.168.10.254
IPv4 subnet mask: 255.255.255.0
Description: VLAN 0010
Name: VLAN 0010
Tagged ports:     None
Untagged ports: None

VLAN ID: 3
VLAN type: Static
It is a Sub-VLAN.
Route interface: Configured
IPv4 address: 192.168.10.254
IPv4 subnet mask: 255.255.255.0
Description: VLAN 0003
Name: VLAN 0003
Tagged ports:     None
Untagged ports:
GigabitEthernet1/0/1

VLAN ID: 4
VLAN type: Static
It is a Sub-VLAN.
Route interface: Configured
IPv4 address: 192.168.10.254
IPv4 subnet mask: 255.255.255.0
Description: VLAN 0004
Name: VLAN 0004
Tagged ports:     None
Untagged ports:
GigabitEthernet1/0/2
```

步骤 2：验证

PC_3 和 PC_4 使用 ping 命令测试互通性，可以通信。

1.5.5 思考

与使用 hybrid 端口的方法比较，Super VLAN 方法在实现二层隔离时有何优点？

1.6 STP 配置

1.6.1 原理概述

1. STP（生成树）协议产生的背景

在网络中，常常使用冗余结构使网络存在二层环路以此来提高网络的可靠性，但同时也会因为环路带来以下问题。

① 广播风暴：因为数据帧在二层没有防环机制，且交换机对数据帧存在泛洪的行为，导致交换机对数据帧存在多次重复处理，从而降低交换机的效率。

② MAC 表项震荡：在同一个广播域中同一个 MAC 地址只能由一个端口学习得到并形成 MAC 表项，若存在环路，则会导致 MAC 表项转发表震荡，从而引起数据帧的错误转发。

所在 IEEE802.1D 标准中，使用 STP 技术来消除数据链路层环路。STP 协议通过计算，动态地逻辑阻断/激活冗余链路，来保证网络具有冗余性，以避免出现上述两种严重后果。

2. STP 的选举参数

桥 ID（BID）：每一个交换机由一个 BID 来标识，BID 由 Priority+MAC 组成，越小越优。

① Priority：0~61 440，且数值必须是 4 096 的倍数，默认数值为 32 768。

② MAC：设备 CPU 的 MAC 地址。

3. BPDU（桥协议数据单元）

交换机使用 BPDU 来交互 STP 协议信息。下面介绍配置 BPDU 中四个重要的参数概念。

① RID：根桥的 BID。

② RPC（根路径开销）：对于根桥来说，RPC=0；对于非根桥来说，RPC=非根桥的根端口到根桥的开销之和。

③ BID：交换机自身的 BID。

④ PID：由端口优先级+端口 ID 组成，优先级取值为 0~240，默认为 128，取 16 的整数。

RID 越小越优>RPC 越小越优>BID 越小越优>PID 越小越优（有 hub 的情况下比较 PID）。

4. STP 设备角色和端口角色

① 根桥（root 桥）：发送最优 BPDU 的交换机。

② RP（根端口）：非根桥上接收到最优 BPDU 端口。

③ DP（指定端口）：链路上发送最优 BPDU 端口。

④ AP（备用端口）：既不是 RP 端口，也不是 DP 端口。

5. STP 协议工作机制

运行 STP 协议的交换机通过交互配置 BPDU 获取 STP 协议所需要的参数；配置 BPDU

采用二层组播方式并按照 hello time 设定的数值，周期发送，DMAC 为 01-80-C2-00-00-00。
通过计算，完成下面的操作：

① 选举一个根桥；

② 每个非根桥交换机选举一个根端口；

③ 每个冲突域选举一个指定端口；

④ 阻塞非根端口，非指定端口。

1.6.2　实验目的

① 理解掌握 STP 计算的过程。

② 掌握 STP 配置。

1.6.3　实验内容

本实验拓扑结构如图 1-6-1 所示。本实验模拟了一个简单网络场景，需要网络管理员按照拓扑需求完成相关配置。

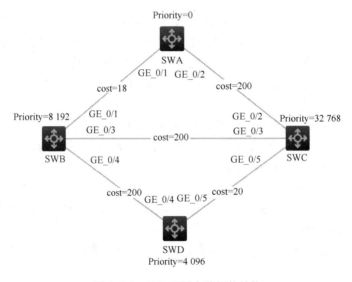

图 1-6-1　STP 配置实验拓扑结构

步骤 1：基本配置

SWA 的配置如下：

```
[H3C]sysname SWA
[SWA]stp mode stp              //H3C 设备默认自动开启 STP，且默认模式为 MSTP
[SWA]stp priority 0
[SWA]interface GigabitEthernet 1/0/1
[SWA-GigabitEthernet1/0/1]stp cost 18
[SWA-GigabitEthernet1/0/1]quit
[SWA]interface GigabitEthernet 1/0/2
[SWA-GigabitEthernet1/0/2]stp cost 200
```

```
[SWA-GigabitEthernet1/0/2]quit
```

SWB 的配置如下：

```
[H3C]sysname SWB
[SWB]stp mode stp
[SWB]stp priority 8192
[SWB]interface GigabitEthernet 1/0/1
[SWB-GigabitEthernet1/0/1]stp cost 18
[SWB-GigabitEthernet1/0/1]quit
[SWB]interface GigabitEthernet 1/0/3
[SWB-GigabitEthernet1/0/3]stp cost 200
[SWB-GigabitEthernet1/0/3]quit
[SWB]interface GigabitEthernet 1/0/4
[SWB-GigabitEthernet1/0/4]stp cost 200
[SWB-GigabitEthernet1/0/4]quit
```

SWC 的配置如下：

```
[H3C]sysname SWC
[SWC]stp mode stp
[SWC]interface GigabitEthernet 1/0/2
[SWC-GigabitEthernet1/0/2]stp cost 200
[SWC-GigabitEthernet1/0/2]quit
[SWC]interface GigabitEthernet 1/0/3
[SWC-GigabitEthernet1/0/3]stp cost 200
[SWC-GigabitEthernet1/0/3]quit
[SWC]interface GigabitEthernet 1/0/5
[SWC-GigabitEthernet1/0/5]stp cost 20
[SWC-GigabitEthernet1/0/5]quit
```

SWD 的配置如下：

```
[H3C]sysname SWD
[SWD]stp mode stp
[SWD]stp priority 4096
[SWD]interface GigabitEthernet 1/0/4
[SWD-GigabitEthernet1/0/4]stp cost 200
[SWD-GigabitEthernet1/0/4]quit
[SWD]interface GigabitEthernet 1/0/5
[SWD-GigabitEthernet1/0/5]stp cost 20
[SWD-GigabitEthernet1/0/5]quit
```

步骤 2：理解 STP 计算的过程

为了便于理解，假设四台交换机同时启动，同时同步发送配置 BPDU。

① 当交换机第一次发送配置 BPDU 时，都认为自己是根桥，开始发送配置 BPDU，如

图 1-6-2 所示。

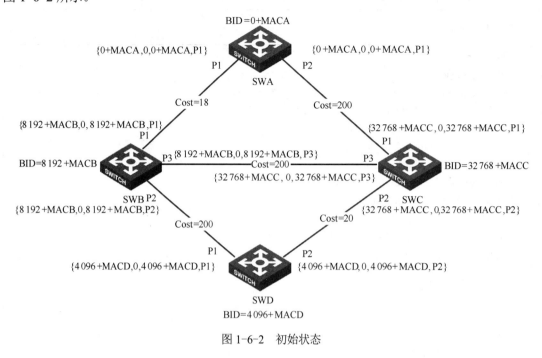

图 1-6-2　初始状态

② 各交换机收到对端的配置 BPDU 后，若收到的 BPDU 优于本端口的 BPDU，则保存并记录该表项信息，如图 1-6-3 所示。

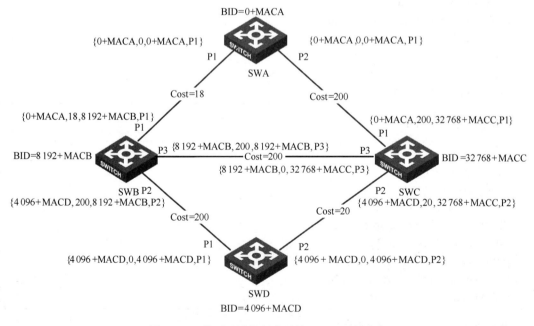

图 1-6-3　收到对端设备发送的 BPDU 后的状态

③ 各交换设备对比各端口收到并记录的 BPDU，记录最优的 BPDU 配置，准备下一次发送，如图 1-6-4 所示。

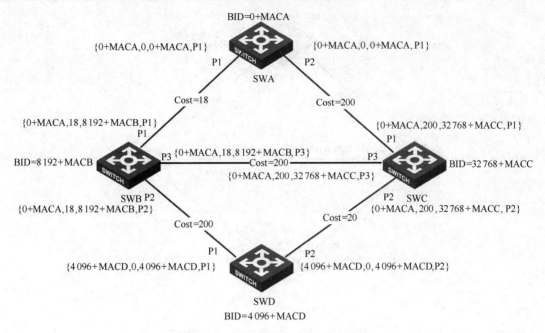

图 1-6-4　各设备计算出最优的 BPDU

④ 各设备等待一个 hello time 的时间后，按照上次计算出的结果，第二次对外发出配置 BPDU，如图 1-6-5 所示。

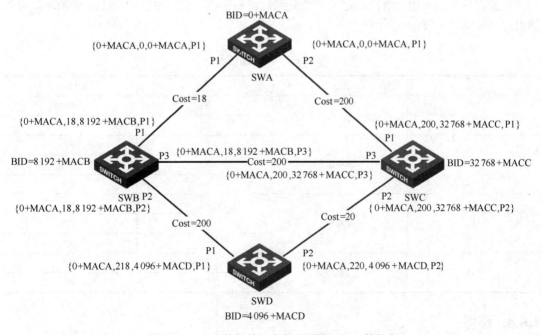

图 1-6-5　各交换机第二次发送配置 BPDU 的状态

⑤ 各交换设备对比各端口收到并记录的 BPDU，记录最优的 BPDU 配置，准备下一次发送，如图 1-6-6 所示。

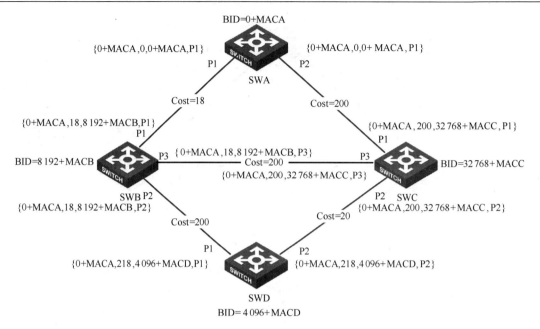

图 1-6-6　各设备计算出最优的 BPDU

根据上述计算方法结合本拓扑可知，所有交换设备的后续第 $N \geqslant 3$ 次的计算结果都与图 1-6-6 所示一致，代表网络处于稳定状态。

根据设备角色和端口角色的定义，计算判定设备角色和端口角色如表 1-6-1 所示，分析结果与实验结果一致。

表 1-6-1　STP 角色表

设备	角色	端口	端口角色
SWA	根桥	P1	DP
		P2	DP
SWB	非根桥	P1	RP
		P2	DP
		P3	DP
SWC	非根桥	P1	RP
		P2	DP
		P3	AP
SWD	非根桥	P1	RP
		P2	AP

1.6.4　思考

如图 1-6-7 所示，当存在网络状态变化时，网络的收敛时间是多少？

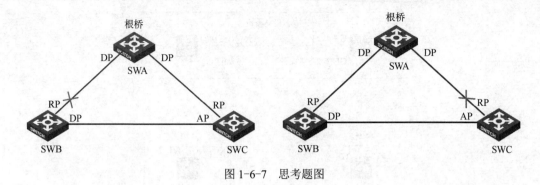

图 1-6-7　思考题图

1.7　MSTP 配置

1.7.1　原理概述

1. MSTP 协议原理

STP/RSTP 计算时，所有的 VLAN 都共享一棵生成树，无法实现不同 VLAN 在多条 trunk 链路上的负载分担。在 IEEE 的 802.1S 的标准定义中，MSTP 基于实例（instance）计算出多棵生成树，每个实例可以包含一个或多个 VLAN，通过配置，实现了 VLAN 组之间的负载分担。

2. MSTP 计算规则

将域名（region name）和 VLAN 绑定的实例进行 hash 算法计算，只要数值一样，则认为属于同一个域。

上述情况下，有一定的概率会出现不同的域名和 VLAN 绑定的实例计算出的 hash 数值相同，则增加修订级别（revision-level）来辅助区分，建议不同的域之间配置的修订级别不相同，避免出现误判的情况。

在同一个 MSTP 域中，若域名、实例映射关系、修订级别配置出现不同，则设备传递 MSTP 的 BPDU 的过程中，配置摘要（configuration digest）数值不同，那么网桥设备将在逻辑上属于不同的域，会出现 MAST 端口。

1.7.2　实验目的

① 掌握 MSTP 配置。
② 掌握 MSTP 排障方法。

1.7.3　实验内容

本实验拓扑结构如图 1-7-1 所示。某企业网络拓扑如图所示，S3 和 S4 为接入层交换机，S1 和 S2 为核心层交换机。该企业主要业务有两条，分别使用 VLAN 10 和 VLAN 20 标记，A 部门和 B 部门都需要使用到这两个业务数据。

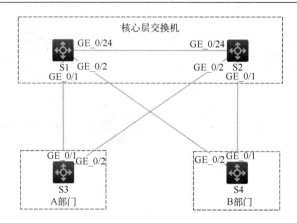

图 1-7-1　MSTP 配置实验拓扑结构

1.7.4　实验步骤

步骤 1：基本配置

S1 的配置如下：

```
[H3C]sysname S1
[S1]vlan 10
[S1-vlan10]vlan 20
[S1-vlan20]quit
[S1]interface GigabitEthernet 1/0/1
[S1-GigabitEthernet1/0/1]port link-type trunk
[S1-GigabitEthernet1/0/1]port trunk permit vlan 10 20
[S1-GigabitEthernet1/0/1]quit
[S1]interface GigabitEthernet 1/0/2
[S1-GigabitEthernet1/0/2]port link-type trunk
[S1-GigabitEthernet1/0/2]port trunk permit vlan 1 10 20
[S1-GigabitEthernet1/0/2]quit
[S1]interface GigabitEthernet 1/0/24
[S1-GigabitEthernet1/0/24]port link-type trunk
[S1-GigabitEthernet1/0/24]port trunk permit vlan 10 20
[S1-GigabitEthernet1/0/24]quit
[S1]stp region-configuration
[S1-mst-region]region-name TEST
[S1-mst-region]revision-level 1
[S1-mst-region]instance 1 vlan 10
[S1-mst-region]instance 2 vlan 20
[S1-mst-region]active region-configuration    //如果需要对域中设置做出修改，必须激活后才能生效
[S1-mst-region]quit
[S1]stp instance 1 priority 4096
[S1]stp instance 2 priority 8192
```

S2 的配置如下：

```
[H3C]sysname S2
[S2]vlan 10
[S2-vlan10]vlan 20
[S2-vlan20]quit
[S2]interface GigabitEthernet 1/0/1
[S2-GigabitEthernet1/0/1]port link-type trunk
[S2-GigabitEthernet1/0/1]port trunk permit vlan 10 20
[S2-GigabitEthernet1/0/1]quit
[S2]interface GigabitEthernet 1/0/2
[S2-GigabitEthernet1/0/2]port link-type trunk
[S2-GigabitEthernet1/0/2]port trunk permit vlan 1 10 20
[S2-GigabitEthernet1/0/2]quit
[S2]interface GigabitEthernet 1/0/24
[S2-GigabitEthernet1/0/24]port link-type trunk
[S2-GigabitEthernet1/0/24]port trunk permit vlan 10 20
[S2-GigabitEthernet1/0/24]quit
[S2]stp region-configuration
[S2-mst-region]region-name TEST
[S2-mst-region]revision-level 1
[S2-mst-region]instance 1 vlan 10
[S2-mst-region]instance 2 vlan 20
[S2-mst-region]active region-configuration
[S2-mst-region]quit
[S2]stp instance 1 priority 8192
[S2]stp instance 2 priority 4096
```

S3 的配置如下：

```
[H3C]sysname S3
[S3]vlan 10
[S3-vlan10]vlan 20
[S3-vlan20]quit
[S3]interface GigabitEthernet 1/0/1
[S3-GigabitEthernet1/0/1]port link-type trunk
[S3-GigabitEthernet1/0/1]port trunk permit vlan 10 20
[S3-GigabitEthernet1/0/1]quit
[S3]interface GigabitEthernet 1/0/2
[S3-GigabitEthernet1/0/2]port link-type trunk
[S3-GigabitEthernet1/0/2]port trunk permit vlan 1 10 20
[S3-GigabitEthernet1/0/2]quit
[S3]stp region-configuration
[S3-mst-region]region-name TEST
[S3-mst-region]revision-level 1
[S3-mst-region]instance 1 vlan 10
[S3-mst-region]instance 2 vlan 20
[S3-mst-region]active region-configuration
[S3-mst-region]quit
```

S4 的配置如下：

```
[H3C]sysname S4
[S4]vlan 10
[S4-vlan10]vlan 20
[S4-vlan20]quit
[S4]interface GigabitEthernet 1/0/1
[S4-GigabitEthernet1/0/1]port link-type trunk
[S4-GigabitEthernet1/0/1]port trunk permit vlan 10 20
[S4-GigabitEthernet1/0/1]quit
[S4]interface GigabitEthernet 1/0/2
[S4-GigabitEthernet1/0/2]port link-type trunk
[S4-GigabitEthernet1/0/2]port trunk permit vlan 1 10 20
[S4-GigabitEthernet1/0/2]quit
[S4]stp region-configuration
[S4-mst-region]region-name TEST
[S4-mst-region]revision-level 1
[S4-mst-region]instance 1 vlan 10
[S4-mst-region]instance 2 vlan 20
[S4-mst-region]active region-configuration
[S4-mst-region]quit
```

根据实验 1.6 的知识要点可知，STP 使用配置 BPDU 的{PID,RPC,BID,PID}四个参数进行计算，结合本实验拓扑分析，修改链路的 cost 数值，将 instance 1 和 instance 2 的 AP 端口设定在 S1 和 S2 上的接口较为合理。

S1 增加配置如下：

```
[S1] interface GigabitEthernet 1/0/24
[S1-GigabitEthernet1/0/24] stp instance 1 cost 200
[S1-GigabitEthernet1/0/24] stp instance 2 cost 200
```

S2 增加配置如下：

```
[S2] interface GigabitEthernet 1/0/24
[S2-GigabitEthernet1/0/24] stp instance 1 cost 200
[S2-GigabitEthernet1/0/24] stp instance 2 cost 200
```

验证 MSTP 的配置：

```
[S1]display stp brief
        MST ID      Port              Role      STP State    Protection
          0      GigabitEthernet1/0/1   DESI    FORWARDING   NONE
          0      GigabitEthernet1/0/2   DESI    FORWARDING   NONE
          0      GigabitEthernet1/0/24  DESI    FORWARDING   NONE
          1      GigabitEthernet1/0/1   DESI    FORWARDING   NONE
          1      GigabitEthernet1/0/2   DESI    FORWARDING   NONE
          1      GigabitEthernet1/0/24  DESI    FORWARDING   NONE
          2      GigabitEthernet1/0/1   ROOT    FORWARDING   NONE
          2      GigabitEthernet1/0/2   ALTE    DISCARDING   NONE
```

2	GigabitEthernet1/0/24		ALTE	DISCARDING	NONE

[S2]display stp brief

MST ID	Port	Role	STP State	Protection
0	GigabitEthernet1/0/1	DESI	FORWARDING	NONE
0	GigabitEthernet1/0/2	DESI	FORWARDING	NONE
0	GigabitEthernet1/0/24	ROOT	FORWARDING	NONE
1	GigabitEthernet1/0/1	ALTE	DISCARDING	NONE
1	GigabitEthernet1/0/2	ROOT	FORWARDING	NONE
1	GigabitEthernet1/0/24	ALTE	DISCARDING	NONE
2	GigabitEthernet1/0/1	DESI	FORWARDING	NONE
2	GigabitEthernet1/0/2	DESI	FORWARDING	NONE
2	GigabitEthernet1/0/24	DESI	FORWARDING	NONE

步骤 2：MSTP 排障的过程

查看 MSTP 配置信息，确保 MSTP 域配置信息一致。

```
[H3C]stp region-configuration
[H3C-mst-region]display this
#
stp region-configuration
region-name TEST
revision-level 1
instance 1 vlan 10
instance 2 vlan 20
active region-configuration
#
```

查看 MSTP instance 优先级的配置，确保实例根桥设定符合实际需求。

```
[H3C]display current-configuration | include stp
stp instance 1 priority 8192
stp instance 2 priority 4096
```

检查设备 VLAN 的配置、接口类型、允许 VLAN 通过的设定和 MSTP instance cost 数值的设定。

1.7.5 思考

当网络中存在旧的网桥设备，且只能运行标准的 STP 协议时，应当如何处理？

1.8 MSTP 与 VRRP 联动配置

1.8.1 原理概述

1. VRRP 协议应用场景

如图 1-7-1 所示,网络管理员应当将 VLAN 10 和 VLAN 20 的网关设定在核心交换机 S1、

S2 哪台设备上？使用 VRRP（虚拟路由器冗余协议）协议，对 S1 和 S2 进行合理的配置，实现虚拟网关冗余备份，增加网络的稳定性。

2. VRRP 协议基础知识

VRID：虚拟路由器的标识。由有相同 VRID 的一组路由器构成一个虚拟路由器。

Master 路由器：虚拟路由器中承担报文转发任务的路由器。

Backup 路由器：Master 路由器出现故障时，能够代替 Master 路由器工作的路由器。

虚拟 IP 地址：虚拟路由器的 IP 地址。一个虚拟路由器可以拥有一个或多个 IP 地址。

IP 地址拥有者：接口 IP 地址与虚拟 IP 地址相同的路由器被称为 IP 地址拥有者。

虚拟 MAC 地址：一个虚拟路由器拥有一个虚拟 MAC 地址。虚拟 MAC 地址的格式为 00-00-5E-00-01-{VRID}。通常情况下，虚拟路由器回应 ARP 请求使用的是虚拟 MAC 地址，只有虚拟路由器做特殊配置的时候，才回应接口的真实 MAC 地址。

优先级：VRRP 根据优先级来确定虚拟路由器中每台路由器的地位。H3C 设备的 VRRP 优先级默认数值为 100。

非抢占方式：如果 Backup 路由器工作在非抢占方式下，则只要 Master 路由器没有出现故障，Backup 路由器即使随后被配置了更高的优先级，也不会成为 Master 路由器。

抢占方式：如果 Backup 路由器工作在抢占方式下，当它收到 VRRP 报文后，会将自己的优先级与通告报文中的优先级进行比较。如果自己的优先级比当前的 Master 路由器的优先级高，就会主动抢占成为 Master 路由器；否则，将保持 Backup 状态。

1.8.2　实验目的

① 理解 VRRP 原理和应用场景。
② 掌握 VRRP 配置。

1.8.3　实验内容

本实验拓扑结构如图 1-8-1 所示。某企业网络拓扑如图所示，S3 和 S4 为接入层交换机，S1 和 S2 为核心层交换机。该企业主要业务有两条，分别使用 VLAN 10 和 VLAN 20 标记，A 部门和 B 部门都需要使用到这两个业务数据，网络管理员需要在交换机 S1 和 S2 上对这两条业务合理配置网关。

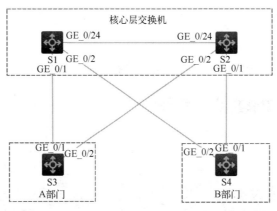

图 1-8-1　MSTP 与 VRRP 联动配置实验拓扑结构

1.8.4 实验步骤

步骤 1：MSTP 的配置

见项目 1.7，这里只介绍 VRRP 的配置。

步骤 2：S1 的 VRRP 配置

```
[S1]interface vlan 10
[S1-vlan-interface10]ip address 192.168.10.253 24
[S1-vlan-interface10]vrrp vrid 1 virtual-ip 192.168.10.254
[S1-vlan-interface10]vrrp vrid 1 priority 110
[S1-vlan-interface10]quit
[S1]interface vlan 20
[S1-vlan-interface20]ip address 192.168.20.252 24
[S1-vlan-interface20]vrrp vrid 2 virtual-ip 192.168.20.254
[S1-vlan-interface20]quit
```

步骤 3：S2 的 VRRP 配置

```
[S2]interface vlan 10
[S2-vlan-interface10]ip address 192.168.10.252 24
[S2-vlan-interface10]vrrp vrid 1 virtual-ip 192.168.10.254
[S2-vlan-interface10]quit
[S2]interface vlan 20
[S2-vlan-interface20]ip address 192.168.20.253 24
[S2-vlan-interface20]vrrp vrid 2 virtual-ip 192.168.20.254
[S2-vlan-interface20]vrrp vrid 2 priority 110
[S2-vlan-interface20]quit
```

步骤 4：验证 VRRP 的配置

```
[S1]display vrrp
IPv4 virtual router information:
 Running mode : Standard
Total number of virtual routers : 2
Interface    VRID  State    Running Adver  Auth  Virtualpri  timer(cs) type  IP
-----------------------------------------------------------------
vlan10       1     Master   110     100    None        192.168.10.254
vlan20       2     Backup   100     100    None        192.168.20.254
```

1.8.5 思考

若 S1 和 S2 的 VRRP priority 相同，则哪台设备会成为 Master？与哪一个参数有关？

1.9　STP 中保护功能配置

1.9.1　原理概述

在运行 RSTP 或 MSTP 的网络中，通常根据需求配置保护功能，增强网络的安全性和稳定性。

1．BPDU 保护

（1）场景

对于接入层设备，接入端口一般直接与用户终端（如 PC）或文件服务器相连，此时接入端口被设置为边缘端口以实现这些端口的快速迁移。当这些端口接收到 BPDU 时，系统会自动将这些端口设置为非边缘端口，重新计算生成树，引起网络拓扑结构的变化。这些端口正常情况下应该不会收到 STP 的 BPDU。如果有人伪造 BPDU 恶意攻击设备，就会引起网络震荡。

（2）保护机制

如果设备上开启 BPDU 保护功能的端口收到了 BPDU，系统就将这些端口关闭，同时通知网管这些端口已被生成树协议关闭。被关闭的端口在经过一定时间间隔之后将被重新激活，这个时间间隔可通过命令配置。

（3）配置对象

BPDU 保护功能支持在系统视图下配置或在指定端口配置。对一个端口来说，优先采用该端口的配置，只有该端口内未进行配置时，才采用全局的配置。

2．根保护

（1）场景

由于维护人员的错误配置或网络中的恶意攻击，网络中的合法根桥有可能会收到优先级更高的 BPDU，这样会使当前合法根桥失去根桥的地位，引起网络拓扑结构的错误变动。这种不合法的变动，会导致原来应该通过高速链路的流量被牵引到低速链路上，导致网络拥塞。

（2）保护机制

对于开启了根保护功能的端口，其在所有 MSTI 上的端口角色只能为指定端口。一旦该端口收到某 MSTI 优先级更高的 BPDU，立即将该 MSTI 端口设置为侦听状态，不再转发报文（相当于将与此端口相连的链路断开）。当在 2 倍的 Forward Delay 时间内没有收到更优的 BPDU 时，端口会恢复原来的正常状态。

（3）配置对象

请在设备的指定端口上配置本功能。

3．环路保护

（1）场景

依靠不断接收上游设备发送的 BPDU，设备可以维持根端口和其他阻塞端口的状态。但是由于链路拥塞或者单向链路故障，这些端口会收不到上游设备的 BPDU，此时下游设备会重新选择端口角色，收不到 BPDU 的下游设备端口会转变为指定端口，而阻塞端口会迁移到转发状态，从而使交换网络中产生环路。环路保护功能会抑制这种环路的产生。

（2）保护机制

在开启了环路保护功能的端口上，其所有 MSTI 的初始状态均为 Discarding 状态：如果该端口收到了 BPDU，这些 MSTI 可以进行正常的状态迁移；否则，这些 MSTI 将一直处于 Discarding 状态以避免环路的产生。

（3）配置对象

请不要在与用户终端相连的端口上开启环路保护功能，否则该端口会因收不到 BPDU 而导致其所有 MSTI 将一直处于 Discarding 状态；在同一个端口上，不允许同时配置边缘端口和环路保护功能，或者同时配置根保护功能和环路保护功能。

4．TC-BPDU 攻击保护

（1）场景

设备在收到 TC-BPDU 后，会执行转发地址表项的刷新操作。在有人伪造 TC-BPDU 恶意攻击设备时，设备短时间内会收到很多的 TC-BPDU，频繁的刷新操作给设备带来很大负担，给网络的稳定带来很大隐患。

（2）保护机制

当开启了防 TC-BPDU 攻击保护功能后，如果设备在单位时间（固定为 10 秒）内收到 TC-BPDU 的次数大于 stp tc-protection threshold 命令所指定的最高次数（假设为 N 次），那么该设备在这段时间之内将只进行 N 次刷新转发地址表项的操作，而对于超出 N 次的那些 TC-BPDU，设备会在这段时间过后再统一进行一次地址表项刷新的操作，这样就可以避免频繁地刷新转发地址表项。

（3）配置对象

该功能默认开启，请不要关闭该功能。

1.9.2　实验目的

① 理解保护功能的工作原理。
② 掌握保护功能的配置方法。

1.9.3　实验内容

本实验拓扑结构如图 1-9-1 所示。本实验模拟了一个简单的二层网络场景，S1、S2、S3、S4 运行了 RSTP 协议，使用 S4 模拟保护机制产生的场景，需要跟随保护机制的应用场景，接入 S1、S2、S3 组成的网络。

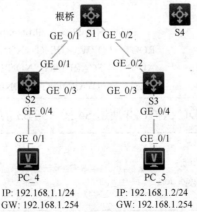

图 1-9-1　STP 保护机制配置实验拓扑结构

1.9.4   实验步骤

步骤 1：S1~S4 的 RSTP 配置

```
[S1]stp mode rstp
[S1]stp priority 4096
[S2]stp mode rstp
[S2]stp priority 8192
[S3]stp mode rstp
[S4]stp mode rstp
```

步骤 2：设定 S2 的 GE 0/4 和 S3 的 GE 0/4 口为边缘端口

```
[S2]interface GigabitEthernet 1/0/4
[S2-GigabitEthernet1/0/4] stp edged-port
[S2-GigabitEthernet1/0/4]quit
[S3]interface GigabitEthernet 1/0/4
[S3-GigabitEthernet1/0/4] stp edged-port
[S3-GigabitEthernet1/0/4]quit
```

步骤 3：配置 PC 的 IP 地址
略。

步骤 4：查看各交换机的端口状态

```
[S1]display stp brief
MST ID    Port                      Role   STP State   Protection
0         GigabitEthernet1/0/1      DESI   FORWARDING   NONE
0         GigabitEthernet1/0/2      DESI   FORWARDING   NONE
[S2]display stp brie
MST ID    Port                      Role   STP State   Protection
0         GigabitEthernet1/0/1      ROOT   FORWARDING   NONE
0         GigabitEthernet1/0/3      DESI   FORWARDING   NONE
0         GigabitEthernet1/0/4      DESI   FORWARDING   NONE
[S3]display stp brief
MST ID    Port                      Role   STP State   Protection
0         GigabitEthernet1/0/2      ROOT   FORWARDING   NONE
0         GigabitEthernet1/0/3      ALTE   DISCARDING   NONE
0         GigabitEthernet1/0/4      DESI   FORWARDING   NONE
```

步骤 5：在 S3 上配置 BPDU 保护，并使用 S4 接入到 S3 的 GE 0/5 口，观察 BPDU 保护

```
[S3]stp bpdu-protection
[S3]interface GigabitEthernet 1/0/5
[S3-GigabitEthernet1/0/5]stp edged-port
[S3-GigabitEthernet1/0/5]quit
```

S4 接入到 S3 的 GE 0/5 口后：

```
    [S3]int%Jun  23  14:19:19:786  2022  S3  IFNET/3/PHY_UPDOWN:  Physical  state  on  the  interface
GigabitEthernet1/0/5 changed to up.
    %Jun  23  14:19:19:786  2022  S3  IFNET/5/LINK_UPDOWN:  Line  protocol  state  on  the  interface
GigabitEthernet1/0/5 changed to up.
    %Jun  23  14:19:19:789  2022  S3  IFNET/3/PHY_UPDOWN:  Physical  state  on  the  interface
GigabitEthernet1/0/5 changed to down.
    %Jun  23  14:19:19:790  2022  S3  IFNET/5/LINK_UPDOWN:  Line  protocol  state  on  the  interface
GigabitEthernet1/0/5 changed to down.
    %Jun  23  14:19:19:817  2022  S3  STP/4/STP_BPDU_PROTECTION:  BPDU-Protection  port
GigabitEthernet1/0/5 received BPDUs.
```

按照提示，S3 的 GE 0/5 口 up 后又 down，原因是收到 BPDU。继续观察，每间隔 30 秒，都会弹出重复提示，移除 S4 的接入后，恢复。

步骤 6：将 S4 接入到 S1 的 GE 0/5 口，在 S1、S2 的指定端口上配置根保护，修改 S4 的 STP 优先级为 0，观察根保护

```
[S1]interface GigabitEthernet 1/0/1
[S1-GigabitEthernet1/0/1] stp root-protection
[S1-GigabitEthernet1/0/1] quit
[S1]interface GigabitEthernet 1/0/2
[S1-GigabitEthernet1/0/2] stp root-protection
[S1-GigabitEthernet1/0/2] quit
[S1]interface GigabitEthernet 1/0/5
[S1-GigabitEthernet1/0/5] stp root-protection
[S1-GigabitEthernet1/0/5] quit
[S2]interface GigabitEthernet 1/0/3
[S2-GigabitEthernet1/0/3] stp root-protection
[S2-GigabitEthernet1/0/3] quit
[S4]stp priority 0
```

观察 S1、S2、S3 的 STP 信息：

```
[S1]display stp brief
  MST ID    Port                        Role   STP State    Protection
  0         GigabitEthernet1/0/1        DESI   FORWARDING   NONE
  0         GigabitEthernet1/0/2        DESI   FORWARDING   NONE
  0         GigabitEthernet1/0/5        DESI   DISCARDING   ROOT
[S2]display stp
-------[CIST Global Info][Mode RSTP]-------
Bridge ID           : 8192.8461-d1f2-0200
Bridge times        : Hello 2s MaxAge 20s FwdDelay 15s MaxHops 20
Root ID/ERPC        : 4096.8461-cba9-0100, 20
RegRoot ID/IRPC     : 8192.8461-d1f2-0200, 0
RootPort ID         : 128.2
```

```
    BPDU-Protection        : Disabled
    Bridge Config-
    Digest-Snooping        : Disabled
    TC or TCN received     : 15
    Time since last TC     : 0 days 0h:13m:4s
    [S3]display stp
    -------[CIST Global Info][Mode RSTP]-------
      Bridge ID            : 32768.8461-d527-0300
    Bridge times           : Hello 2s MaxAge 20s FwdDelay 15s MaxHops 20
    Root ID/ERPC           : 4096.8461-cba9-0100, 20
    RegRoot ID/IRPC        : 32768.8461-d527-0300, 0
    RootPort ID            : 128.3
    BPDU-Protection        : Enabled
    Bridge Config-
    Digest-Snooping        : Disabled
    TC or TCN received     : 32
    Time since last TC     : 0 days 0h:14m:45s
```

由上述信息可知，S1 将 GE 0/5 口置于 Discarding 状态，而 S2、S3 依旧认为 S1 是根桥。

步骤 7：在 S2、S3 的根端口或是替换端口上开启环路保护功能

```
[S2]display stp brie
MST ID    Port                      Role    STP State       Protection
0         GigabitEthernet1/0/1      ROOT    FORWARDING      NONE
0         GigabitEthernet1/0/3      DESI    FORWARDING      NONE
0         GigabitEthernet1/0/4      DESI    FORWARDING      NONE
[S3]display stp brief
MST ID    Port                      Role    STP State       Protection
0         GigabitEthernet1/0/2      ROOT    FORWARDING      NONE
0         GigabitEthernet1/0/3      ALTE    DISCARDING      NONE
0         GigabitEthernet1/0/4      DESI    FORWARDING      NONE
[S2]interface GigabitEthernet 1/0/1
[S2-GigabitEthernet1/0/1]stp loop-protection
[S2-GigabitEthernet1/0/1]quit
[S3]interface GigabitEthernet 1/0/2
[S3-GigabitEthernet1/0/2]stp loop-protection
[S3-GigabitEthernet1/0/2]quit
[S3]interface GigabitEthernet 1/0/3
[S3-GigabitEthernet1/0/3]stp loop-protection
[S3-GigabitEthernet1/0/3]quit
```

1.9.5　思考

配置 stp loop-protection 的端口，若 down 掉之后，重新 up 会不会因为环路保护而收不到 BPDU，最终导致其一直处于 Discarding 状态？

1.10 RRPP 配置

1.10.1 原理概述

1. RRPP 应用场景

解决二层网络环路问题的技术有 STP 和 RRPP。STP 应用比较成熟，但收敛时间在秒级，且受网络拓扑影响；RRPP 是专门应用于以太网环的链路层协议，具有比 STP 更快的收敛速度，且收敛时间与环网上的节点数无关，可应用于网络直径较大的网络。

2. RRPP 工作机制

如图 1-10-1 所示，下面将从环路正常和环路故障两种状态介绍 RRPP 工作机制。

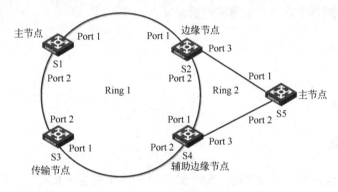

图 1-10-1   RRPP 相切环路示意图

（1）环路均正常时，运行 RRPP 设备工作机制

S1 作为主环路 Ring 1 的主节点，有 Port 1 和 Port 2 加入 RRPP 协议；Port 1 和 Port 2，一个为主端口，另一个为副端口，角色由管理员命令设定；主端口周期性地使用 LLC 协议打上 control-vlan 的标记发送 hello 报文，若副端口在 Fail 定时器超时前收到主端口发送的 hello 消息，则认为 Ring 1 环路正常，这时副端口只允许接收 control-vlan 标记的报文，对数据 VLAN 阻塞，使得 Ring1 对于数据而言无环路。

S2、S3、S4 作为主环路 Ring 1 的传输节点，有 Port 1 和 Port 2 加入 RRPP 协议；Port 1 和 Port 2，一个为主端口，另一个为副端口，角色由管理员命令设定；传输节点的主、副端口允许 control-vlan 和数据 VLAN 通过。

S2、S4 是 Ring 2 接入 Ring 1 的相切设备，设备角色为边缘节点和辅助边缘节点，由管理员命令设定，辅助边缘节点与边缘节点成对使用，用于检测主环完整性和进行环路预防。

S5 是 Ring 2 的主节点，工作机制与 Ring 1 的相同；S5 的主端口周期性地使用 LLC 协议，同时打上主环路 Ring 1 的 control-vlan+1 的标记发出 hello 报文，该报文在 Ring 1 传输时，被默认放行，且按照 Ring 1 的数据 VLAN 规则进行转发，保证该报文在 Ring 1 上面无环路。

若 Ring 2 存在传输节点，与 Ring 1 的传输节点工作相同。

（2）环路均故障时，运行 RRPP 设备工作机制

当环路链路故障时，与故障点连接的设备会发出 down 报文，通知主节点链路故障。

当设备故障时，无法传递主节点周期性的 hello 报文，主节点会在 Fail 定时器超时后，认为环路故障。

主节点一旦检测到环网发生链路故障，则马上将其副端口设置为转发状态，启用备用的冗余链路转发其数据 VLAN 的流量。由于物理拓扑变化，所有节点的 L2、L3 转发表（MAC 表和 ARP 表）都需要刷新。为了单向流量的快速恢复，主节点发送 Common-Flush-FDB 报文给环上所有节点，同时刷新自己的转发表。

当环网上所有故障链路都恢复时，由于主节点主端口持续地发送 Hello 报文，通过环上各传输节点转发，主节点会重新在副端口收到自己发送的 Hello 报文。主节点迁移回 Complete 状态。主节点重新阻塞副端口上自己的数据 VLAN 组，并发送 Complete-Flush-FDB 通知报文。传输节点收到通知报文后，刷新自己的转发表，同时放开临时阻塞端口。

如果 Complete-Flush-FDB 通知报文丢失，在故障恢复定时器超时的时候，故障恢复的节点同样会放开临时阻塞的端口，恢复流量的转发。

1.10.2　实验目的

① 理解 RRPP 原理和应用场景。
② 掌握 RRPP 的配置。

1.10.3　实验内容

本实验拓扑结构如图 1-10-2 所示。S1、S2、S3、S4 组成主环 Ring 1，S2、S4、S5 组成子环 Ring 2，设备角色与图 1-10-1 相同。

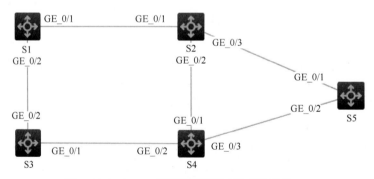

图 1-10-2　RRPP 相切环路配置实验拓扑结构

1.10.4　实验步骤

步骤 1：S1 的配置

```
[H3C]sysname S1
[S1]vlan 1 to 10
```

分别在端口 GE 0/1 和 GE 0/2 上配置物理连接状态 up/down 抑制时间为 0 秒（即不抑制），关闭生成树协议，并将端口配置为 trunk 端口且允许 VLAN 1～10 通过。

```
[S1]interface range GigabitEthernet 1/0/1 to GigabitEthernet 1/0/2
[S1-if-range]undo stp enable
[S1-if-range]port link-type trunk
[S1-if-range]port trunk permit vlan 1 to 10
[S1-if-range]link-delay 0
[S1-if-range]quit
```
//创建 RRPP 域 1，将 VLAN 4092 配置为该域的主控制 VLAN，并将 MSTI 1 所映射的 VLAN 配置为
　该域的保护 VLAN
```
[S1]stp region-configuration
[S1-mst-region]instance 1 vlan 1 to 10
[S1-mst-region]ac region-configuration
[S1-mst-region]quit
[S1]rrpp domain 1
[S1-rrpp-domain1] control-vlan 4092
[S1-rrpp-domain1] protected-vlan reference-instance 1
```
//配置本设备为主环 Ring 1 的主节点，主端口为 GE 0/1，副端口为 GE 0/2，并使能该环
```
[S1-rrpp-domain1] ring 1 node-mode master primary-port GigabitEthernet1/0/1 secondary-port
GigabitEthernet1/0/2 level 0
[S1-rrpp-domain1] ring 1 enable
[S1-rrpp-domain1]quit
[S1]rrpp enable
```

步骤 2：S2 的配置

```
[H3C]sysname S2
[S2]vlan 1 to 10
[S2]interface range GigabitEthernet 1/0/1 to GigabitEthernet 1/0/3
[S2-if-range]undo stp enable
[S2-if-range]port link-type trunk
[S2-if-range]port trunk permit vlan 1 to 10
[S2-if-range]link-delay 0
[S2-if-range]quit
[S2]stp region-configuration
[S2-mst-region]instance 1 vlan 1 to 10
[S2-mst-region]ac region-configuration
[S2-mst-region]quit
[S2]rrpp domain 1
[S2-rrpp-domain1] control-vlan 4092
[S2-rrpp-domain1] protected-vlan reference-instance 1
[S2-rrpp-domain1]ring 1 node-mode transit primary-port GigabitEthernet1/0/1 secondary-port
GigabitEthernet1/0/2 level 0
[S2-rrpp-domain1] ring 1 enable
[S2-rrpp-domain1] ring 2 node-mode edge edge-port GigabitEthernet1/0/3
[S2-rrpp-domain1] ring 2 enable
[S2]rrpp enable
```

步骤 3：S3 的配置

```
[H3C]sysname S3
[S3]vlan 1 to 10
[S3]interface range GigabitEthernet 1/0/1 to GigabitEthernet 1/0/2
[S3-if-range]undo stp enable
[S3-if-range]port link-type trunk
[S3-if-range]port trunk permit vlan 1 to 10
[S3-if-range]link-delay 0
[S3-if-range]quit
[S3]stp region-configuration
[S3-mst-region]instance 1 vlan 1 to 10
[S3-mst-region]ac region-configuration
[S3-mst-region]quit
[S3]rrpp domain 1
[S3-rrpp-domain1]control-vlan 4092
[S3-rrpp-domain1]protected-vlan reference-instance 1
[S3-rrpp-domain1]ring 1 node-mode transit primary-port GigabitEthernet 1/0/1 secondary-port
GigabitEthernet 1/0/2 level 0
[S3-rrpp-domain1]ring 1 enable
[S3-rrpp-domain1]quit
[S3]rrpp enable
```

步骤 4：S4 的配置

```
[H3C]sysname S4
[S4]vlan 1 to 10
[S4]interface range GigabitEthernet 1/0/1 to GigabitEthernet 1/0/3
[S4-if-range]undo stp enable
[S4-if-range]port link-type trunk
[S4-if-range]port trunk permit vlan 1 to 10
[S4-if-range]link-delay 0
[S4-if-range]quit
[S4]stp region-configuration
[S4-mst-region]instance 1 vlan 1 to 10
[S4-mst-region]ac region-configuration
[S4-mst-region]quit
[S4]rrpp domain 1
[S4-rrpp-domain1] control-vlan 4092
[S4-rrpp-domain1] protected-vlan reference-instance 1
[S4-rrpp-domain1]ring 1 node-mode transit primary-port GigabitEthernet1/0/1 secondary-port
GigabitEthernet1/0/2 level 0
[S4-rrpp-domain1]ring 1 enable
[S4-rrpp-domain1] ring 2 node-mode assistant-edge edge-port GigabitEthernet1/0/3
[S4-rrpp-domain1] ring 2 enable
[S4-rrpp-domain1]quit
[S4]rrpp enable
```

步骤 5：S5 的配置

```
[H3C]sysname S5
[S5]vlan 1 to 10
[S5]interface range GigabitEthernet 1/0/1 to GigabitEthernet 1/0/2
[S5-if-range]undo stp enable
[S5-if-range]port link-type trunk
[S5-if-range]port trunk permit vlan 1 to 10
[S5-if-range]link-delay 0
[S5-if-range]quit
[S5]stp region-configuration
[S5-mst-region]instance 1 vlan 1 to 10
[S5-mst-region]ac region-configuration
[S5-mst-region]quit
[S5]rrpp domain 1
[S5-rrpp-domain1]control-vlan 4092
[S5-rrpp-domain1] protected-vlan reference-instance 1
[S5-rrpp-domain1]ring 2 node-mode master primary-port GigabitEthernet1/0/1 secondary-port
GigabitEthernet1/0/2 level 1
[S5-rrpp-domain1]ring 2 enable
[S5-rrpp-domain1]quit
[S5]rrpp enable
```

步骤 6：验证观察环路信息

```
<S1>display rrpp verbose domain 1
  Domain ID        : 1
  Control VLAN    : Primary 4092, Secondary 4093
  Protected VLAN: Reference instance 1
  Hello timer      : 1 seconds, Fail timer: 3 seconds
  Fast detection status: Disabled
  Fast-Hello timer: 20 ms, Fast-Fail timer: 60 ms
  Fast-Edge-Hello timer: 10 ms, Fast-Edge-Fail timer: 30 ms
  Ring ID          : 1
  Ring level       : 0
  Node mode        : Master
  Ring state       : Complete
  Enable status : Yes, Active status: Yes
  Primary port   : GE1/0/1                    Port status: UP
  Secondary port: GE1/0/2                    Port status: BLOCKED
```

1.10.5 思考

RRPP 环的保护 VLAN 是如何实现的？

第2章 路由基础

2.1 静态路由配置

2.1.1 原理概述

1. 静态路由

静态路由是一种特殊的路由，由管理员手工配置。配置静态路由后，去往指定目的地的数据报文将按照管理员指定的路径进行转发。

静态路由不能自动适应网络拓扑结构的变化，当网络发生故障或者拓扑结构发生变化后，可能会出现路由不可达，导致网络中断，此时必须由网络管理员手工修改静态路由的配置。

2. 配置静态路由

在具有路由功能的设备上使用 ip route-static 命令配置静态路由。

3. 静态路由配置注意事项

在配置静态路由时，可指定出接口，也可指定下一跳地址。指定出接口还是指定下一跳地址要视具体网络情况而定。

下一跳地址不能为本地接口 IP 地址，否则路由不会生效。

指定出接口时需要注意：

① 对于 Null0 接口，配置了出接口就不再配置下一跳地址。

② 对于点到点接口，即使不知道对端地址，也可以在路由器配置时指定出接口。这样，即使对端地址发生了改变也无须改变该路由器的配置。如封装 PPP 协议的接口，通过 PPP 协议获取对端的 IP 地址，这时可以不指定下一跳地址，只需指定出接口即可。

③ 对于 NBMA、P2MP 等接口，它们支持点到多点网络，这时除了配置 IP 路由外，还需在链路层建立二次路由，即 IP 地址到链路层地址的映射。通常情况下，建议在配置出接口时，同时配置下一跳 IP 地址。

4. 默认路由

如果到达某个指定网络的数据报文在路由器的路由表里找不到对应的表项，那么该报文将被路由器丢弃。

通过给当前路由器配置一条默认路由，那些在路由表里找不到匹配路由表入口项的数据报文将会转发给另外一台路由器，由另外一台路由器进行报文的转发。通常情况下，在连接运营商的路由设备上需要配置默认路由指导报文的转发。

5. 默认路由的生成方式

① 通过网络管理员在路由器上配置到网络 0.0.0.0（掩码也为 0.0.0.0）的静态路由，对于一个到来的数据报文，如果在当前路由器里找不到匹配的路由表项，将会把报文发给在配置

的静态路由里指定的下一跳路由器。

② 通过动态路由协议生成（如 OSPF、IS-IS 和 RIP），由路由能力比较强的路由器将默认路由发布给其他路由器，其他路由器在自己的路由表里生成指向那台路由器的默认路由。

2.1.2 实验目的

① 掌握静态路由的配置。
② 掌握默认路由的配置。

2.1.3 实验内容

本实验拓扑结构如图 2-1-1 所示，实验编址如表 2-1-1 所示。本实验为一个简单的网络场景，S1 为三层交换机，在 S1 和 R1 之间配置路由协议，使得 PC 之间能够互相通信。

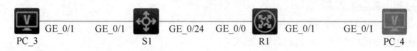

图 2-1-1 静态路由和默认路由配置实验拓扑结构

表 2-1-1 实验编址表

设备	接口	IP 地址	子网掩码	网关
PC_3	GE 0/1	192.168.10.1	255.255.255.0	192.168.10.254
PC_4	GE 0/1	10.1.1.1	255.255.255.0	10.1.1.254
S1	VLAN 10	192.168.10.254	255.255.255.0	N/A
	VLAN 20	10.1.12.1	255.255.255.0	N/A
R1	GE 0/0	10.1.12.2	255.255.255.0	N/A
	GE 0/1	10.1.1.254	255.255.255.0	N/A

2.1.4 实验步骤

步骤 1：基本配置
PC 的 IP 地址配置（略）。
S1 的配置如下：

```
[S1]vlan 10
[S1-vlan10]port GigabitEthernet 1/0/1
[S1-vlan10]vlan 20
[S1-vlan20]port GigabitEthernet 1/0/24
[S1-vlan20]quit
[S1]interface Vlan-interface 10
[S1-Vlan-interface10] ip address 192.168.10.254 24
[S1-Vlan-interface10]quit
[S1]interface Vlan-interface 20
```

```
[S1-Vlan-interface20] ip address 10.1.12.1 24
[S1-Vlan-interface20]quit
[S1]ip route-static 0.0.0.0 0 10.1.12.2
[S1]display ip routing-table protocol static
Summary count : 1
Static Routing table status : <Active>
Summary count : 1
Destination/Mask    Proto    Pre Cost         NextHop          Interface
0.0.0.0/0           Static   60   0           10.1.12.2        Vlan20
```

R1 的配置如下：

```
[H3C]sysname R1
[R1]interface GigabitEthernet 0/0
[R1-GigabitEthernet0/0]ip address 10.1.12.2 24
[R1-GigabitEthernet0/0]quit
[R1]interface GigabitEthernet 0/1
[R1-GigabitEthernet0/1] ip address 10.1.1.254 24
[R1-GigabitEthernet0/1]quit
[R1]ip route-static 192.168.10.0 24 10.1.12.1
[R1]display ip routing-table protocol static
Summary count : 1
Static Routing table status : <Active>
Summary count : 1
Destination/Mask    Proto    Pre Cost         NextHop          Interface
192.168.10.0/24     Static   60   0           10.1.12.1        GE 0/0
```

步骤 2：验证

PC_3 能够 ping 通 PC_4。

2.1.5 思考

路由表中自动产生的 32 位的主机路由有什么作用？

2.2 RIP 协议配置

2.2.1 原理概述

1．RIP 基本概念

RIP（routing information protocol，路由信息协议）是一种较为简单的内部网关协议（interior gateway protocol，IGP）。

RIP 是一种基于距离矢量（distance-vector，D-V）算法的协议，它通过 UDP 报文进行路由信息的交换，使用的端口号为 520。

RIP 使用跳数来衡量到达目的地址的距离，跳数称为度量值。在 RIP 中，路由器到与它直接相连网络的跳数为 0，通过一个路由器可达的网络的跳数为 1，其余以此类推。为限制收敛时间，RIP 规定度量值取 0~15 之间的整数，大于或等于 16 的跳数被定义为无穷大，即目的网络或主机不可达。由于这个限制，使得 RIP 不适合应用于大型网络。

2．RIP 工作机制

路由器启动 RIP 后，便会向相邻的路由器发送请求报文（request message），相邻的 RIP 路由器收到请求报文后，响应该请求，回送包含本地路由表信息的响应报文（response message）。

路由器收到响应报文后，更新本地路由表，同时向相邻路由器发送触发更新报文，通告路由更新信息。相邻路由器收到触发更新报文后，又向其各自的相邻路由器发送触发更新报文。在一连串的触发更新广播后，各路由器都能得到并保持最新的路由信息。

RIP 在默认情况下每隔 30 秒向相邻路由器发送本地路由表，运行 RIP 协议的相邻路由器在收到报文后，对本地路由进行维护，选择一条最佳路由，再向其各自相邻网络发送更新信息，使更新的路由最终能达到全局有效。同时，RIP 采用老化机制对超时的路由进行老化处理，以保证路由的实时性和有效性。

3．RIP 协议版本功能

RIP-V1 是有类别路由协议，它只支持以广播方式发布协议报文。RIP-V1 的协议报文无法携带掩码信息，它只能识别 A、B、C 类这样的自然网段的路由，因此 RIP-V1 不支持不连续子网。

RIP-V2 是一种无类别路由协议，有两种报文传送方式：广播方式和组播方式，默认将采用组播方式发送报文，使用的组播地址为 224.0.0.9。当接口运行 RIP-V2 广播方式时，也可接收 RIP-V1 的报文。

4．RIP 协议版本区别

与 RIP-V1 相比，RIP-V2 有以下优势：

① 支持路由标记（俗称"打 tag"），在路由策略中可根据路由标记对路由进行灵活的控制；

② 报文中携带掩码信息，支持路由聚合和 CIDR（classless inter-domain routing，无类别域间路由）；

③ 支持指定下一跳，在广播网上可以选择到最优下一跳地址；

④ 支持组播路由发送更新报文，只有 RIP-V2 路由器才能收到更新报文，减少资源消耗；

⑤ 支持对协议报文进行验证，并提供明文验证和 MD5 验证两种方式，增强安全性。

5．RIP 防环机制

计数到无穷（counting to infinity）：将度量值等于 16 的路由定义为不可达。在路由环路发生时，某条路由的度量值将会增加到 16，该路由被认为不可达。

水平分割（split horizon）：RIP 从某个接口学到的路由，不会从该接口再发回给邻居路由器。这样不但减少了带宽消耗，还可以防止路由环路。

毒性逆转（poison reverse）：RIP 从某个接口学到路由后，将该路由的度量值设置为 16，并从原接口发回邻居路由器。利用这种方式，可以清除对方路由表中的无用信息。

触发更新（triggered updates）：RIP 通过触发更新来避免在多个路由器之间形成路由环路的可能，而且可以加速网络的收敛速度。一旦某条路由的度量值发生了变化，就立刻向邻居路由器发布更新报文，而不是等到更新周期的到来。

2.2.2 实验目的

① 理解 RIP 协议原理和使用场景。
② 掌握 RIP 协议的配置。

2.2.3 实验内容

本实验拓扑结构如图 2-2-1 所示，实验编址如表 2-2-1 所示。本实验为一个简单网络场景，R1、R2、R3、R4 使用 RIP-V2 协议组网，从而达到整个网络的互联互通。

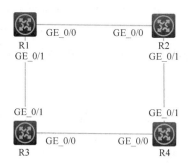

图 2-2-1 RIP 协议配置实验拓扑结构

表 2-2-1 实验编址表

设备	接口	IP 地址	子网掩码
R1	GE 0/0	10.1.12.1	255.255.255.252
	GE 0/1	10.1.13.1	255.255.255.252
R2	GE 0/0	10.1.12.2	255.255.255.252
	GE 0/1	10.1.24.1	255.255.255.252
R3	GE 0/0	10.1.34.1	255.255.255.252
	GE 0/1	10.1.13.2	255.255.255.252
R4	GE 0/0	10.1.34.2	255.255.255.252
	GE 0/1	10.1.24.2	255.255.255.252

2.2.4 实验步骤

步骤 1：基本配置
R1 的配置如下：

```
[H3C]sysname R1
[R1]interface GigabitEthernet 0/0
[R1-GigabitEthernet0/0]ip address   10.1.12.1 30
[R1-GigabitEthernet0/0]quit
[R1]interface GigabitEthernet 0/1
[R1-GigabitEthernet0/1]ip address 10.1.13.1 30
```

```
[R1-GigabitEthernet0/1]quit
[R1]rip 1
[R1-rip-1]version 2
[R1-rip-1]network 10.1.13.0 0.0.0.3
[R1-rip-1]network 10.1.12.0 0.0.0.3
[R1-rip-1]quit
```

R2 的配置如下：

```
[H3C]sysname R2
[R2]interface GigabitEthernet 0/0
[R2-GigabitEthernet0/0]ip address 10.1.12.2 30
[R2-GigabitEthernet0/0]quit
[R2]interface GigabitEthernet 0/1
[R2-GigabitEthernet0/1]ip address 10.1.24.1 30
[R2-GigabitEthernet0/1]quit
[R2]rip 1
[R2-rip-1]version 2
[R2-rip-1]network 10.1.12.0 0.0.0.3
[R2-rip-1]network 10.1.24.0 0.0.0.3
[R2-rip-1]quit
```

R3 的配置如下：

```
[H3C]sysname R3
[R3]interface GigabitEthernet 0/1
[R3-GigabitEthernet0/1]ip address 10.1.13.2 30
[R3-GigabitEthernet0/1]quit
[R3]interface GigabitEthernet 0/0
[R3-GigabitEthernet0/0]ip address 10.1.34.1 30
[R3-GigabitEthernet0/0]quit
[R3]rip 1
[R3-rip-1]version 2
[R3-rip-1]network    10.1.13.0 0.0.0.3
[R3-rip-1]network 10.1.34.0 0.0.0.3
[R3-rip-1]quit
```

R4 的配置如下：

```
[H3C]sysname R4
[R4]interface GigabitEthernet 0/1
[R4-GigabitEthernet0/1]ip address 10.1.24.2 30
[R4-GigabitEthernet0/1]quit
[R4]interface GigabitEthernet 0/0
[R4-GigabitEthernet0/0]ip address 10.1.34.2 30
[R4-GigabitEthernet0/0]quit
[R4]rip 1
[R4-rip-1]version 2
[R4-rip-1]network    10.1.24.0 0.0.0.3
```

```
[R4-rip-1]network 10.1.34.0 0.0.0.3
[R4-rip-1]quit
```

步骤 2：验证

```
<R1>display ip routing-table protocol rip
Summary count : 4
RIP Routing table status : <Active>
Summary count : 2
Destination/Mask    Proto    Pre Cost       NextHop         Interface
10.1.24.0/30        RIP      100 1          10.1.12.2       GE0/0
10.1.34.0/30        RIP      100 1          10.1.13.2       GE0/1
RIP Routing table status : <Inactive>
Summary count : 2
Destination/Mask    Proto    Pre Cost       NextHop         Interface
10.1.12.0/30        RIP      100 0          0.0.0.0         GE0/0
10.1.13.0/30        RIP      100 0          0.0.0.0         GE0/1
```

可以看到，在 R1 上学习到了其余三台路由的路由信息。

2.2.5　思考

在运行 RIP-V2 路由器的接口上设定静默接口（silent-interface），该路由器是否还能够学习到从该接口传递过来的 RIP 路由信息？

2.3　访问控制列表

2.3.1　原理概述

1．ACL 基本概念

ACL（access control list，访问控制列表）是用来实现流识别功能的。网络设备为了过滤报文，需要配置一系列的匹配条件对报文进行分类，这些条件可以是报文的源地址、目的地址、端口号等。

当设备的接口接收到报文后，即根据当前接口上应用的 ACL 规则对报文的字段进行分析，在识别出特定的报文之后，根据预先设定的策略允许或禁止该报文通过。

2．基于 IPv4 协议的常用 ACL 规则

表 2-3-1 只列出部分基于 IPv4 协议的常用 ACL 规则，其他类型的 ACL 暂不介绍。

表 2-3-1　基于 IPv4 协议的常用 ACL 规则

ACL 类型	编号范围	规则制定依据
基本 ACL	2000～2999	只根据报文的源 IP 地址信息制定匹配规则
高级 ACL	3000～3999	根据报文的源 IP 地址信息、目的 IP 地址信息、IP 承载的协议类型、协议的特性等三、四层信息制定匹配规则
二层 ACL	4000～4999	根据报文的源 MAC 地址、目的 MAC 地址、802.1p 优先级、二层协议类型等二层信息制定匹配规则

3. ACL 的匹配顺序

一个 ACL 由一条或多条描述报文匹配选项的判断语句组成，这样的判断语句就称为"规则"。

由于每条规则中的报文匹配选项不同，从而使这些规则之间可能存在重复甚至矛盾的地方，因此在将一个报文与 ACL 的各条规则进行匹配时，就需要有明确的匹配顺序来确定规则执行的优先级。

① 配置顺序：按照用户配置规则的先后顺序进行匹配，但由于本质上系统是按照规则编号由小到大进行匹配的，因此后插入的规则如果编号较小也有可能先被匹配。

② 自动排序：按照"深度优先"原则由深到浅进行匹配，不同类型 ACL 的"深度优先"排序法则如表 2-3-2 所示。

表 2-3-2 "深度优先"排序法则

ACL 类型	排序法则
基本 ACL	1. 先看规则中是否携带有 VPN 实例，携带 VPN 实例者优先
	2. 如果 VPN 实例的携带情况相同，再比较源 IPv4 地址范围，范围较小者优先
	3. 如果源 IP 地址范围也相同，再比较配置顺序，配置在前者优先
高级 ACL	1. 先看规则中是否携带有 VPN 实例，携带 VPN 实例者优先
	2. 如果 VPN 实例的携带情况相同，再比较协议范围，指定有 IPv4 承载的协议类型者优先
	3. 如果协议范围也相同，再比较源 IPv4 地址范围，较小者优先
	4. 如果源 IPv4 地址范围也相同，再比较目的 IPv4 地址范围，较小者优先
	5. 如果目的 IPv4 地址范围也相同，再比较四层端口（即 TCP/UDP 端口）号范围，较小者优先
	6. 如果四层端口号范围也相同，再比较配置顺序，配置在前者优先

2.3.2 实验目的

① 掌握 ACL 的配置。
② 巩固 DHCP 的配置。
③ 巩固 telnet 配置。

2.3.3 实验内容

本实验拓扑结构如图 2-3-1 所示，实验编址如表 2-3-3 所示。

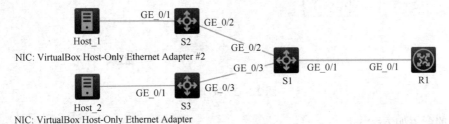

图 2-3-1　ACL 配置实验拓扑结构

本实验模拟了一个简单网络场景：

S2、S3 是接入层交换机（二层交换机）；S1 是核心层交换机（三层），也是 DHCP 服务器，为 VLAN 10 和 VLAN 20 提供 DHCP 服务；R1 开启了 telnet 功能，并使用 Loopback 0 模拟网络中的一台服务器；PC1 和 PC2 属于两个不同 VLAN 业务流的计算机，接入网络后自动获取 IP 地址。

本网络的管理员 IP 地址为 192.168.10.100，只有该 IP 地址主机能够 telnet 到 R1，且只有该主机能够使用 ping 命令测试与 R1 Loopback 0 接口的服务器的连通性。

表 2-3-3   实验编址表

设备	接口	类型	允许通过的 vlan	IP 地址	子网掩码
R1	GE 0/1	route	N/A	10.1.12.2	255.255.255.252
	Loopback 0	route	N/A	10.10.10.10	255.255.255.255
S1	GE 0/1	route	N/A	10.1.12.1	255.255.255.252
	GE 0/2	trunk	VLAN 10、20	N/A	N/A
	GE 0/3	trunk	VLAN 10、20	N/A	N/A
	VLAN 10	N/A	N/A	192.168.10.254	255.255.255.0
	VLAN 20	N/A	N/A	192.168.20.254	255.255.255.0
S2	GE 0/1	access	VLAN 10	N/A	N/A
	GE 0/2	trunk	VLAN 10、20	N/A	N/A
S3	GE 0/1	access	VLAN 20	N/A	N/A
	GE 0/3	trunk	VLAN 10、20	N/A	N/A

2.3.4 实验步骤

步骤 1：基本配置

PC 的配置如图 2-3-2 所示。

图 2-3-2 PC 的配置

S1 的配置如下：

```
[S1]vlan 10
[S1-vlan10]vlan 20
```

```
[S1-vlan20]quit
[S1]interface GigabitEthernet 1/0/1
[S1-GigabitEthernet1/0/1] port link-mode route
[S1-GigabitEthernet1/0/1] ip address 10.1.12.1 30
[S1-GigabitEthernet1/0/1]quit
[S1]interface GigabitEthernet 1/0/2
[S1-GigabitEthernet1/0/2]port link-type trunk
[S1-GigabitEthernet1/0/2]port trunk permit vlan 10 20
[S1-GigabitEthernet1/0/2]quit
[S1]interface GigabitEthernet 1/0/3
[S1-GigabitEthernet1/0/3]port link-type trunk
[S1-GigabitEthernet1/0/3]port trunk permit vlan 10 20
[S1-GigabitEthernet1/0/3]quit
```

配置 DHCP 服务如下：

```
[S1]dhcp server ip-pool vlan10
[S1-dhcp-pool-vlan10] network 192.168.10.0 mask 255.255.255.0
[S1-dhcp-pool-vlan10]gateway-list 192.168.10.254
[S1-dhcp-pool-vlan10]quit
[S1]dhcp server ip-pool vlan20
[S1-dhcp-pool-vlan20] network 192.168.20.0 mask 255.255.255.0
[S1-dhcp-pool-vlan20]gateway-list 192.168.20.254
[S1-dhcp-pool-vlan20]quit
[S1]dhcp enable
[S1]interface Vlan-interface 10
[S1-Vlan-interface10]ip address 192.168.10.254 255.255.255.0
[S1-Vlan-interface10]dhcp server apply ip-pool vlan10
[S1-Vlan-interface10]quit
[S1]interface Vlan-interface 20
[S1-Vlan-interface20]ip address 192.168.20.254 255.255.255.0
[S1-Vlan-interface20]dhcp server apply ip-pool vlan20
[S1-Vlan-interface20]quit
```

配置 RIP 协议如下：

```
[S1]rip 1
[S1-rip-1]version 2
[S1-rip-1]network 10.1.12.0 0.0.0.3
[S1-rip-1]network 192.168.10.0 0.0.0.255
[S1-rip-1]network 192.168.20.0 0.0.0.255
[S1-rip-1]quit
```

S2 的配置如下：

```
[S2]vlan 10
[S2-vlan10]vlan 20
```

```
[S2-vlan20]quit
[S2]interface GigabitEthernet1/0/1
[S2-GigabitEthernet1/0/1] port access vlan 10
[S2-GigabitEthernet1/0/1]quit
[S2]interface GigabitEthernet 1/0/2
[S2-GigabitEthernet1/0/2]port link-type trunk
[S2-GigabitEthernet1/0/2]port trunk permit vlan 1 10 20
[S2-GigabitEthernet1/0/2]quit
```

S3 的配置如下：

```
[S3]vlan 10
[S3-vlan10]vlan 20
[S3-vlan20]quit
[S3]interface GigabitEthernet1/0/1
[S3-GigabitEthernet1/0/1] port access vlan 20
[S3-GigabitEthernet1/0/1]quit
[S3]interface GigabitEthernet 1/0/3
[S3-GigabitEthernet1/0/3]port link-type trunk
[S3-GigabitEthernet1/0/3]port trunk permit vlan 1 10 20
[S3-GigabitEthernet1/0/3]quit
```

R1 的配置如下：

```
[R1]interface GigabitEthernet0/1
[R1-GigabitEthernet0/1]ip address 10.1.12.2 30
[R1-GigabitEthernet0/1]quit
[R1]interface LoopBack 0
[R1-LoopBack0]ip address 10.10.10.10 32
[R1-LoopBack0]quit
[R1]rip 1
[R1-rip-1]version 2
[R1-rip-1]network 10.1.12.0 0.0.0.3
[R1-rip-1]network 10.10.10.10 0.0.0.0
[R1-rip-1]quit
[R1]local-user h3c
[R1-luser-manage-h3c]password simple 123456
[R1-luser-manage-h3c]service-type telnet
[R1-luser-manage-h3c]quit
[R1]user-interface vty 0 4
[R1-line-vty0-4]authentication-mode scheme
[R1-line-vty0-4]quit
[R1]telnet server enable
```

步骤 2：验证

（1）未配置 ACL 之前主机与 R1 上服务器之间的通信状态

PC_1 通过 DHCP 获取到 IP 地址，如图 2-3-3 所示。

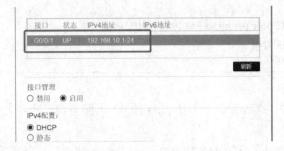

图 2-3-3　PC_1 获得 IP 地址图示

PC_1 能够 ping 通 10.10.10.10 服务器，如图 2-3-4 所示。

```
<H3C>
<H3C>ping 10.10.10.10
Ping 10.10.10.10 (10.10.10.10): 56 data bytes, press CTRL_C to break
56 bytes from 10.10.10.10: icmp_seq=0 ttl=254 time=2.000 ms
56 bytes from 10.10.10.10: icmp_seq=1 ttl=254 time=1.000 ms
56 bytes from 10.10.10.10: icmp_seq=2 ttl=254 time=1.000 ms
56 bytes from 10.10.10.10: icmp_seq=3 ttl=254 time=2.000 ms
56 bytes from 10.10.10.10: icmp_seq=4 ttl=254 time=2.000 ms
```

图 2-3-4　PC_1 ping 通 R1 上服务器截图

PC_1 能够 telnet 到该服务器，如图 2-3-5 所示。

```
<H3C>telnet 10.10.10.10
Trying 10.10.10.10 ...
Press CTRL+K to abort
Connected to 10.10.10.10 ...

*********************************************************************
* Copyright (c) 2004-2021 New H3C Technologies Co., Ltd. All rights reserved.*
* without the owner's prior written consent,                        *
* no decompiling or reverse-engineering shall be allowed.           *
*********************************************************************

Login: h3c
Password:
The password is a weak password. It does not meet the following requirements:
It must contain a minimum of 10 characters.
It must contain a minimum of 2 types,and a minimum of 1 characters for each type.
It can't contain the username or the reversed letters of the username.
Do you want to change the password?
 [Y/N] n
<R1>
```

图 2-3-5　PC_1 telnet 到 R1 上服务器截图

（2）配置 ACL 满足网络对主机与 R1 上服务器之间的限定需求

R1 上配置高级 ACL 3000，满足只有管理员主机能够使用 ping 命令测试与 R1 上服务器之间的连通性：

```
[R1]acl advanced 3000
[R1-acl-ipv4-adv-3000]rule 0 permit icmp source 192.168.10.100 0 destination 10.10.10.10 0
[R1-acl-ipv4-adv-3000] rule 5 deny icmp destination 10.10.10.10 0
[R1-acl-ipv4-adv-3000]quit
[R1]interfaceGigabitEthernet 0/1
[R1-GigabitEthernet0/1]packet-filter 3000 inbound
```

R1 上配置基本 ACL 2000，满足只有管理员主机能够使用 telnet 到 R1。

```
[R1]acl basic 2000
[R1-acl-ipv4-basic-2000]rule permit source 192.168.10.100 0
[R1-acl-ipv4-basic-2000]quit
[R1]telnet server acl 2000
```

步骤 3：再次验证

重复步骤 2（1）的内容，PC_1 不能 ping 通 R1 上服务器，也不能 telnet 到 R1 上。

步骤 4：修改设置

修改 PC_1 的 IP 地址为 192.168.10.100，可以 ping 通 R1 上服务器，也可以 telnet 到 R1 上，满足组网需求。

2.3.5 　思考

1．ACL 中的通配符掩码（wildcard-mask）有什么作用？

2．要匹配 192.168.16.0/24～192.168.31.0/24 这个网段内的 IP 地址，应当如何配置 ACL 的通配符掩码？

2.4　基本路由策略配置

2.4.1 　原理概述

1．基本概念

路由策略（routing policy）是为了改变网络流量所经过的途径而修改路由信息的技术，主要通过改变路由属性（包括可达性）来实现。一个路由策略可以由多个节点构成，每个节点可以由一组 if-match、apply 和 continue 子句组成，每个节点是匹配检查的一个单元，在匹配过程中，系统按节点序号升序依次检查各个节点。不同节点间是"或"的关系，如果通过了其中一个节点，就意味着通过该路由策略，不再对其他节点进行匹配。

2．路由策略的应用

控制路由的发布：路由协议在发布路由信息时，通过路由策略对路由信息进行过滤，只发布满足条件的路由信息。

控制路由的接收：路由协议在接收路由信息时，通过路由策略对路由信息进行过滤，只接收满足条件的路由信息，可以控制路由表项的数量，提高网络的安全性。

管理引入的路由：路由协议在引入其他路由协议发现的路由时，通过路由策略只引入满足条件的路由信息，并控制所引入的路由信息的某些属性，以使其满足本协议的要求。

设置路由的属性：对通过路由策略的路由设置相应的属性。

3．路由策略的实现

首先要定义将要实施路由策略的路由信息的特征，即定义一组匹配规则。可以用路由信息中的不同属性作为匹配依据进行设置，如目的地址、发布路由信息的路由器地址等。

然后再将匹配规则应用于路由的发布、接收和引入等过程的路由策略中。

4. 路由策略使用到的过滤器

过滤器可以看作是路由策略过滤路由的工具,单独配置的过滤器没有任何过滤效果,只有在路由协议的相关命令中应用这些过滤器,才能够达到预期的过滤效果。常见的过滤器有以下两种。

(1)访问控制列表(ACL)

用户在定义 ACL 时可以指定 IP 地址和子网范围,用于匹配路由信息的目的网段地址或下一跳地址。

(2)地址前缀列表(IP-Prefix-List)

使用地址前缀列表过滤路由信息时,其匹配对象为路由信息的目的地址信息域;一个地址前缀列表由前缀列表名标识。每个前缀列表可以包含多个表项,每个表项可以独立指定一个网络前缀形式的匹配范围,并用一个索引号来标识,索引号指明了在地址前缀列表中进行匹配检查的顺序。

每个表项之间是"或"的关系,在匹配的过程中,路由器按升序依次检查由索引号标识的各个表项,只要有某一表项满足条件,就意味着通过该地址前缀列表的过滤,不再进入下一个表项的测试。

2.4.2 实验目的

① 掌握路由策略的配置。
② 掌握前缀列表的配置。
③ 巩固 ACL 的配置。

2.4.3 实验内容

本实验拓扑结构如图 2-4-1 所示,实验编址如表 2-4-1 所示。本实验模拟了一个简单网络场景:R1、R2、R3 是某企业的路由设备,使用 RIP-V2 协议组网;总部和分部有两个业务网段,即 A 业务和 B 业务;A 业务使用前 8 位为 10 的 IP 网段;B 业务使用前 8 位为 192 的 IP 网段标识;各部门使用路由器的环回口模拟业务网段,详细业务规划见表 2-4-1。

A 业务需求:所有部门的 A 业务能够互联互通;各分部间 B 业务不能互通,但可以和总部互通。

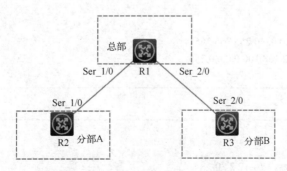

图 2-4-1 路由策略配置实验拓扑结构

表 2-4-1　实验编址表

设备	接口	IP 地址	子网掩码
R1	Ser 1/0	10.1.12.1	255.255.255.252
	Ser 2/0	10.1.13.1	255.255.255.252
	Loopback 0	10.1.100.254	255.255.255.0
	Loopback1	192.168.100.254	255.255.255.0
R2	Ser 1/0	10.1.12.2	255.255.255.252
	Loopback 0	10.1.101.254	255.255.255.0
	Loopback1	192.168.101.254	255.255.255.0
R3	Ser 2/0	10.1.13.2	255.255.255.252
	Loopback 0	10.1.102.254	255.255.255.0
	Loopback1	192.168.102.254	255.255.255.0

2.4.4　实验步骤

步骤 1：基本配置

R1 的配置如下：

```
[R1]sysname R1
[R1]interface Serial 1/0
[R1-Serial1/0]ip address 10.1.12.1 30
[R1-Serial1/0]quit
[R1]interface Serial 2/0
[R1-Serial2/0]ip address 10.1.13.1 30
[R1-Serial2/0]quit
[R1]interface LoopBack 0
[R1-LoopBack0]ip address 10.1.100.254 24
[R1-LoopBack0]quit
[R1]interface LoopBack 1
[R1-LoopBack1]ip address 192.168.100.254 24
[R1-LoopBack1]quit
[R1]rip 1
[R1-rip-1]version 2
[R1-rip-1]network 10.0.0.0 0.255.255.255
[R1-rip-1]network 192.168.100.0 0.0.0.255
[R1-rip-1]quit
```

R2 的配置如下：

```
[H3C]sysname R2
[R2]interface Serial 1/0
[R2-Serial1/0]ip address 10.1.12.2 30
[R2-Serial1/0]quit
[R2]interface LoopBack 0
```

```
[R2-LoopBack0]ip address 10.1.101.254 24
[R2-LoopBack0]quit
[R2]interface LoopBack 1
[R2-LoopBack1]ip address 192.168.101.254 24
[R2-LoopBack1]quit
[R2]rip 1
[R2-rip-1]version 2
[R2-rip-1]network 10.0.0.0 0.255.255.255
[[R2-rip-1]network 192.168.101.0 0.0.0.255
[R2-rip-1]quit
```

R3 的配置如下：

```
[H3C]sysname R3
[R3]interface Serial 2/0
[R3-Serial2/0]ip address 10.1.13.2 30
[R3-Serial2/0]quit
[R3]interface LoopBack 0
[R3-LoopBack0]ip address 10.1.102.254 24
[R3-LoopBack0]quit
[R3]interface LoopBack 1
[R3-LoopBack1]ip address 192.168.102.254 24
[R3-LoopBack1]quit
[R3]rip 1
[R3-rip-1]version 2
[R3-rip-1]network 10.0.0.0 0.255.255.255
[R3-rip-1]network 192.168.102.0 0.0.0.255
[R3-rip-1]quit
```

步骤 2：配置结果验证

在 R1、R2、R3 上使用命令：display ip routing-table protocol rip 来观察三台设备路由的学习情况，判断基础配置是否正确。

步骤 3：使用前缀列表实现路由控制、业务互通需求

```
[R1]ip prefix-list test index 10 deny 192.168.101.0 24
[R1]ip prefix-list test index 20 deny 192.168.102.0 24
[R1]ip prefix-list test index 30 permit 0.0.0.0 0 less-equal 32
[R1]rip 1
[R1-rip-1]filter-policy prefix-list test export
```

步骤 4：验证

```
[R1] display ip routing-table protocol rip
Summary count : 8
RIP Routing table status : <Active>
Summary count : 4
Destination/Mask    Proto    Pre Cost         NextHop         Interface
10.1.101.0/24       RIP      100 1            10.1.12.2       Ser 1/0
```

10.1.102.0/24	RIP	100 1	10.1.13.2	Ser 2/0
192.168.101.0/24	RIP	100 1	10.1.12.2	Ser 1/0
192.168.102.0/24	RIP	100 1	10.1.13.2	Ser 2/0

[R2]display ip routing-table protocol rip

Summary count : 7

RIP Routing table status : <Active>

Summary count : 4

Destination/Mask	Proto	Pre Cost	NextHop	Interface
10.1.13.0/30	RIP	100 1	10.1.12.1	Ser 1/0
10.1.100.0/24	RIP	100 1	10.1.12.1	Ser 1/0
10.1.102.0/24	RIP	100 2	10.1.12.1	Ser 1/0
192.168.100.0/24	RIP	100 1	10.1.12.1	Ser 1/0

[R3]display ip routing-table protocol rip

Summary count : 7

RIP Routing table status : <Active>

Summary count : 4

Destination/Mask	Proto	Pre Cost	NextHop	Interface
10.1.12.0/30	RIP	100 1	10.1.13.1	Ser 2/0
10.1.100.0/24	RIP	100 1	10.1.13.1	Ser 2/0
10.1.101.0/24	RIP	100 2	10.1.13.1	Ser 2/0
192.168.100.0/24	RIP	100 1	10.1.13.1	Ser 2/0

通过观察路由表可以知道，满足网络对业务的需求。

步骤 5：使用 ACL 实现路由控制、业务互通需求

先删除前缀列表的控制：

```
[R1]rip 1
[R1-rip-1]undo filter-policy export
[R1-rip-1]quit
[R1]undo ip prefix-list test
```

使用 ACL 实现路由控制：

```
[R1]acl basic 2000
[R1-acl-ipv4-basic-2000] rule    permit source 192.168.100.0 0.0.0.255
[R1-acl-ipv4-basic-2000] rule    deny source 192.168.100.0 0.0.3.255
[R1-acl-ipv4-basic-2000] rule    permit
[R1-acl-ipv4-basic-2000] quit
[R1]rip 1
[R1-rip-1]filter-policy 2000 export
[R1-rip-1]quit
```

验证方法同前缀列表的方法一致，请自行验证结果是否正确。

2.4.5　思考

如何使用前缀列表匹配默认路由？

2.5　路由发布和路由引入配置

2.5.1　原理概述

1. 路由引入产生的背景

如果一个网络运行了多个路由协议，则这种网络称为多协议网络。不同的路由协议由于算法和度量值不同，且路由器针对不同协议学习到的 IP 路由表是独立存放的，所以不同协议学习到的路由信息不能直接互通；甚至同一种路由协议，由于进程不同，所学习到的路由信息也是不能直接互通的，如 RIP、OSPF 协议；所以为了达到网络互通的目的，需要将路由进行引入。

2. 运行多协议网络的场景

① 网络升级、合并、迁移会出现多协议共存。

② 网络中存在多个厂家的路由设备，且存在使用厂家私有协议组网的情况。

③ 人为地将网络划分为不同的区域，便于路由的控制管理。

3. 单向路由引入

适用于星状网络结构，如图 2-5-1 所示。

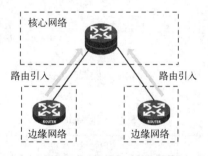

图 2-5-1　单向路由引入

将边缘网络的路由设备学习到的路由信息引入到核心网络，从而核心网络能够学习到边缘网络的路由信息。

在边缘网络的路由器上配置静态或默认路由，下一跳指向核心网络的边界路由器；也可以使用核心网络的边界路由器下发默认路由来实现边缘网络的路由学习。

这样做的好处是：减少边缘网络路由器的路由表规模，在网络升级的过程中，可以将性能较低的老旧设备规划在边缘网络中，便于降低成本。

4. 双向路由引入

在边界路由器上把两个路由域的路由互相引入，称为双向路由引入，如图 2-5-2 所示。

图 2-5-2　双向路由引入

优点：在边界路由设备上使用路由策略能够对网络中的路由信息进行有效的控制。

缺点：如果规划不当，可能会导致路由环路。

2.5.2　实验目的

① 掌握路由引入的配置。

② 理解后门链路的功能和配置。

③ 巩固路由策略的配置。

2.5.3　实验内容

本实验拓扑结构如图 2-5-3 所示，实验编址如表 2-5-1 所示。本实验模拟了一个简单网络场景：R1、R2、R3 是某企业的路由设备；网络分成了两个路由域，即 RIP 100 和 RIP 200。

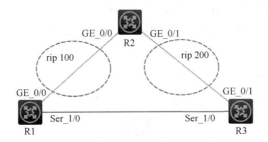

图 2-5-3　路由引入配置实验拓扑结构

表 2-5-1　实验编址表

设备	接口	IP 地址	子网掩码
R1	Ser 1/0	10.1.13.1	255.255.255.252
	GE 0/0	10.1.12.1	255.255.255.252
	Loopback 0	192.168.10.254	255.255.255.0
	Loopback1	192.168.20.254	255.255.255.0
R2	GE 0/0	10.1.12.2	255.255.255.252
	GE 0/1	10.1.23.2	255.255.255.252
R3	Ser 1/0	10.1.13.2	255.255.255.252
	GE 0/1	10.1.23.1	255.255.255.252
	Loopback 0	172.16.10.254	255.255.255.0
	Loopback1	172.16.20.254	255.255.255.0

要求网络管理人员配置网络达到以下需求。

① 两个路由域中，R1 路由设备的 192.168.10.0/24 的网段能与 R3 路由设备的 172.16.10.0/24 网段互访。

② 为了防止主链路（R1—R2—R3 链路）出现中断，在 R1～R3 之间构建后门链路，使得在主链路出现中断后，保证 192.168.10.0/24 的网段与 172.16.10.0/24 网段的通信。

2.5.4 实验步骤

步骤 1：基本配置
R1 的配置如下：

```
[H3C] sysname R1
[R1]interface GigabitEthernet 0/0
[R1-GigabitEthernet0/0]ip address 10.1.12.1 30
[R1-GigabitEthernet0/0]quit
[R1]interface Serial 1/0
[R1-Serial1/0]ip address 10.1.13.1 30
[R1-Serial1/0]quit
[R1]interface LoopBack 0
[R1-LoopBack0]ip address 192.168.10.254 24
[R1-LoopBack0]quit
[R1]interface LoopBack 1
[R1-LoopBack1]ip address 192.168.20.254 24
[R1-LoopBack1]quit
[R1]rip 100
[R1-rip-100]version 2
[R1-rip-100]undo summary
[R1-rip-100]network 10.1.12.0 0.0.0.3
[R1-rip-100]network 192.168.10.254 0.0.0.255
[R1-rip-100]network 192.168.20.254 0.0.0.255
[R1-rip-100]quit
```

R2 的配置如下：

```
[R2]sysname R2
[R2]interface GigabitEthernet 0/0
[R2-GigabitEthernet0/0]ip address 10.1.12.2 30
[R2-GigabitEthernet0/0]quit
[R2]interface GigabitEthernet 0/1
[R2-GigabitEthernet0/1]ip address 10.1.23.2 30
[R2-GigabitEthernet0/1]quit
[R2]rip 100
[R2-rip-100]version 2
[R2-rip-100]undo summary
[R2-rip-100]network 10.1.12.0 0.0.0.3
[R2-rip-100]quit
[R2]rip 200
[R2-rip-200]version 2
[R2-rip-200]undo summary
[R2-rip-200]network 10.1.23.0 0.0.0.3
[R2-rip-200]quit
```

R3 的配置如下：

```
[R3]sysname R3
[R3]interface GigabitEthernet 0/1
[R3-GigabitEthernet0/1]ip address 10.1.23.1 30
[R3-GigabitEthernet0/1]quit
[R3]interface Serial 1/0
[R3-Serial1/0]ip address 10.1.13.2 30
[R3-Serial1/0]quit
[R3]interface LoopBack 0
[R3-LoopBack0]ip address 172.16.10.254 24
[R3-LoopBack0]quit
[R3]interface LoopBack 1
[R3-LoopBack1]ip address 172.16.20.254 24
[R3-LoopBack1]quit
[R3]rip 200
[R3-rip-100]version 2
[R3-rip-200]undo summary
[R3-rip-200]network 10.1.23.0 0.0.0.3
[R3-rip-200]network 172.16.10.0 0.0.0.255
[R3-rip-200]network 172.16.20.0 0.0.0.255
[R3-rip-200]quit
```

步骤 2：验证 RIP 配置

在 R1、R2、R3 上使用命令 display ip routing-table protocol rip 来观察三台设备路由的学习情况，判断基础配置是否正确：R1 与 R3 无法学习到各自的路由信息，R2 上有 R1、R3 的路由。

步骤 3：使用路由策略表实现路由控制，满足网络需求

```
[R2]acl basic 2000
[R2-acl-ipv4-basic-2000]description 100t200
[R2-acl-ipv4-basic-2000] rule 0 permit source 192.168.10.0 0.0.0.255
[R2-acl-ipv4-basic-2000] quit
[R2]acl basic 2001
[R2-acl-ipv4-basic-2001]description 200t100
[R2-acl-ipv4-basic-2001]rule 0 permit source 172.16.10.0 0.0.0.255
[R2-acl-ipv4-basic-2001]quit
[R2]route-policy 100t200 permit node 10
[R2-route-policy-100t200-10]if-match ip address acl 2000
[R2-route-policy-100t200-10]quit
[R2]route-policy 200t100 permit node 10
[R2-route-policy-200t100-10]if-match ip address acl 2001
[R2-route-policy-200t100-10]quit
[R2]rip 100
[R2-rip-100]import-route rip 200 route-policy 200t100
[R2-rip-100]quit
[R2]rip 200
[R2-rip-200]import-route rip 100 route-policy 100t200
```

```
[R2-rip-200]quit
```

步骤 4：验证业务网络需求

```
[R1]display    ip routing-table protocol rip
Summary count : 4
RIP Routing table status : <Active>
Summary count : 1
Destination/Mask    Proto    Pre Cost            NextHop            Interface
172.16.10.0/24      RIP      100 1               10.1.12.2          GE 0/0
[R3] display    ip routing-table protocol rip
Summary count : 5
RIP Routing table status : <Active>
Summary count : 1
Destination/Mask    Proto    Pre Cost            NextHop            Interface
192.168.10.0/24     RIP      100 1               10.1.23.2          GE 0/1
```

步骤 5：使用静态路由配置后门链路，满足网络需求

```
[R1]ip route-static 172.16.10.0 24 10.1.13.2 preference 110
[R3]ip route-static 192.168.10.0 24 10.1.13.1 preference 110
```

2.5.5　思考

路由属性中标记值（tag）在防止路由环路中有何作用？

第 3 章 OSPF 协议

3.1 单区域的 OSPF 配置

3.1.1 原理概述

OSPF（open shortest path first，开放最短路径优先）是 IETF 组织开发的一个基于链路状态的内部网关协议。

1．OSPF 路由的计算过程

同一个区域内，OSPF 协议路由的计算过程可简单描述如下。

每台 OSPF 路由器根据自己周围的网络拓扑结构生成 LSA（link state advertisement，链路状态公告），并通过更新报文将 LSA 发送给网络中的其他 OSPF 路由器。

每台 OSPF 路由器都会收集其他路由器通告的 LSA，所有的 LSA 放在一起便组成了 LSDB（link state database，链路状态数据库）。LSA 是对路由器周围网络拓扑结构的描述，LSDB 则是对整个自治系统的网络拓扑结构的描述。

OSPF 路由器将 LSDB 转换成一张带权的有向图，这张图便是对整个网络拓扑结构的真实反映。各个路由器得到的有向图是完全相同的。

每台路由器根据有向图，使用 SPF 算法计算出一棵以自己为根的最短路径树，这棵树给出了到自治系统中各节点的路由。

2．路由器 ID

一台运行 OSPF 协议路由器，每一个 OSPF 进程必须存在自己的路由器 ID（Router ID）。Router ID 是一个 32 比特无符号整数，可以在一个自治系统中唯一的标识一台路由器。

OSPF 协议 Router ID 最优。若没有配置协议的 router ID，则按照下面的规则进行选择：

① 如果存在配置 IP 地址的 Loopback 接口，则选择 Loopback 接口地址中最大的作为 Router ID；

② 如果没有配置 IP 地址的 Loopback 接口，则从其他接口的 IP 地址中选择最大的作为 Router ID（不考虑接口的 up/down 状态）。

注意：在进行 OSPF 设备规划时，请认真合理地规划设备的 Router ID，建议使用非业务网段的私有 IP 地址段对 router ID 进行规划，便于后续的设备管理和维护。

3．OSPF 的协议报文

① Hello 报文：周期性发送，用来发现和维持 OSPF 邻居关系。内容包括一些定时器的数值、DR（designated router，指定路由器）、BDR（backup designated router，备份指定路由器）及自己已知的邻居。

② DD（database description，数据库描述）报文：描述了本地 LSDB 中每一条 LSA 的摘

要信息，用于两台路由器进行数据库同步。

③ LSR（link state request，链路状态请求）报文：向对方请求所需的 LSA。两台路由器互相交换 DD 报文之后，得知对端的路由器有哪些 LSA 是本地的 LSDB 所缺少的，这时需要发送 LSR 报文向对方请求所需的 LSA。内容包括所需要的 LSA 的摘要。

④ LSU（link state update，链路状态更新）报文：向对方发送其所需要的 LSA。

⑤ LSAck（link state acknowledgment，链路状态确认）报文：用来对收到的 LSA 进行确认。内容是需要确认的 LSA 的 Header（一个报文可对多个 LSA 进行确认）。

4．LSA 的类型

OSPF 中对链路状态信息的描述都是封装在 LSA 中发布出去，常用的 LSA 有以下几种类型。

① Router LSA（Type-1 LSA）：由每个路由器产生，描述路由器的链路状态和开销，在其始发的区域内传播。

② Network LSA（Type-2 LSA）：由 DR 产生，描述本网段所有路由器的链路状态，在其始发的区域内传播。

③ Network Summary LSA（Type-3 LSA）：由 ABR（area border router，区域边界路由器）产生，描述区域内某个网段的路由，并通告给其他区域。

④ ASBR Summary LSA（Type-4 LSA）：由 ABR 产生，描述到 ASBR（autonomous system boundary router，自治系统边界路由器）的路由，通告给相关区域。

⑤ AS External LSA（Type-5 LSA）：由 ASBR 产生，描述到自治系统（AS）外部的路由，通告到所有的区域（除了 Stub 区域和 NSSA 区域）。

⑥ NSSA External LSA（Type-7 LSA）：由 NSSA（not-so-stubby area）区域内的 ASBR 产生，描述到 AS 外部的路由，仅在 NSSA 区域内传播。

5．OSPF 的类型

OSPF 根据链路层协议类型将网络分为下列四种类型。

① 广播（broadcast）类型：当链路层协议是 Ethernet、FDDI 时，OSPF 默认认为网络类型是 Broadcast。在该类型的网络中，通常以组播形式（224.0.0.5，含义是 OSPF 路由器的预留 IP 组播地址；224.0.0.6，含义是 OSPF DR 的预留 IP 组播地址）发送 Hello 报文、LSU 报文和 LSAck 报文；以单播形式发送 DD 报文和 LSR 报文。

② NBMA（non-broadcast multi-access，非广播多点可达网络）类型：当链路层协议是帧中继、ATM 或 X.25 时，OSPF 默认认为网络类型是 NBMA。在该类型的网络中，以单播形式发送协议报文。

③ P2MP（point-to-multiPoint，点到多点）类型：没有一种链路层协议会被默认的认为是 P2MP 类型。点到多点必须是由其他的网络类型强制更改的。常用做法是将 NBMA 改为点到多点的网络。在该类型的网络中，默认情况下，以组播形式（224.0.0.5）发送协议报文。可以根据用户需要，以单播形式发送协议报文。

④ P2P（point-to-point，点到点）类型：当链路层协议是 PPP、HDLC 时，OSPF 默认认为网络类型是 P2P。在该类型的网络中，以组播形式（224.0.0.5）发送协议报文。

注意：后续 OSPF 的实验中，只讨论 Broadcast 和 P2P 的网络类型；需要强调的是，对于网络类型为 NBMA 的网络，需要进行一些特殊的配置。在 NBMA 类型的网络中，由于无法通过广播 Hello 报文的形式发现相邻路由器，必须手工为该接口指定相邻路由器的 IP 地址，以及该相邻路由器是否有 DR 选举权等。

6. 邻居和邻接

OSPF 路由器启动后，便会通过 OSPF 接口向外发送 Hello 报文。收到 Hello 报文的 OSPF 路由器会检查报文中所定义的参数，如果双方一致就会形成邻居关系（neighbor）。

形成邻居关系的双方不一定都能形成邻接关系，这要根据网络类型而定。只有当双方成功交换 DD 报文，交换 LSA 并达到 LSDB 的同步之后，才形成真正意义上的邻接关系（adjacency）。如图 3-1-1 所示，用实线代表以太网物理连接，虚线代表建立的邻接关系。

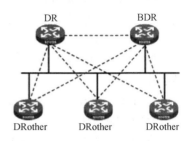

图 3-1-1　邻居和邻接关系

7. DR/BDR

在广播和 NBMA 网络中，任意两台路由器之间都要交换路由信息，浪费了带宽资源。为解决这一问题，OSPF 协议定义了指定路由器（DR），所有路由器都只将信息发送给 DR，由 DR 将网络链路状态发送出去。

BDR 是对 DR 的一个备份，在选举 DR 的同时也选举出 BDR，BDR 也和本网段内的所有路由器建立邻接关系并交换路由信息。

DR 和 BDR 是由同一网段中所有的路由器根据路由器优先级、Router ID 通过 Hello 报文选举出来的，只有优先级大于 0 的路由器才具有选举资格。

进行 DR/BDR 选举时，每台路由器将自己选出的 DR 写入 Hello 报文中，发给网段上的每台运行 OSPF 协议的路由器。

当处于同一网段的两台路由器同时宣布自己是 DR 时，路由器优先级高者胜出。

如果优先级相等，则 Router ID 大者胜出。如果一台路由器的优先级为 0，则它不会被选举为 DR 或 BDR。

网络稳定后，后续入网的 OSPF 路由设备即使优先级较高也不能对 DR 进行抢夺。

3.1.2　实验目的

① 掌握单区域 OSPF 的配置。
② 理解路由器 ID（Router ID）形成规则和规划。

3.1.3　实验内容

本实验拓扑结构如图 3-1-2 所示，实验编址如表 3-1-1 所示。本实验模拟了一个简单网络场景：R1、R2、R3 是某企业的路由设备；企业业务网段有 192.168.10.0/24，192.168.20.0/24，192.168.30.0/24，分别由 R1、R2、R3 的 Loopback 0 口模拟，使用 OSPF 协议组建网络，使得业务网段能够互相通信。

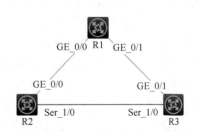

图 3-1-2　单区域的 OSPF 配置实验拓扑结构

表 3-1-1　实验编址表

设备	接口	IP 地址	子网掩码
R1	GE 0/0	10.1.12.1	255.255.255.252
	GE 0/1	10.1.13.1	255.255.255.252
	Loopback 0	192.168.10.254	255.255.255.0
R2	GE 0/0	10.1.12.2	255.255.255.252
	Ser 1/0	10.1.23.2	255.255.255.252
	Loopback 0	192.168.20.254	255.255.255.0
R3	GE 0/1	10.1.13.2	255.255.255.252
	Ser 1/0	10.1.23.1	255.255.255.252
	Loopback 0	192.168.30.254	255.255.255.0

3.1.4　实验步骤

步骤 1：基本配置

R1 的配置如下：

```
[H3C]sysname R1
[R1]interface GigabitEthernet 0/0
[R1-GigabitEthernet0/0]ip address 10.1.12.1 30
[R1-GigabitEthernet0/0]quit
[R1]interface GigabitEthernet 0/1
[R1-GigabitEthernet0/1]ip address 10.1.13.1 30
[R1-GigabitEthernet0/1]quit
[R1]interface LoopBack 0
[R1-LoopBack0]ip address 192.168.10.254 24
[R1-LoopBack0]quit
[R1]ospf 1 router-id 10.0.0.1
[R1-ospf-1]area 0
[R1-ospf-1-area-0.0.0.0]network 10.1.12.0 0.0.0.3
[R1-ospf-1-area-0.0.0.0]network 10.1.13.0 0.0.0.3
[R1-ospf-1-area-0.0.0.0]network 192.168.10.254 0.0.0.255
[R1-ospf-1-area-0.0.0.0]quit
[R1-ospf-1]quit
```

R2 的配置如下：

```
[H3C]sysname R2
[R2]interface GigabitEthernet 0/0
[R2-GigabitEthernet0/0]ip address 10.1.12.2 30
[R2-GigabitEthernet0/0]quit
[R2]interface Serial 1/0
[R2-Serial1/0]ip address 10.1.23.2 30
[R2-Serial1/0]quit
[R2]interface LoopBack 0
```

```
[R2-LoopBack0]ip address 192.168.20.254 24
[R2-LoopBack0]quit
[R2]ospf 1 router-id 10.0.0.2
[R2-ospf-1]area 0
[R2-ospf-1-area-0.0.0.0]network 10.1.12.2 0.0.0.0
[R2-ospf-1-area-0.0.0.0]network 10.1.23.2 0.0.0.0
[R2-ospf-1-area-0.0.0.0]network 192.168.20.254 0.0.0.255
[R2-ospf-1-area-0.0.0.0]quit
[R2-ospf-1]quit
```

R3 的配置如下：

```
[H3C]sysname R3
[R3]interface GigabitEthernet 0/1
[R3-GigabitEthernet0/1]ip address 10.1.13.2 30
[R3-GigabitEthernet0/1]quit
[R3]interface Serial 1/0
[R3-Serial1/0]ip address 10.1.23.1 30
[R3-Serial1/0]quit
[R3]interface LoopBack 0
[R3-LoopBack0]ip address 192.168.30.254 24
[R3-LoopBack0]quit
[R3]ospf 1 router-id 10.0.0.3
[R3-ospf-1]area 0
[R3-ospf-1-area-0.0.0.0]network 10.1.13.2 0.0.0.0
[R3-ospf-1-area-0.0.0.0]network 10.1.23.1 0.0.0.0
[R3-ospf-1-area-0.0.0.0]net 192.168.30.0 0.0.0.255
[R3-ospf-1-area-0.0.0.0]quit
[R3-ospf-1]quit
```

步骤 2：验证 OSPF 配置
检查 OSPF 邻居关系的建立情况：

```
[R2]display ospf peer
        OSPF Process 1 with Router ID 10.0.0.2
              Neighbor Brief Information
              Area: 0.0.0.0
Router ID       Address         Pri Dead-Time   State       Interface
10.0.0.1        10.1.12.1       1   31          Full/BDR    GE 0/0
10.0.0.3        10.1.23.1       1   35          Full/ -     Ser 1/0
```

验证 OSPF 网络的 LSDB 数据库：

```
[R2]display ospf lsdb
        OSPF Process 1 with Router ID 10.0.0.2
              Link State Database
```

```
                    Area: 0.0.0.0
Type      LinkState ID    AdvRouter        Age  Len   Sequence   Metric
Router    10.0.0.3        10.0.0.3         132   72   80000006   0
Router    10.0.0.2        10.0.0.2         138   72   80000006   0
Router    10.0.0.1        10.0.0.1         131   60   80000008   0
Network   10.1.13.2       10.0.0.3         132   32   80000001   0
Network   10.1.12.2       10.0.0.2         130   32   80000002   0
```

验证通过 OSPF 学习到的路由情况：

```
[R2]display ip routing-table protocol ospf
Summary count : 6
OSPF Routing table status : <Active>
Summary count : 3
Destination/Mask      Proto    Pre Cost        NextHop        Interface
10.1.13.0/30          O_INTRA 10   2           10.1.12.1      GE 0/0
192.168.10.254/32     O_INTRA 10   1           10.1.12.1      GE 0/0
192.168.30.254/32     O_INTRA 10   2           10.1.12.1      GE 0/0
OSPF Routing table status : <Inactive>
Summary count : 3
Destination/Mask      Proto    Pre Cost        NextHop        Interface
10.1.12.0/30          O_INTRA 10   1           0.0.0.0        GE 0/0
10.1.23.0/30          O_INTRA 10   1562        0.0.0.0        Ser 1/0
192.168.20.254/32     O_INTRA 10   0           0.0.0.0        Loop 0
```

3.2　多区域的 OSPF 配置

3.2.1　原理概述

（1）OSPF 区域划分

当单个 OSPF 区域中运行 OSPF 的设备过多时，需要将 OSPF 区域进行有效的划分。

区域划分的好处如下。

↪ 因为 H3C 设备无法对 LSA 进行过滤，所以在同一个区域内，无法对路由进行有效的管理，如路由过滤。

↪ 若单独区域过大，则当某一条链路不稳定时，导致整个区域内对该链路进行重新计算，影响网络的稳定。

↪ 减小 SPF 树的规模，提高网络的整体收敛时间。

（2）OSPF 区域划分规则

骨干区域（区域 0）：在一个 AS 系统中，骨干区域有且只有一个，且必须连续，其他区域要直接或间接（vlink）与骨干区域相连。

（3）区域防环机制

↪ 非骨干区域的 Type-3 LSA 不会回传到骨干区域。

    ↳ ABR 优先使用骨干区域的 type-1 和 type-3 LSA 计算路由信息，当 ABR 失去所有邻居的时候才会使用非骨干区域的 type-3 LSA 计算区域间路由，type-1 LSA>区域的 type-3 LSA>非骨干区域的 type-3 LSA，这样才能防止非骨干区域的路由再次回传至骨干区域。

（4）OSPF 区域划分后的路由器角色

① 区域内路由器（internal router）：该类路由器的所有接口都属于同一个 OSPF 区域。

② 区域边界路由器 ABR（area border router）：该类路由器可以同时属于两个以上的区域，但其中一个必须是骨干区域。ABR 用来连接骨干区域和非骨干区域，它与骨干区域之间既可以是物理连接，也可以是逻辑上的连接。

③ 骨干路由器（Backbone Router）：该类路由器至少有一个接口属于骨干区域。因此，所有的 ABR 和位于骨干区域的内部路由器都是骨干路由器。

④ 自治系统边界路由器 ASBR：与其他 AS 交换路由信息的路由器称为 ASBR。ASBR 并不一定位于 AS 的边界，它有可能是区域内路由器，也有可能是 ABR。只要一台 OSPF 路由器引入了外部路由的信息，就成为 ASBR。

3.2.2　实验目的

① 理解 OSPF 分区原理和应用场景。

② 掌握多区域 OSPF 的配置。

3.2.3　实验内容

本实验拓扑结构如图 3-2-1 所示，实验编址如表 3-2-1 所示。本实验模拟了一个简单网络场景：R1、R2、R3 三台路由设备组成了 OSPF 的骨干区域 area 0，R2、R4 组建了 area 1，R3、R5 组建了 area 1；企业业务网段有 192.168.10.0/24，192.168.20.0/24，192.168.30.0/24，192.168.40.0/24，192.168.50.0/24 分别由 R1、R2、R3、R4、R5 的 Loopback 0 口模拟。

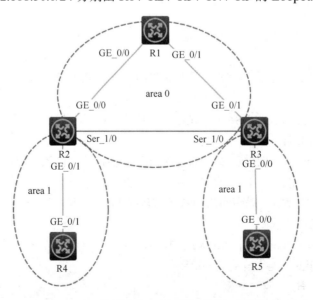

图 3-2-1　多区域的 OSPF 配置实验拓扑结构

表 3-2-1 实验编址表

设备	接口	IP 地址	子网掩码
R1	GE 0/0	10.1.12.1	255.255.255.252
	GE 0/1	10.1.13.1	255.255.255.252
	Loopback 0	192.168.10.254	255.255.255.0
R2	GE 0/0	10.1.12.2	255.255.255.252
	GE 0/1	10.1.24.2	255.255.255.252
	Ser1/0	10.1.23.2	255.255.255.252
	Loopback 0	192.168.20.254	255.255.255.0
R3	GE 0/0	10.1.35.1	255.255.255.252
	GE 0/1	10.1.13.2	255.255.255.252
	Ser1/0	10.1.23.1	255.255.255.252
	Loopback 0	192.168.30.254	255.255.255.0
R4	GE 0/1	10.1.24.1	255.255.255.252
	Loopback 0	192.168.40.254	255.255.255.0
R5	GE 0/0	10.1.35.2	255.255.255.252
	Loopback 0	192.168.50.254	255.255.255.0

3.2.4 实验步骤

R1、R2、R3 的原有配置请参照 3.1 节的实验 1，下面列出增加的配置。

步骤 1：增加的配置

R2 增加的配置如下：

```
[R2]interface GigabitEthernet 0/1
[R2-GigabitEthernet0/1]ip address 10.1.24.2 30
[R2-GigabitEthernet0/1]quit
[R2]ospf 1
[R2-ospf-1]area 1
[R2-ospf-1-area-0.0.0.1]network 10.1.24.2 0.0.0.0
[R2-ospf-1-area-0.0.0.1]quit
[R2-ospf-1]quit
```

R3 增加的配置如下：

```
[R3]interface GigabitEthernet 0/0
[R3-GigabitEthernet0/0]ip address 10.1.35.1 30
[R3-GigabitEthernet0/0]quit
[R3]ospf 1
[R3-ospf-1]area 1
[R3-ospf-1-area-0.0.0.1]network 10.1.35.1 0.0.0.0
[R3-ospf-1-area-0.0.0.1]quit
[R3-ospf-1]quit
```

R4 增加的配置如下：

```
[H3C]sysname R4
[R4]interface GigabitEthernet 0/0
[R4-GigabitEthernet0/0]interface GigabitEthernet 0/1
[R4-GigabitEthernet0/1]ip address 10.1.24.1 30
[R4-GigabitEthernet0/1]quit
[R4]interface LoopBack 0
[R4-LoopBack0]ip address 192.168.40.254 24
[R4-LoopBack0]quit
[R4]ospf 1 router-id 10.0.0.4
[R4-ospf-1]area 1
[R4-ospf-1-area-0.0.0.1]network 10.1.24.1 0.0.0.0
[R4-ospf-1-area-0.0.0.1]network 192.168.40.254    0.0.0.0
[R4-ospf-1-area-0.0.0.1]quit
[R4-ospf-1]quit
```

R5 增加的配置如下：

```
[H3C]sysname R5
[R5]interface    LoopBack 0
[R5-LoopBack0]ip address    192.168.50.254 24
[R5-LoopBack0]quit
[R5]interface g0/0
[R5-GigabitEthernet0/0]ip address 10.1.35.2 30
[R5-GigabitEthernet0/0]quit
[R5]ospf 1 router-id 10.0.0.5
[R5-ospf-1]area 1
[R5-ospf-1-area-0.0.0.1]network 10.1.35.2 0.0.0.0
[R5-ospf-1-area-0.0.0.1]network 192.168.50.254    0.0.0.0
[R5-ospf-1-area-0.0.0.1]quit
[R5-ospf-1]quit
```

步骤 2：验证

使用 display ospf peer 命令验证 OSPF 的邻居关系的建立情况。

使用 display ospf lsdb 命令验证 OSPF 网络的 LSDB 数据库。

使用 display ip routing-table protocol ospf 命令验证 OSPF 学习到的路由情况。

3.2.5 思考

非骨干区域可以不连续吗？

3.3 邻居关系建立

3.3.1 原理概述

OSPF 路由器启动后，便会通过 OSPF 接口向外发送 Hello 报文。收到 Hello 报文的 OSPF 路由器会检查报文中所定义的参数，如果双方一致就会形成邻居关系（neighbor）。

运行 OSPF 协议的路由设备在建立邻居关系的过程中，设备运行存在的状态如图 3-3-1 所示。

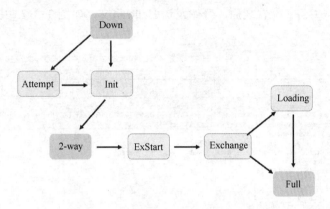

图 3-3-1 OSPF 邻居关系建立的状态

Down：代表没有发现任何存在的邻居。

Init：收到邻居的 hello 报文，但是没有在该报文中发现本端的 Router ID，代表本端发现了邻居的存在，而邻居还没发现本端的存在。这被称为 one-way 的状态。

2-way：收到邻居的 hello 报文，在该报文中发现本端的 Router ID。DR-other 之间只会停留在 2-way 的状态，不会进行 LSDB 的数据同步，其他情况会继续进行 LSDB 的同步，并进入到 ExStart 状态。

ExStart：开始发送 DD 报文，进行主从选举。

Exchange&Loading：开始交换 LSA 信息。

Full：LSDB 交换完毕，邻居关系建立，设备学习到各自的链路信息。

3.3.2 实验目的

① 理解 OSPF 协议报文。
② 理解 OSPF 路由器邻居关系建立的条件。
③ 理解 OSPF 的状态机和报文功能。
④ 理解 LSDB（链路状态数据库）同步的过程。

3.3.3 实验内容

本实验拓扑结构如图 3-2-1 所示，实验编址如表 3-2-1 所示。

3.3.4 实验步骤

实验配置参见 3.2 节。

1. 理解 OSPF 协议的 Hello 报文

步骤 1：开启抓包

保存好所有路由器的配置，关闭所有设备，在 R1 与 R2 之间的链路上开启抓包，只开启

R1 与 R2 两台路由设备。

　　步骤 2：打开抓包软件，在选项栏输入"ospf"，认识并掌握 Hello 报文内容

　　① 路由器完成 OSPF 配置之后，开始发送 Hello 报文，如图 3-3-2 中的标注 1 所示。

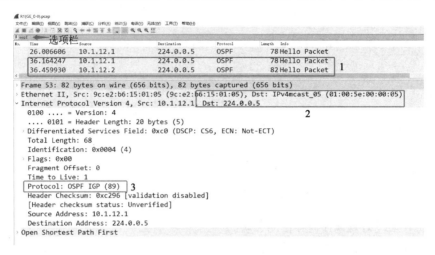

图 3-3-2　　Hello 报文抓取图示

　　② 数链层封装和网络层目的 IP 地址的封装如图 3-3-2 中的标注 2 所示，OSPF 协议使用的组播（224.0.0.5）以及 224.0.05 组播映射形成的 MAC 地址。

　　③ 网络层中，在 IPv4 的环境中使用 Protocol：OSPF IGP（89）用来表明 OSPF 与 IPv4 的依赖关系，所以需要 OSPF 协议在协议设计中克服 IP 协议带来的无连接不可靠特性。

　　④ OSPF 成对出现的 Hello 报文会出现三组，如图 3-3-3 中的标注 1 和标注 5 所示，这是 OSPF 建立邻居时，采用三次握手的方式，以提高 OSPF 协议的可靠性。

　　⑤ OSPF Header 字段解析如下。

Version v2：描述 OSPF 协议版本。

Message Type：描述 OSPF 报文类型，1=Hello，2=DD，3=LSR，4=LSU，5=LSACK。

Packet Length：描述 OSPF 报文长度。

Source OSPF Router：发送该报文的 Router ID。

Area ID：接口所属的区域 ID。

Checksum：校验和。

Auth Type：认证类型 0=不认证 1=明文认证 2=md5 认证。

Auth Data：认证信息。

　　⑥ OSPF Hello Packet 字段解析如下。

Network mask：接口的掩码。

Hello Interval：Hello 报文发送的时间间隔。P2P（点到点）,Broadcast（广播）默认为 10 秒，P2MB（点到多点），NBMA（多路访问，帧中继的典型，不能发广播）默认时间为 30 秒。

Option：需要注意两个 Bit 位：E bit=1 可以传递 Type-5 LSA，NP bit=0 不能传递 Type-7 LSA，如图 3-3-3 的标注 4 所示。

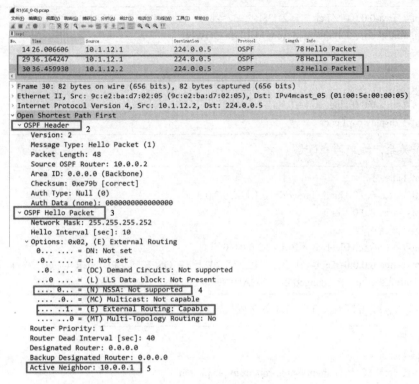

图 3-3-3　Hello 报文抓取图示

Router Priority：接口的优先级，在 Broadcast，NBMA 型链路选举 DR 和 BDR，默认数值为 1，取值范围 0-255.数值=0 时不参与 DR 和 BDR 的选举。

Router Dead Interval：邻居失效时间，默认为 Hello Interval 的 4 倍时间。

Designated Router：简称 DR，该链路上 DR 接口的 IP 地址，P2P,P2MP 该字段为 0.0.0.0。

Backup Designated Router：BDR，该链路上 BDR 接口的 IP 地址 P2P,P2MP 该字段为 0.0.0.0。

步骤 3：配置 R2，掌握 OSPF 邻居关系建立条件

① 修改 R2 的 Router ID，使其 R1 的 Router ID 重复，观察邻居状态。

```
[R2-ospf-1]ospf 1 router-id 10.0.0.1
OSPF The new router ID will be activated only after the OSPF process is reset.
//需要重新启动 ospf 的进程才能使得修改 RouterID 的命令生效
<R2>reset ospf process
Reset OSPF process? [Y/N]:y
<R2>%Feb  1 21:22:38:077 2022 R2 OSPF/6/OSPF_DUP_RTRID_NBR: OSPF 1 Duplicate router ID
10.0.0.1 on interface GigabitEthernet0/0, sourced from IP address 10.1.12.1.
//从 G0/0 口收到对端 10.1.12.1 的 RouterID 冲突的消息
恢复原有配置
[R2]ospf 1 router-id 10.0.0.2
```

② 修改 R2 的区域 ID 为 area 1，与 R1 的不一致，观察邻居状态。

```
[R2]ospf 1
[R2-ospf-1]area 0
[R2-ospf-1-area-0.0.0.0]undo   network 10.1.12.2 0.0.0.0
```

```
[R2-ospf-1-area-0.0.0.0]%Feb   1  21:28:42:932  2022  R2  OSPF/5/OSPF_NBR_CHG: OSPF 1 Neighbor
10.1.12.1(GigabitEthernet0/0) changed from FULL to DOWN.
//邻居关系失效
[R2-ospf-1-area-0.0.0.0]quit
[R2-ospf-1]area 1
[R2-ospf-1-area-0.0.0.1]network 10.1.12.2 0.0.0.0
[R2-ospf-1]display ospf peer
```

无邻居关系，恢复原有配置：

```
[R2-ospf-1]area 1
[R2-ospf-1-area-0.0.0.1]undo network 10.1.12.2 0.0.0.0
[R2-ospf-1-area-0.0.0.1]quit
[R2-ospf-1]area 0
[R2-ospf-1-area-0.0.0.0]network 10.1.12.2 0.0.0.0
[R2-ospf-1-area-0.0.0.0]%Feb   1  21:37:30:073  2022  R2  OSPF/5/OSPF_NBR_CHG:  OSPF 1 Neighbor
10.1.12.1(GigabitEthernet0/0) changed from LOADING to FULL.
```

③ 修改 R2 配置区域认证，R1 不配置认证，观察邻居状态。

```
[R2]ospf 1
[R2-ospf-1]area 0
[R2-ospf-1-area-0.0.0.0]authentication-mode simple plain h3c
[R2-ospf-1-area-0.0.0.0]quit
[R2-ospf-1]quit
//配置区域认证后需要重新启动进程
<R2>reset ospf process
Reset OSPF process? [Y/N]:y
<R2>%Feb 1 21:45:00:236 2022 R2 OSPF/5/OSPF_NBR_CHG: OSPF 1 Neighbor 10.1.12.1(GigabitEthernet0/0)
changed from FULL to DOWN.
```

邻居关系失效，重启进程之后无法建立邻居关系，恢复原有配置：

```
[R2]ospf 1
[R2-ospf-1]area 0
[R2-ospf-1-area-0.0.0.0]undo authentication-mode
```

④ 修改 R2 的 hello 时间，使其与 R1 不匹配，观察邻居状态。

```
[R2]interface GigabitEthernet 0/0
[R2-GigabitEthernet0/0]ospf timer hello 5
[R2-GigabitEthernet0/0]%Feb   1  21:49:17:415  2022  R2  OSPF/5/OSPF_NBR_CHG:  OSPF 1 Neighbor
10.1.12.1(GigabitEthernet0/0) changed from FULL to DOWN.
```

邻居关系失效，恢复原有配置：

```
[R2-GigabitEthernet0/0]undo ospf timer hello
```

⑤ 修改 R2 的 dead 时间，使其与 R1 不匹配，观察邻居状态。

```
[R2-GigabitEthernet0/0]ospf timer dead 20
```

```
[R2-GigabitEthernet0/0]%Feb　1　21:51:20:572　2022　R2　OSPF/5/OSPF_NBR_CHG: OSPF　1　Neighbor
10.1.12.1(GigabitEthernet0/0) changed from FULL to DOWN.
```

邻居关系失效，恢复原有配置：

```
[R2-GigabitEthernet0/0]undo ospf timer dead
```

⑥ 修改 R2 与 R1 连接的 GE 0/0 为静默接口，观察邻居状态。

```
[R2]ospf 1
[R2-ospf-1]silent-interface GigabitEthernet 0/0
[R2-ospf-1]%Feb　1　21:53:43:796　2022　R2　OSPF/5/OSPF_NBR_CHG: OSPF　1　Neighbor　10.1.12.1
(GigabitEthernet0/0) changed from FULL to DOWN.
```

邻居关系失效，恢复原有配置：

```
[R2-ospf-1]undo silent-interface GigabitEthernet 0/0
```

重要结论：

① OSPF 要建立邻居关系的条件见表 3-3-1。

表 3-3-1　OSPF 邻居关系建立条件

字　　段	条　　件
Source OSPF Router（Router ID）	不能重复
Area ID	要一致
Auth Type	要一致
Auth Data	要匹配
Hello Interval	要一致
Router Dead Interval	要一致
Option：E bit　NP bit	要一致

② 特殊场景的参数配置要求如下。

↳ P2P 链路下不要求在同一地址网段，也不要求子网掩码一致；

↳ Broadcast、NBMA 类型链路要求必须在同一网段，子网掩码必须相同；

↳ P2MP 链路地址必须在同一个网段，一般情况下要求子网掩码要一致，可以使用命令忽略掩码的检测。

③ 接口参数配置要求。

不能是 silent-interface（静默接口）。

2. 理解 OSPF 协议的 DD 报文

当 R1 与 R2 建立邻居关系后，R1、R2 进入 ExStart 状态，开始进行 LSDB 的同步过程。

R1 和 R2 从 2-way 状态进入到主从选举状态，双方发出 0x07 的 DD 报文，双方通过比较该报文 OSPF Header 中的 Router ID 数值的大小，用大的作为 Master，小的作为 Slave，如图 3-3-4 和图 3-3-5 所示。

DD 中 I，M，MS 标识位的解释如下。

↳ I=1，第一次发送 DD 报文；I=0，不是第一次发送 DD 报文。

↻ M=1，后续还要发送 DD 报文；M=0，这是最后一个 DD 报文。

↻ MS=1，我是 Master（主）；MS=0，我是 Slave（从）。

↻ DD Sequence，随机生成 DD 序列号。

根据配置可知，R2 的 Router ID 较大，成为 Master，R1 成为 Slave。

```
64 68.434292      10.1.12.1          10.1.12.2         OSPF         66 DB Description
> Frame 64: 66 bytes on wire (528 bits), 66 bytes captured (528 bits)
> Ethernet II, Src: 9c:e2:b6:15:01:05 (9c:e2:b6:15:01:05), Dst: 9c:e2:ba:d7:02:05 (9c:e2:ba:d7:02:05)
> Internet Protocol Version 4, Src: 10.1.12.1, Dst: 10.1.12.2
v Open Shortest Path First
  > OSPF Header
  v OSPF DB Description
    Interface MTU: 0
    > Options: 0x42, O, (E) External Routing
    v DB Description: 0x07, (I) Init, (M) More, (MS) Master
      .... 0... = (R) OOBResync: Not set
      .... .1.. = (I) Init: Set
      .... ..1. = (M) More: Set
      .... ...1 = (MS) Master: Yes
      DD Sequence: 58
```

图 3-3-4　R1 的第一个 DD 报文

```
66 68.448075      10.1.12.2          10.1.12.1         OSPF         66 DB Description
> Frame 66: 66 bytes on wire (528 bits), 66 bytes captured (528 bits)
> Ethernet II, Src: 9c:e2:ba:d7:02:05 (9c:e2:ba:d7:02:05), Dst: 9c:e2:b6:15:01:05 (9c:e2:b6:15:01:05)
> Internet Protocol Version 4, Src: 10.1.12.2, Dst: 10.1.12.1
v Open Shortest Path First
  > OSPF Header
  v OSPF DB Description
    Interface MTU: 0
    > Options: 0x42, O, (E) External Routing
    v DB Description: 0x07, (I) Init, (M) More, (MS) Master
      .... 0... = (R) OOBResync: Not set
      .... .1.. = (I) Init: Set
      .... ..1. = (M) More: Set
      .... ...1 = (MS) Master: Yes
      DD Sequence: 50
```

图 3-3-5　R2 的第一个 DD 报文

R1、R2 完成主从选举后，进入到 Exchange、loading 状态。

Salve 路由器开始发送携带自身 LSDB 中 LSA 头部信息的 DD：0x02 报文，交换链路状态信息，此时 DD Sequence 采用主从状态选举中 Master 的 DD Sequence 数值，如图 3-3-6 所示。

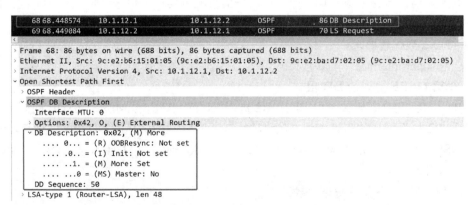

```
68 68.448574      10.1.12.1          10.1.12.2         OSPF         86 DB Description
69 68.449084      10.1.12.2          10.1.12.1         OSPF         70 LS Request
> Frame 68: 86 bytes on wire (688 bits), 86 bytes captured (688 bits)
> Ethernet II, Src: 9c:e2:b6:15:01:05 (9c:e2:b6:15:01:05), Dst: 9c:e2:ba:d7:02:05 (9c:e2:ba:d7:02:05)
> Internet Protocol Version 4, Src: 10.1.12.1, Dst: 10.1.12.2
v Open Shortest Path First
  > OSPF Header
  v OSPF DB Description
    Interface MTU: 0
    > Options: 0x42, O, (E) External Routing
    v DB Description: 0x02, (M) More
      .... 0... = (R) OOBResync: Not set
      .... .0.. = (I) Init: Not set
      .... ..1. = (M) More: Set
      .... ...0 = (MS) Master: No
      DD Sequence: 50
  > LSA-type 1 (Router-LSA), len 48
```

图 3-3-6　R1 跟随 R2 的 DD Sequence 交换链路状态信息图示

点开 LSA 头部信息，可以发现如图 3-3-7 所示的信息，框中的信息用来确定一条 LSA 信息。

```
∨ LSA-type 1 (Router-LSA), len 48
   .000 0000 0000 0101 = LS Age (seconds): 5
   0... .... .... .... = Do Not Age Flag: 0
 > Options: 0x42, O, (E) External Routing
   ┌─────────────────────────────────────┐
   │ LS Type: Router-LSA (1)             │
   │ Link State ID: 10.0.0.1             │
   │ Advertising Router: 10.0.0.1        │
   │ Sequence Number: 0x80000004         │
   │ Checksum: 0x5e04                    │
   └─────────────────────────────────────┘
   Length: 48
```

图 3-3-7　LSA 信息

R2 在收到 R1 的 DD 报文后，通过比对 R1 的 LSA 头部信息中 LS Type、Link State ID、Advertising Router，若 R2 的 LSDB 中无与该三要素一致的信息，则向 R1 发送 LSR 报文请求该链路信息。

重要结论：因为 OSPF 是建立在 IP 数据包上面的协议，而 IP 是不可靠协议，设计此序列号是为了保证在同步过程中数据报文能够被收到的隐式确认。即当选举完成之后，Slave 依据选举过程 Master 发送的随机序列号 Sequence 向 Master 发送 DD 报文，Master 收到后，将该 DB Sequence 的数值+1，向 Slave 发送 DD 报文以确认收到该信息。

3.3.5　思考

若 R1 的 GE 0/0 口设定 OSPF 的网络类型为 Broadcast，而 R2 的 GE 0/0 口设定为 P2P，R1 与 R2 的邻居关系能否建立，是否能够学习到完整的路由信息？

3.4　链路状态数据库

3.4.1　原理概述

同一个区域内，OSPF 协议路由的计算过程可简单描述如下：

① 每台 OSPF 路由器根据自己周围的网络拓扑结构生成链路状态通告（LSA），并通过更新报文将 LSA 发送给网络中的其他 OSPF 路由器。

② 每台 OSPF 路由器都会收集其他路由器通告的 LSA，所有的 LSA 放在一起便组成了 LSDB（link state database，链路状态数据库）。LSA 是对路由器周围网络拓扑结构的描述，LSDB 则是对整个自治系统的网络拓扑结构的描述。

③ OSPF 路由器将 LSDB 转换成一张带权的有向图，这张图便是对整个网络拓扑结构的真实反映。各个路由器得到的有向图是完全相同的。

④ 每台路由器根据有向图，使用 SPF 算法计算出一棵以自己为根的最短路径树，这棵树给出了到自治系统中各节点的路由。

3.4.2　实验目的

① 理解 LSDB 信息。

② 理解主要 LSA 信息和功能。

③ 理解 SPF 算法。

④ 巩固 OSPF 配置。

3.4.3   实验内容

本实验拓扑结构如图 3-3-1 所示，实验编址如表 3-4-1 所示。本实验模拟了一个简单网络场景：R1、R2、R3、R4、R5 和 S 组成了 OSPF 的骨干区域 area 0，R1、R6 组建了区域 area 1。

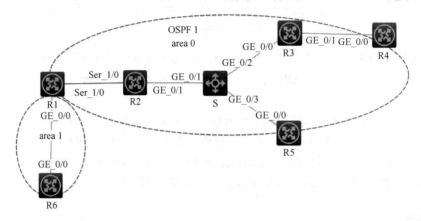

图 3-4-1   链路状态数据库实验拓扑结构

表 3-4-1   实验编址表

设备	接口	IP 地址	子网掩码
R1	GE 0/0	10.1.16.1	255.255.255.252
	Ser 1/0	10.1.12.1	255.255.255.252
R2	GE 0/1	10.1.235.2	255.255.255.0
	Ser 1/0	10.1.12.2	255.255.255.252
R3	GE 0/0	10.1.235.3	255.255.255.0
	GE 0/1	10.1.34.1	255.255.255.252
R4	GE 0/0	10.1.34.2	255.255.255.252
R5	GE 0/0	10.1.235.5	255.255.255.0
R6	GE 0/0	10.1.16.2	255.255.255.252

3.4.4   实验步骤

R1 的配置如下：

```
[H3C]sysname R1
[R1]interface Serial 1/0
[R1-Serial1/0]ip address 10.1.12.1 30
[R1-Serial1/0]quit
[R1]interface GigabitEthernet 0/0
```

```
[R1-GigabitEthernet0/0]ip address 10.1.16.1 30
[R1-GigabitEthernet0/0]quit
[R1]ospf 1 router-id 10.0.0.1
[R1-ospf-1]area 0
[R1-ospf-1-area-0.0.0.0]network 10.1.12.1 0.0.0.0
[R1-ospf-1-area-0.0.0.0]area 1
[R1-ospf-1-area-0.0.0.1]network 10.1.16.1 0.0.0.0
[R1-ospf-1-area-0.0.0.1]quit
[R1-ospf-1]quit
```

R2 的配置如下：

```
[H3C]sysname R2
[R2]interface Serial 1/0
[R2-Serial1/0]ip address 10.1.12.2 30
[R2-Serial1/0]quit
[R2]interface GigabitEthernet 0/1
[R2-GigabitEthernet0/1]ip address 10.1.235.2 24
[R2-GigabitEthernet0/1]quit
[R2]ospf 1 router-id 10.0.0.2
[R2-ospf-1]area 0
[R2-ospf-1-area-0.0.0.0]network 10.1.12.2 0.0.0.0
[R2-ospf-1-area-0.0.0.0]network 10.1.235.2 0.0.0.0
[R2-ospf-1-area-0.0.0.0]quit
[R2-ospf-1]quit
```

R3 的配置如下：

```
[H3C]sysname R3
[R3]interface GigabitEthernet 0/0
[R3-GigabitEthernet0/0]ip address 10.1.235.3 24
[R3-GigabitEthernet0/0]quit
[R3]interface GigabitEthernet 0/1
[R3-GigabitEthernet0/1]ip address 10.1.34.1 30
[R3-GigabitEthernet0/1]quit
[R3]ospf 1 router-id 10.0.0.3
[R3-ospf-1]area 0
[R3-ospf-1-area-0.0.0.0]network 10.1.235.3 0.0.0.0
[R3-ospf-1-area-0.0.0.0]network 10.1.34.1 0.0.0.0
[R3-ospf-1-area-0.0.0.0]quit
[R3-ospf-1]quit
```

R4 的配置如下：

```
[H3C]sysname R4
[R4]interface GigabitEthernet 0/0
[R4-GigabitEthernet0/0]ip address 10.1.34.2 30
[R4-GigabitEthernet0/0]quit
```

```
[R4]ospf 1 router-id 10.0.0.4
[R4-ospf-1-area-0.0.0.0]network 10.1.34.2 0.0.0.0
[R4-ospf-1-area-0.0.0.0]quit
```

R5 的配置如下:

```
[H3C]sysname R5
[R5]interface GigabitEthernet 0/0
[R5-GigabitEthernet0/0]ip add 10.1.235.5 24
[R5-GigabitEthernet0/0]quit
[R5]ospf 1 router-id 10.0.0.5
[R5-ospf-1-area-0.0.0.0]network 10.1.235.5 0.0.0.0
[R5-ospf-1-area-0.0.0.0]quit
[R5-ospf-1]quit
```

R6 的配置如下:

```
[H3C]sysname R6
[R6]interface GigabitEthernet 0/0
[R6-GigabitEthernet0/0]ip address 10.1.16.2 30
[R6-GigabitEthernet0/0]quit
[R6]ospf 1 router-id 10.0.0.6
[R6-ospf-1]area 1
[R6-ospf-1-area-0.0.0.1]network 10.1.16.2 0.0.0.0
[R6-ospf-1-area-0.0.0.1]quit
[R6-ospf-1]quit
```

注意:
① 在完成实验配置后,保存所有设备配置,并重启网络;
② 网络需要重启的原因: OSPF 协议在 Broadcast 的网络类型中 DR 不能被抢占,可能与下面的知识要点所述内容存在偏差,导致理解困难。

3.4.5 理解 OSPF 协议的 LSA

完成实验配置后,由于 R1 是 ABR,选取 R1 的 area 0 的 LSDB 来分析学习 LSA。

1. 查看 R1 的 LSDB

```
[R1]display ospf lsdb
        OSPF Process 1 with Router ID 10.0.0.1
              Link State Database
                  Area: 0.0.0.0
 Type      LinkState ID    AdvRouter      Age    Len    Sequence    Metric
 Router    10.0.0.5        10.0.0.5       574    36     80000009    0
 Router    10.0.0.4        10.0.0.4       1607   36     80000007    0
 Router    10.0.0.3        10.0.0.3       569    48     8000000B    0
 Router    10.0.0.2        10.0.0.2       571    60     8000000B    0
```

Router	10.0.0.1	10.0.0.1	650	48	80000008	0
Network	10.1.34.2	10.0.0.4	1603	32	80000006	0
Network	10.1.235.5	10.0.0.5	570	36	8000000A	0
Sum-Net	10.1.16.0	10.0.0.1	594	28	80000006	1

2．查看 Type-1 LSA

```
[R1]display ospf lsdb router 10.0.0.1
        OSPF Process 1 with Router ID 10.0.0.1
                Link State Database
                    Area: 0.0.0.0
Type       : Router            //LSA 的类型，Router 为 Type-1 LSA
LS ID      : 10.0.0.1          //LSA 的名称
Adv Rtr    : 10.0.0.1          //产生该 LSA 的路由器的 Router ID
LS age     : 800
Len        : 48
Options    : ABR O E           //ABR 或 ASBR 采用 Type-1 LSA 宣告自己的角色
Seq#       : 80000008
Checksum   : 0x5b13
Link Count : 2                 //本路由器在进程 1 的 area 0 中有两条链路
    Link ID : 10.0.0.2         //邻居的 Router ID
    Data    : 10.1.12.1        //与邻居相连的接口 IP 地址
    Link Type: P-2-P           //描述 P2P 或 P2MP 链路上的邻居
    Metric  : 1562             //到邻居的 OSPF 开销
    Link ID : 10.1.12.0        //直连网络号
    Data    : 255.255.255.252  //直连网络的子网掩码
    Link Type: StubNet         //描述自身直连的路由信息
    Metric  : 1562             //开销值
```

小结：Router LSA（Type-1 LSA）的知识要点如下。

① 每种 Link Type 由三个关键字段描述：Link ID、Data 和 Metric。

② Router LSA 有四种 Link Type 描述直连信息，如表 3-4-2 所示。

表 3-4-2　Router LSA 的 Link Type

Link Type 链路类型	解　　释
P2P	描述 P2P 或 P2MP 链路上的邻居
TransNet	伪节点的 Router ID，借用 DR 在该链路上的 IP 地址充当伪节点的 Router ID
Virtual	虚链路（虚连接）
StubNet	描述自身直连的网络号，描述自身直连的路由信息

3．查看 Type-2 LSA

```
[R1]display ospf lsdb network 10.1.235.5
        OSPF Process 1 with Router ID 10.0.0.1
                Link State Database
```

```
                        Area: 0.0.0.0
    Type       : Network              //LSA 的类型，Network 是 Type-2 LSA
    LS ID      : 10.1.235.5           //伪节点信息
    Adv Rtr    : 10.0.0.5             //产生这条 LSA 的 Router ID
    LS age     : 1644
    Len        : 36
    Options    : O E
    Seq#       : 8000000a
    Checksum   : 0x3b9e
    Net mask   : 255.255.255.0
       Attached router    10.0.0.2    //与 Router ID 为 10.0.0.2 的路由相连，开销=0
       Attached router    10.0.0.3    //与 Router ID 为 10.0.0.3 的路由相连，开销=0
       Attached router    10.0.0.5    //与 Router ID 为 10.0.0.5 的路由相连，开销=0
```

小结：Network LSA（Type-2 LSA）的知识要点如下。

① 伪节点是 SPF 算法在树上的一个虚拟路由器，并不代表网络中有这台路由器。

② 在 OSPF 链路类型中只有 Broadcast 和 NBMA 类型的链路会产生 Type-2 Network LSA，P2P 和 P2MP 不产生 Type-2 LSA。

③ 每一个 Type-2 LSA 都会在 SPF 算法中生成一个伪节点，便于网络信息的描述。

④ 伪节点到节点的开销为 0，节点到伪节点的值为 SPF 算法计算出来的数值。

4．查看 Type-3 LSA

```
<R1>display ospf lsdb summary 10.1.16.0
      OSPF Process 1 with Router ID 10.0.0.1
            Link State Database
               Area: 0.0.0.0
    Type       : Sum-Net              //LSA 的类型，Sum-Net 是 Type-3 LSA
    LS ID      : 10.1.16.0            //区域间路由网络号
    Adv Rtr    : 10.0.0.1             //产生该 LSA 的路由器 Router ID，ABR
    LS age     : 623
    Len        : 28
    Options    : O E
    Seq#       : 80000007
    Checksum   : 0xf3fe
    Net mask   : 255.255.255.252      //路由的掩码信息
    MTID     0 Metric: 1              //ABR 到该路由器的开销
```

小结：Sum-Net LSA（Type-3 LSA）的知识要点如下。

① 由 ABR 将其他区域的 Type-1 LSA 和 Type-2 LSA 转化成 Type-3 LSA 传入到本区。

② LSA 的三要素中 Advertising Router 会改变成 ABR 的 Router ID。

③ 在一个 OSPF 的 AS 内，只有不同区域的 IR 路由器的 Router ID 可以冲突，其余角色的三层设备的 Router ID 不允许冲突，否则无法区分 LSA。

3.4.6　理解 OSPF 协议的 SPF 算法实现

在 area 0 中选取 R4，理解 SPF 算法的实现。

步骤 1：查看自身设备的 LSA 信息

```
[R4]display ospf lsdb router 10.0.0.4
        OSPF Process 1 with Router ID 10.0.0.4
                Link State Database
                    Area: 0.0.0.0
Type         : Router
LS ID        : 10.0.0.4
Adv Rtr      : 10.0.0.4
LS age       : 486
Len          : 36
Options      : O E
Seq#         : 8000000b
Checksum     : 0xc0cd
Link Count: 1
    Link ID: 10.1.34.2
    Data    : 10.1.34.2
    Link Type: TransNet
    Metric : 1
```

由 Link Count 信息可知，路由器 R4 连接了一条链路：

- 由 Link ID 和 R4 的链路网络类型可知，该链路的 DR 为 10.1.34.2；
- 由 Data 可知本端接口 IP 地址为 10.1.34.2；
- 由 Link Type: TransNet 可知，该链路链接了一个伪节点；
- 由 Metric 可知，到伪节点的开销为 1。

则构建 SPF 树状图如图 3-4-2 所示。

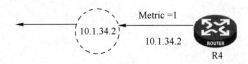

图 3-4-2　绘制 SPF 树步骤 1

步骤 2：查看伪节点 10.1.34.2 的信息

```
[R4]display ospf lsdb network 10.1.34.2
        OSPF Process 1 with Router ID 10.0.0.4
                Link State Database
                    Area: 0.0.0.0
Type         : Network
LS ID        : 10.1.34.2
Adv Rtr      : 10.0.0.4
```

```
LS age     : 1695
Len        : 32
Options    : O E
Seq#       : 8000000c
Checksum   : 0x14a5
Net mask   : 255.255.255.252
    ┌─────────────────────────────────────┐
    │ Attached router    10.0.0.3          │
    │ Attached router    10.0.0.4          │
    └─────────────────────────────────────┘
```

由 Attached router 信息可知：伪节点 10.1.34.2 连接了两个路由设备，Router ID 分别为 10.0.0.3 和 10.0.0.4，现有可知节点 10.0.0.4 为 R4 设备，则构建 SPF 树状图如图 3-4-3 所示。

图 3-4-3 绘制 SPF 树步骤 2

步骤 3：查看设备 Router ID 10.0.0.3 的 LSA 信息

```
[R4]display ospf lsdb router 10.0.0.3
        OSPF Process 1 with Router ID 10.0.0.4
                Link State Database
                    Area: 0.0.0.0
Type       : Router
LS ID      : 10.0.0.3
Adv Rtr    : 10.0.0.3
LS age     : 1008
Len        : 48
Options    : O E
Seq#       : 80000012
Checksum   : 0xf291
Link Count: 2

    ┌──────────────────────────┐
    │ Link ID: 10.1.235.5      │
    │ Data    : 10.1.235.3     │   1
    │ Link Type: TransNet      │
    │ Metric : 1               │
    └──────────────────────────┘
    ┌──────────────────────────┐
    │ Link ID: 10.1.34.2       │
    │ Data    : 10.1.34.1      │   2
    │ Link Type: TransNet      │
    │ Metric : 1               │
    └──────────────────────────┘
```

由 Link ID: 10.1.235.5 信息可知，10.0.0.3 设备使用 IP 地址为 10.1.235.3 的接口连接伪节点 10.1.235.5。

由 Link ID: 10.1.34.2 信息可知，10.0.0.3 设备使用 IP 地址为 10.1.34.1 的接口连接伪节点 10.1.34.2。

则构建 SPF 树状图如图 3-4-4 所示。

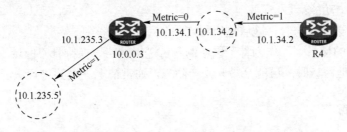

图 3-4-4　绘制 SPF 树步骤 3

重复上面的树状图的构建过程，可以最终构建以 R4 为根的带权向的图，如图 3-4-5 所示。

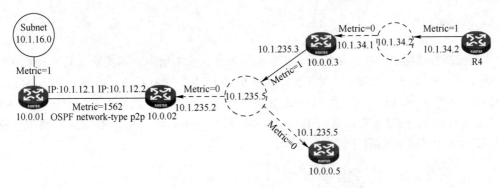

图 3-4-5　R4 的 SPF 权向树

步骤 4：验证

从图 3-4-5 可以计算出 R4 去往 10.1.16.0 网段的开销为 1565。下面在 R4 上验证是否正确：

```
[R4]display ip routing-table 10.1.16.0
Summary count : 1
Destination/Mask    Proto    Pre Cost        NextHop         Interface
10.1.16.0/30        O_INTER 10    1565        10.1.34.1       GE 0/0
```

3.4.7　思考

在 Type-1 LSA 和 Type-2 LSA 中，并不包含下一跳的接口信息，那么运行了 OSPF 协议的设备，又是如何确定下一跳的信息的？

3.5　虚链路配置

3.5.1　原理概述

OSPF 协议规定：骨干区域有且只有一个，且必须连续，其他区域要直接或间接（vlink

实现）与骨干区域相连。

vlink 具有两个功能：

① 实现非骨干区域与骨干区域逻辑相连；

② 某些特殊的场景下，作为骨干区域的备份逻辑链路，保持骨干区域的连续性。

vlink 穿越其他区域时，可能会带来安全隐患，通常情况下需要进行认证。

3.5.2　实验目的

① 理解 OSPF 协议 vlink 的场景。

② 掌握 OSPF 协议 vlink 的配置。

③ 掌握 OSPF 协议 vlink 的认证配置。

3.5.3　实验内容

本实验拓扑结构如图 3-5-1 所示，实验编址如表 3-5-1 所示。本实验模拟了一个简单网络场景：R1、R2 组成了 OSPF 的骨干区域 area 0；R1、R2、R3 组成了 area 1；R2、R3 组成了 area 2；使用 vlink 使得全网互通，area 2 访问 area 0 优先使用路径为 R4—R3—R1，R4—R3—R2 作为备份；同时需要在 R1—R3—R2 之间配置 vlink，防止 R1、R2 之间链路因为故障中断导致 area 0 分割导致骨干区域不连续。

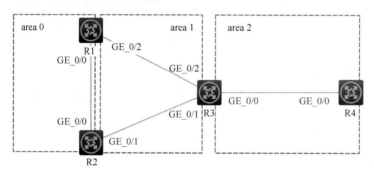

图 3-5-1　vlink 配置实验拓扑结构

表 3-5-1　实验编址表

设备	Router ID	接口	IP 地址	子网掩码
R1	10.0.0.1	GE 0/0	10.1.12.1	255.255.255.252
		GE 0/2	10.1.13.1	255.255.255.252
R2	10.0.0.2	GE 0/0	10.1.12.2	255.255.255.252
		GE 0/1	10.1.23.2	255.255.255.252
R3	10.0.0.3	GE 0/0	10.1.34.1	255.255.255.252
		GE 0/1	10.1.23.1	255.255.255.252
		GE 0/2	10.1.13.2	255.255.255.252
R4	10.0.0.4	GE 0/0	10.1.34.2	255.255.255.252

3.5.4 实验步骤

步骤 1：基础配置
R1 的配置如下：

```
[H3C]sysname R1
[R1]interface GigabitEthernet 0/0
[R1-GigabitEthernet0/0]ip address 10.1.12.1 30
[R1-GigabitEthernet0/0]quit
[R1]interface GigabitEthernet 0/2
[R1-GigabitEthernet0/2]ip address 10.1.13.1 30
[R1-GigabitEthernet0/2]quit
[R1]ospf 1 router-id 10.0.0.1
[R1-ospf-1]area 0
[R1-ospf-1-area-0.0.0.0]network 10.1.12.1 0.0.0.0
[R1-ospf-1-area-0.0.0.0]area 1
[R1-ospf-1-area-0.0.0.1]network 10.1.13.1 0.0.0.0
[R1-ospf-1-area-0.0.0.1]quit
[R1-ospf-1]quit
```

R2 的配置如下：

```
[H3C]sysname R2
[R2]interface GigabitEthernet 0/0
[R2-GigabitEthernet0/0]ip address 10.1.12.2 30
[R2-GigabitEthernet0/0]quit
[R2]interface GigabitEthernet 0/1
[R2-GigabitEthernet0/1]ip address 10.1.23.2 30
[R2-GigabitEthernet0/1]quit
[R2]ospf 1 router-id 10.0.0.2
[R2-ospf-1]area 0
[R2-ospf-1-area-0.0.0.0]network 10.1.12.2 0.0.0.0
[R2-ospf-1-area-0.0.0.0]area 1
[R2-ospf-1-area-0.0.0.1]network 10.1.23.2 0.0.0.0
[R2-ospf-1-area-0.0.0.1]quit
[R2-ospf-1]quit
```

R3 的配置如下：

```
[H3C]sysname R3
[R3]interface GigabitEthernet 0/0
[R3-GigabitEthernet0/0]ip address 10.1.34.1 30
[R3-GigabitEthernet0/0]quit
[R3]interface GigabitEthernet 0/1
[R3-GigabitEthernet0/1]ip address 10.1.23.1 30
[R3-GigabitEthernet0/1]quit
[R3]interface GigabitEthernet 0/2
```

```
[R3-GigabitEthernet0/2]ip address 10.1.13.2 30
[R3-GigabitEthernet0/2]quit
[R3]ospf 1 router-id 10.0.0.3
[R3-ospf-1]area 1
[R3-ospf-1-area-0.0.0.1]network 10.1.23.1 0.0.0.0
[R3-ospf-1-area-0.0.0.1]network 10.1.13.2 0.0.0.0
[R3-ospf-1-area-0.0.0.1]area 2
[R3-ospf-1-area-0.0.0.2]network 10.1.34.1 0.0.0.0
[R3-ospf-1-area-0.0.0.2]quit
[R3-ospf-1]quit
```

R4 的配置如下：

```
[H3C]sysname R4
[R4]interface GigabitEthernet 0/0
[R4-GigabitEthernet0/0]ip address 10.1.34.2 30
[R4-GigabitEthernet0/0]quit
[R4]ospf 1 router-id 10.0.0.4
[R4-ospf-1]area 2
[R4-ospf-1-area-0.0.0.2]network 10.1.34.2 0.0.0.0
[R4-ospf-1-area-0.0.0.2]quit
[R4-ospf-1]quit
```

完成上述配置后，area 2 区域没有与骨干区域相连，导致 LSDB 中只有 area 2 的 Type-1 LSA 和 Type-2 LSA，没有 Type-3 LSA，且 R3 不是 ABR，无法将其他区域的 LSA 传递到本区域。

步骤 2：配置 vlink，使得骨干区域与非骨干区域逻辑相连

```
[R1]ospf 1
[R1-ospf-1]area 1
[R1-ospf-1-area-0.0.0.1]vlink-peer 10.0.0.3

[R2]ospf 1
[R2-ospf-1]area 1
[R2-ospf-1-area-0.0.0.1]vlink-peer 10.0.0.3

[R3]ospf 1
[R3-ospf-1]area 1
[R3-ospf-1-area-0.0.0.1]vlink-peer 10.0.0.1
[R3-ospf-1-area-0.0.0.1]vlink-peer 10.0.0.2
[R3-ospf-1-area-0.0.0.1]quit
[R3-ospf-1]quit
```

步骤 3：验证 vlink 配置

```
[R3]display  ospf  vlink
      OSPF Process 1 with Router ID 10.0.0.3
            Virtual Links
```

```
Virtual-link Neighbor-ID   -> 10.0.0.1, Neighbor-State: Full
Interface: 10.1.13.2 (GigabitEthernet0/2)
Cost: 1   State: P-2-P   Type: Virtual
Transit Area: 0.0.0.1
Timers: Hello 10, Dead 40, Retransmit 5, Transmit Delay 1
 MTID     Cost       Disabled      Topology name
 0        1          No            base
                 Virtual Links
Virtual-link Neighbor-ID   -> 10.0.0.2, Neighbor-State: Full
Interface: 10.1.23.1 (GigabitEthernet0/1)
Cost: 1   State: P-2-P   Type: Virtual
Transit Area: 0.0.0.1
Timers: Hello 10, Dead 40, Retransmit 5, Transmit Delay 1
MTID      Cost       Disabled      Topology name
0         1          No            base


[R4]display ospf lsdb
       OSPF Process 1 with Router ID 10.0.0.4
             Link State Database
                   Area: 0.0.0.2
Type        LinkState ID     AdvRouter       Age     Len    Sequence    Metric
Router      10.0.0.4         10.0.0.4        82      36     80000004    0
Router      10.0.0.3         10.0.0.3        1093    36     80000006    0
Network     10.1.34.1        10.0.0.3        155     32     80000003    0
Sum-Net     10.1.23.0        10.0.0.3        1093    28     80000001    1
Sum-Net     10.1.13.0        10.0.0.3        1093    28     80000001    1
Sum-Net     10.1.12.0        10.0.0.3        1088    28     80000001    2
```

可以看到 R4 的 LSDB 中出现了 area 0 和 area 1 的 Type-3 LSA，R3 因为 vlink 的配置，变成了 ABR。

```
[R4]display ospf lsdb router 10.0.0.3
       OSPF Process 1 with Router ID 10.0.0.4
             Link State Database
                   Area: 0.0.0.2
Type       : Router
LS ID      : 10.0.0.3
Adv Rtr    : 10.0.0.3
LS age     : 1252
Len        : 36
Options    : ABR O E
```

注意：若 R1—R3 或 R2—R3 之间的链路上还有路由设备存在时，vlink 的配置方法相同。

步骤 4：修改 R2—R3 链路开销，使得满足项目需求

area 2 访问 area 0 优先使用路径为 R4—R3—R1，R4—R3—R2 作为备份。

```
[R2]interface GigabitEthernet 0/1
[R2-GigabitEthernet0/1]ospf cost 5
[R2-GigabitEthernet0/1]quit

[R3]interface GigabitEthernet 0/1
[R3-GigabitEthernet0/1]ospf cost 5
[R3-GigabitEthernet0/1]quit
```

步骤 5：验证

在 R1、R2、R3、R4 上开启路由跟踪功能：

```
ip unreachables enable
ip ttl-expires enable
```

在 R4 上面使用 tracert 命令：

```
<R4>tracert 10.1.12.2
traceroute to 10.1.12.2 (10.1.12.2), 30 hops at most, 40 bytes each packet, press CTRL_C to break
1   10.1.34.1 (10.1.34.1)   2.000 ms   1.000 ms   1.000 ms
2   10.1.13.1 (10.1.13.1)   2.000 ms   2.000 ms   3.000 ms
3   10.1.12.2 (10.1.12.2)   3.000 ms   3.000 ms   4.000 ms
```

可以看到，满足项目需求，area 2 访问 area 0 使用的路径为 R4—R3—R1。

步骤 6：R1、R2 之间配置 vlink 使得满足项目需求，同时需要在 R1—R3—R2 之间配置 vlink，防止 R1、R2 之间链路因为故障中断导致骨干区域分割不连续

```
[R1]ospf 1
[R1-ospf-1]area 1
[R1-ospf-1-area-0.0.0.1]vlink-peer 10.0.0.2 ?
  dead           Specify the interval after which a neighbor is declared dead
  hello          Specify the interval at which the interface sends hello packets
  hmac-md5       HMAC-MD5 authentication
  hmac-sha-256   HMAC-SHA-256 authentication
  keychain       Use a keychain for authentication
  md5            MD5 authentication
  retransmit     Specify the interval at which the interface retransmits LSAs
  simple         Simple authentication
  topology       Topology configuration
  trans-delay    Specify the delay interval before the interface sends an LSA
  <cr>
[R1-ospf-1-area-0.0.0.1]vlink-peer 10.0.0.2 simple plain h3c

[R2]ospf 1
[R2-ospf-1]area 1
[R2-ospf-1-area-0.0.0.1]vlink-peer 10.0.0.1 simple plain h3c
[R2-ospf-1-area-0.0.0.1]quit
[R2-ospf-1]quit
```

3.5.5　思考

vlink 建立时，vlink-peer 的对象是对端的 Router ID，需要将对端的 Router ID 宣告到 OSPF 的进程中吗？为什么？

3.6　外部路由引入配置

3.6.1　原理概述

当 OSPF 区域内的设备访问 AS 区域外路由时，需要将外部路由引入到 OSPF 区域。引入外部路由的路由设备称为自治系统边界路由器（ASBR）。

ASBR 仍使用 Type-1 LSA 告知本区域其他路由设备其路由器角色是 ASBR。

ASBR 所在区域的 ABR 增加的工作如下：

① 产生一条 Type-5 LSA 在整个 AS 区域内泛洪，特殊区域除外；Type-5 LSA 的三要素（LS Type、Link State ID 和 Advertising Router）在整个 AS 内不变。

② 产生一条 Type-4 LSA 向其他区域传播，用于外部路由信息计算；Type-4 LSA 的三要素在 AS 内传递时，每经过一个 ABR，就将 Advertising Router 更换为 ABR 的 Router ID，辅助其他区域设备能够计算出去往 ASBR 的路由。

OSPF 将引入的 AS 外部路由分为两类：第一类外部路由和第二类外部路由。

第一类外部路由（Type1 External）可信程度较高，并且和 OSPF 自身路由的开销具有可比性，所以到第一类外部路由的开销等于本路由器到相应的 ASBR 的开销与 ASBR 到该路由目的地址的开销之和。

第二类外部路由（Type2 External）可信度比较低，OSPF 协议认为从 ASBR 到自治系统之外的开销远远大于在自治系统之内到达 ASBR 的开销。所以计算路由开销时将主要考虑前者，即到第二类外部路由的开销等于 ASBR 到该路由目的地址的开销。如果计算出开销值相等的两条路由，再考虑本路由器到相应的 ASBR 的开销。

3.6.2　实验目的

① 理解 OSPF 协议的 Type-4 LSA 和 Type-5 LSA。
② 熟悉 Type-4 LSA 和 Type-5 LSA 字段的含义。
③ 理解 Type1 External 和 Type2 External 路由。
④ 掌握 OSPF 外部路由引入配置方法。

3.6.3　实验内容

本实验拓扑结构如图 3-6-1 所示，实验编址如表 3-6-1 所示。本实验模拟了一个简单网络场景：R1、R2 组成了 OSPF 的骨干区域 area 0；R1、R3、R4 和交换机 S 组成了 area 1；R5 是 OSPF 自治系统外的路由设备；R3、R5 之间使用静态路由互连互通，R3 将静态路由引入到 OSPF 区域。

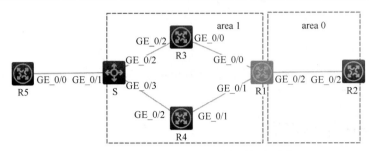

图 3-6-1   外部路由引入配置实验拓扑结构

表 3-6-1   实验编址表

设备	Router ID	接口	IP 地址	子网掩码
R1	10.0.0.1	GE 0/0	10.1.13.1	255.255.255.252
		GE 0/1	10.1.14.1	255.255.255.252
		GE 0/2	10.1.12.1	255.255.255.252
R2	10.0.0.2	GE 0/2	10.1.12.2	255.255.255.252
R3	10.0.0.3	GE 0/0	10.1.13.2	255.255.255.252
		GE 0/2	10.1.35.3	255.255.255.0
R4	10.0.0.4	GE 0/1	10.1.14.2	255.255.255.252
		GE 0/2	10.1.35.4	255.255.255.0
R5	10.0.0.5	GE 0/0	10.1.35.5	255.255.255.0
		Loopback 0	172.16.50.254	255.255.255.255

3.6.4   实验步骤

步骤 1：OSPF 的基本配置

R1 的配置如下：

```
[H3C]sysname R1
[R1]interface GigabitEthernet 0/0
[R1-GigabitEthernet0/0]ip address 10.1.13.1 30
[R1-GigabitEthernet0/0]quit
[R1]interface GigabitEthernet 0/1
[R1-GigabitEthernet0/1]ip address 10.1.14.1 30
[R1-GigabitEthernet0/1]quit
[R1]interface GigabitEthernet 0/2
[R1-GigabitEthernet0/2]ip address 10.1.12.1 30
[R1-GigabitEthernet0/2]quit
[R1]ospf 1 router-id 10.0.0.1
[R1-ospf-1]area 0
[R1-ospf-1-area-0.0.0.0]network 10.1.12.1 0.0.0.0
[R1-ospf-1-area-0.0.0.0]area 1
[R1-ospf-1-area-0.0.0.1]network 10.1.13.1 0.0.0.0
[R1-ospf-1-area-0.0.0.1]network 10.1.14.1 0.0.0.0
```

```
[R1-ospf-1-area-0.0.0.1]quit
[R1-ospf-1]quit
```

R2 的配置如下：

```
[H3C]sysname　R2
[R2]interface GigabitEthernet 0/2
[R2-GigabitEthernet0/2]ip address 10.1.12.2 30
[R2-GigabitEthernet0/2]quit
[R2]ospf 1 router-id 10.0.0.2
[R2-ospf-1]area 0
[R2-ospf-1-area-0.0.0.0]network 10.1.12.2 0.0.0.0
[R2-ospf-1-area-0.0.0.0]quit
[R2-ospf-1]quit
```

R3 的配置如下：

```
[H3C]sysname R3
[R3]interface GigabitEthernet 0/0
[R3-GigabitEthernet0/0]ip address 10.1.13.2 30
[R3-GigabitEthernet0/0]quit
[R3]interface GigabitEthernet 0/2
[R3-GigabitEthernet0/2]ip address 10.1.35.3 24
[R3-GigabitEthernet0/2]quit
[R3]ospf 1 router-id 10.0.0.3
[R3-ospf-1]area 1
[R3-ospf-1-area-0.0.0.1]network 10.1.13.2 0.0.0.0
[R3-ospf-1-area-0.0.0.1]quit
[R3-ospf-1]quit
```

R4 的配置如下：

```
[H3C]sysname R4
[R4]interface GigabitEthernet 0/1
[R4-GigabitEthernet0/1]ip address 10.1.14.2 30
[R4-GigabitEthernet0/1]quit
[R4]interface GigabitEthernet 0/2
[R4-GigabitEthernet0/2]ip address 10.1.35.4 24
[R4-GigabitEthernet0/2]quit
[R4]ospf 1 router-id 10.0.0.4
[R4-ospf-1]area 1
[R4-ospf-1-area-0.0.0.1]network 10.1.14.2 0.0.0.0
[R4-ospf-1-area-0.0.0.1]quit
[R4-ospf-1]quit
```

R5 的配置如下：

```
[H3C]sysname R5
[R5]interface GigabitEthernet 0/0
```

```
[R5-GigabitEthernet0/0]ip address 10.1.35.5 24
[R5-GigabitEthernet0/0]quit
[R5]interface lookback 0
[R5-LoopBack0]ip address 172.16.50.254 32
[R5-LoopBack0]quit
```

步骤 2：R5 上配置静态路由，R3 上将静态路由引入到 OSPF 区域

```
[R5]ip route-static 0.0.0.0 0 10.1.35.3
[R5]ip route-static 0.0.0.0 0 10.1.35.4

[R3]ip route-static 172.16.50.0 24 10.1.35.5
[R3]ospf 1
[R3-ospf-1] import-route static
```

步骤 3：验证

```
[R2]display ospf lsdb
        OSPF Process 1 with Router ID 10.0.0.2
                Link State Database
                       Area: 0.0.0.0
```

Type	LinkState ID	AdvRouter	Age	Len	Sequence	Metric
Router	10.0.0.2	10.0.0.2	1268	36	80000009	0
Router	10.0.0.1	10.0.0.1	737	36	8000000C	0
Network	10.1.12.1	10.0.0.1	728	32	80000008	0
Sum-Net	10.1.14.0	10.0.0.1	951	28	80000007	1
Sum-Net	10.1.13.0	10.0.0.1	960	28	80000007	1
Sum-Asbr	10.0.0.3	10.0.0.1	22	28	80000007	1

```
                AS External Database
```

Type	LinkState ID	AdvRouter	Age	Len	Sequence	Metric
External	172.16.50.0	10.0.0.3	790	36	80000007	1

步骤 4：查看 Type-4 LSA

```
[R2]display ospf lsdb asbr 10.0.0.3
        OSPF Process 1 with Router ID 10.0.0.2
                Link State Database
                       Area: 0.0.0.0
  Type     : Sum-Asbr        //LSA 的类型，Sum-Asbr 是 Type-4 LSA
  LS ID    : 10.0.0.3        //ASBR 的 Router ID
  Adv Rtr  : 10.0.0.1        //本区域 ABR 的 Router ID
  LS age   : 161
  Len      : 28
  Options  : O E
  Seq#     : 80000007
  Checksum : 0x9666
  MTID     0 Metric: 1
```

步骤 5：查看 Type-5 LSA

```
[R2]display ospf lsdb ase 172.16.50.0
        OSPF Process 1 with Router ID 10.0.0.2
              Link State Database
Type      : External          //LSA 的类型，External 是 Type-5 LSA
LS ID     : 172.16.50.0       //外部路由的网络号
Adv Rtr   : 10.0.0.3          //ASBR 的 Router ID
LS age    : 1210
Len       : 36
Options   : O E
Seq#      : 80000007
Checksum  : 0x1579
Net mask  : 255.255.255.0
MTID   0 Metric   : 1         //H3C 默认外部引入开销数值为 1
E Type          : 2          //H3C 默认使用 Type2 External 进行引入计算开销
Forwarding Address: 0.0.0.0   //转发地址，后续使用 FA 地址来代表
Tag             : 1
```

步骤 6：查看 Type2 External

```
[R2]displayip routing-table 172.16.50.0
Summary count : 1
Destination/Mask    Proto     Pre  Cost      NextHop        Interface
172.16.50.0/24      O_ASE2    150  1         10.1.12.1      GE 0/2
```

由 Cost 的数值为 1，结合 Type2 External 定义可知，此时开销只计算引入的开销。

步骤 7：在 R3 上修改引入路由的类型为 Type1 External

```
[R3]ospf 1
[R3-ospf-1]import-route static type ?
INTEGER<1-2>   Type value
[R3-ospf-1]import-route static type1
```

在 R2 上查看 Type1 External

```
[R2]displayip routing-table 172.16.50.0
Summary count : 1
Destination/Mask    Proto     Pre  Cost      NextHop        Interface
172.16.50.0/24      O_ASE1    150  3         10.1.12.1      GE 0/2
```

由 Cost 的数值为 3，结合 Type1 External 定义可知，此时开销为引入时开销+R2 到 ASBR 的开销。

步骤 8：在 R3 和 R4 上增加配置

```
[R3]ospf 1
[R3-ospf-1]area 1
[R3-ospf-1-area-0.0.0.1]network 10.1.35.3 0.0.0.0

[R4]ospf 1
```

```
[R4-ospf-1]area 1
[R4-ospf-1-area-0.0.0.1]network 10.1.35.4 0.00.0.0
```

步骤 9：在 R1 上观察 Forwarding Address（FA 地址）和路由表

```
[R1]display ospf lsdb ase 172.16.50.0
        OSPF Process 1 with Router ID 10.0.0.1
                Link State Database
Type        : External
LS ID       : 172.16.50.0
Adv Rtr     : 10.0.0.3
LS age      : 854
Len         : 36
Options     : O E
Seq#        : 80000004
Checksum    : 0x21bd
Net Mask    : 255.255.255.0
TOS     0 Metric    : 1
E Type              : 1
Forwarding Address: 10.1.35.5
Tag                : 1
[R1]display ip routing-table 172.16.50.0
Summary count : 2
Destination/Mask    Proto    Pre Cost       NextHop        Interface
172.16.50.0/24      O_ASE2   150 1          10.1.13.2      GE 0/0
                                           10.1.14.2      GE 0/1
```

当 FA 地址不为 0.0.0.0 时，其他路由设备计算外部路由按照 FA 地址进行计算。以 R1 为例，R1 去往 FA 地址，10.1.35.5 是负载分担的，虽然只有 R3 对外部静态路由做了引入，但是 FA 地址对去往外部路由进行了优化，所以 R1 去往外部路由 172.16.50.0 是负载分担的。

总要结论：

① 通过实验可以将外部路由开销的计算和路由表的下一跳归纳总结为表 3-6-2。

表 3-6-2　外部路由开销和下一跳总结表

与 ASBR 在一个区域		与 ASBR 不在同一个区域	
E type=1 FA=0.0.0.0		E type=1 FA=0.0.0.0	
开销	下一跳	开销	下一跳
=到 ASBR 的开销+引入开销	到 ASBR 的下一跳	=Type-4 LSA 的开销+引入开销	到 ABR 的下一跳
E type=2 FA=0.0.0.0		E type=2 FA=0.0.0.0	
开销	下一跳	开销	下一跳
=引入开销	到 ASBR 的下一跳	=引入开销	到 ABR 的下一跳

② 产生 FA 的条件：

↳ ASBR 连接外部网络的接口加入到 OSPF 进程之中，以本实验为例，指的是 R3 的 GE 0/2 接口；

↳ 外部接口的 OSPF 的网络类型为 NBMA 或 Broadcast，以本实验为例，指的是 R3 的 GE 0/2 接口；

    ➚ 外部网络连接接口没有设置成为 Silent-Interface，以本实验为例，指的是 R3 的 GE 0/2 接口。

3.6.5　思考

R4 上有三条静态路由：

[R4]ip route-static 192.168.10.0 24 null 0
[R4]ip route-static 192.168.10.0 26 null 0
[R4]ip route-static 192.168.10.0 30 null 0

如果在 R4 上将静态路由引入到 OSPF 区域，其他设备能否识别这三条 LSA？

3.7　特殊区域配置

3.7.1　原理概述

对于位于自治系统边缘的一些非骨干区域，可以在该区域的所有路由器上使用 stub 命令，把该区域配置为 Stub 区域。这样，Type-5 LSA 不会在 Stub 区域内泛洪，减小了路由表的规模。Stub 区域内的 ABR 生成一条默认路由，所有到达自治系统外部的报文都交给 ABR 进行转发。

如果想进一步减少 Stub 区域路由表规模及路由信息传递的数量，那么在 ABR 上配置 stub 命令时指定 no-summary 参数，可以将该区域配置为 Totally Stub（完全 Stub）区域。这样，自治系统外部路由和区域间的路由信息都不会传递到本区域，所有目的地是自治系统外和区域外的报文都交给该区域的 ABR 进行转发。

Stub 区域配置需要注意的事项：
① Stub 区域内的所有路由器必须使用 stub 命令将该区域配置成 Stub 属性；
② default-cost 命令只有在 Stub 区域的 ABR 上配置才能生效；
③ 骨干区域不能配置成 Stub/Totally Stub 区域；
④ Stub/Totally Stub 区域内不能存在 ASBR，即自治系统外部的路由不能在本区域内传播；
⑤ vlink 不能穿过 Stub/Totally Stub 区域。

Stub 区域不能引入外部路由，为了在允许将外部路由通告到 OSPF 路由域内部的同时，保持其余部分的 Stub 区域的特征，网络管理员可以将区域配置为 NSSA 区域。

NSSA 区域配置需要注意的事项：
① NSSA 区域内的所有路由器必须使用 nssa 命令将该区域配置成 NSSA 属性；
② default-cost 命令只有在 NSSA 区域的 ABR/ASBR 上配置才能生效。

3.7.2　实验目的

① 掌握特殊区域的配置。
② 理解 Type-7 LSA 字段的含义。

③ 理解 Stub 和 NSSA 区域的 LSA 传递。

④ 加深对路由策略的理解。

3.7.3 实验内容

本实验拓扑结构如图 3-7-1 所示，实验编址如表 3-7-1 所示。本实验模拟了一个简单网络场景：路由器 R1、R2、R3 组成了 OSPF 的骨干区域 area 0；R2、R3、R4 组成了 area 1，该区域为 Stub 区域；R2、R3、R5 组成了 area 2，该区域为 NSSA 区域。

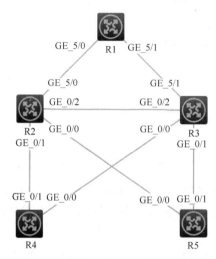

图 3-7-1 特殊区域配置实验拓扑结构

表 3-7-1 实验编址表

设备	Router ID	接口	IP 地址	子网掩码
R1	10.0.0.1	GE 5/0	10.1.12.1	255.255.255.252
		GE 5/1	10.1.13.1	255.255.255.252
		Loopback 0	192.168.10.1	255.255.255.0
R2	10.0.0.2	GE 5/0	10.1.12.2	255.255.255.252
		GE 0/0	10.1.25.1	255.255.255.252
		GE 0/1	10.1.24.1	255.255.255.252
		GE 0/2	10.1.23.1	255.255.255.252
R3	10.0.0.3	GE 5/1	10.1.13.2	255.255.255.252
		GE 0/0	10.1.34.1	255.255.255.252
		GE 0/1	10.1.35.1	255.255.255.252
		GE 0/2	10.1.23.2	255.255.255.252
R4	10.0.0.4	GE 0/0	10.1.34.2	255.255.255.252
		GE 0/1	10.1.24.2	255.255.255.252
R5	10.0.0.5	GE 0/0	10.1.25.2	255.255.255.252
		GE 0/1	10.1.35.2	255.255.255.252
		Loopback 0	192.168.50.1	255.255.255.0

3.7.4　实验步骤

步骤 1：OSPF 的基础配置
R1 的配置如下：

```
[H3C]sysname R1
[R1]interface GigabitEthernet 5/0
[R1-GigabitEthernet5/0]ip address 10.1.12.1 30
[R1-GigabitEthernet5/0]quit
[R1]interface GigabitEthernet 5/1
[R1-GigabitEthernet5/1]ip address 10.1.13.1 30
[R1-GigabitEthernet5/1]quit
[R1]ospf 1 router-id 10.0.0.1
[R1-ospf-1]area 0
[R1-ospf-1-area-0.0.0.0]network 10.1.13.1 0.0.0.0
[R1-ospf-1-area-0.0.0.0]network 10.1.12.1 0.0.0.0
[R1-ospf-1-area-0.0.0.0]quit
[R1-ospf-1]quit
```

R2 的配置如下：

```
[H3C]sysname R2
[R2]interface GigabitEthernet 5/0
[R2-GigabitEthernet5/0]ip address 10.1.12.2 30
[R2-GigabitEthernet5/0]quit
[R2]interface GigabitEthernet 0/0
[R2-GigabitEthernet0/0]ip address 10.1.25.1 30
[R2-GigabitEthernet0/0]quit
[R2]interface GigabitEthernet 0/1
[R2-GigabitEthernet0/1]ip address 10.1.24.1 30
[R2-GigabitEthernet0/1]quit
[R2]interface GigabitEthernet 0/2
[R2-GigabitEthernet0/2]ip address 10.1.23.1 30
[R2-GigabitEthernet0/2]quit
[R2]ospf 1 router-id 10.0.0.2
[R2-ospf-1]area 0
[R2-ospf-1-area-0.0.0.0]network 10.1.12.2 0.0.0.0
[R2-ospf-1-area-0.0.0.0]network 10.1.23.1 0.0.0.0
[R2-ospf-1-area-0.0.0.0]area 1
[R2-ospf-1-area-0.0.0.1]stub
[R2-ospf-1-area-0.0.0.1]network 10.1.24.1 0.0.0.0
[R2-ospf-1-area-0.0.0.1]quit
[R2-ospf-1]area 2
[R2-ospf-1-area-0.0.0.2]nssa
[R2-ospf-1-area-0.0.0.2]network 10.1.25.1 0.0.0.0
[R2-ospf-1]quit
```

R3 的配置如下：

```
[H3C]sysname R3
[R3]interface GigabitEthernet 5/1
[R3-GigabitEthernet5/1]ip address 10.1.13.2 30
[R3-GigabitEthernet5/1]quit
[R3]interface GigabitEthernet 0/0
[R3-GigabitEthernet0/0]ip address 10.1.34.1 30
[R3-GigabitEthernet0/0]quit
[R3]interface GigabitEthernet 0/1
[R3-GigabitEthernet0/1]ip address 10.1.35.1 30
[R3-GigabitEthernet0/1]quit
[R3]interface GigabitEthernet 0/2
[R3-GigabitEthernet0/2]ip address 10.1.23.2 30
[R3-GigabitEthernet0/2]quit
[R3]ospf 1 router-id 10.0.0.3
[R3-ospf-1]area 0
[R3-ospf-1-area-0.0.0.0]network 10.1.23.2 0.0.0.0
[R3-ospf-1-area-0.0.0.0]network 10.1.13.2 0.0.0.0
[R3-ospf-1-area-0.0.0.0]area 1
[R3-ospf-1-area-0.0.0.1]stub
[R3-ospf-1-area-0.0.0.1]network 10.1.34.1 0.0.0.0
[R3-ospf-1-area-0.0.0.1]area 2
[R3-ospf-1-area-0.0.0.2]nssa
[R3-ospf-1-area-0.0.0.2]network 10.1.35.1 0.0.0.0
[R3-ospf-1-area-0.0.0.2]quit
[R3-ospf-1]quit
```

R4 的配置如下：

```
[H3C]sysname R4
[R4]interface GigabitEthernet 0/0
[R4-GigabitEthernet0/0]ip address 10.1.34.2 30
[R4-GigabitEthernet0/0]quit
[R4]interface GigabitEthernet 0/1
[R4-GigabitEthernet0/1]ip address 10.1.24.2 30
[R4-GigabitEthernet0/1]quit
[R4]ospf 1 router-id 10.0.0.4
[R4-ospf-1]area 1
[R4-ospf-1-area-0.0.0.1]stub
[R4-ospf-1-area-0.0.0.1]network 10.1.34.2 0.0.0.0
[R4-ospf-1-area-0.0.0.1]network 10.1.24.2 0.0.0.0
[R4-ospf-1-area-0.0.0.1]quit
[R4-ospf-1]quit
```

R5 的配置如下：

```
[H3C]sysname R5
```

```
[R5]interface GigabitEthernet 0/0
[R5-GigabitEthernet0/0]ip address 10.1.25.2 30
[R5-GigabitEthernet0/0]quit
[R5]interface GigabitEthernet 0/1
[R5-GigabitEthernet0/1]ip address 10.1.35.2 30
[R5-GigabitEthernet0/1]quit
[R5]ospf 1 router-id 10.0.0.5
[R5-ospf-1]area 2
[R5-ospf-1-area-0.0.0.2]nssa
[R5-ospf-1-area-0.0.0.2]network 10.1.35.2 0.0.0.0
[R5-ospf-1-area-0.0.0.2]network 10.1.25.2 0.0.0.0
[R5-ospf-1-area-0.0.0.2]quit
[R5-ospf-1]quit
```

步骤 2：Stub 区域的配置验证

在 R4 上查看 LSDB：

```
[R4]dis ospf lsdb
        OSPF Process 1 with Router ID 10.0.0.4
              Link State Database
                  Area: 0.0.0.1
```

Type	LinkState ID	AdvRouter	Age	Len	Sequence	Metric
Router	10.0.0.4	10.0.0.4	1005	48	80000006	0
Router	10.0.0.3	10.0.0.3	1006	36	80000004	0
Router	10.0.0.2	10.0.0.2	1016	36	80000004	0
Network	10.1.24.2	10.0.0.4	1015	32	80000001	0
Network	10.1.34.2	10.0.0.4	1005	32	80000001	0
Sum-Net	0.0.0.0	10.0.0.3	1007	28	80000001	1
Sum-Net	0.0.0.0	10.0.0.2	1019	28	80000001	1
Sum-Net	10.1.23.0	10.0.0.3	1047	28	80000001	1
Sum-Net	10.1.23.0	10.0.0.2	1047	28	80000001	1
Sum-Net	10.1.35.0	10.0.0.3	1047	28	80000001	1
Sum-Net	10.1.35.0	10.0.0.2	1016	28	80000001	2
Sum-Net	10.1.25.0	10.0.0.3	1006	28	80000001	2
Sum-Net	10.1.25.0	10.0.0.2	1058	28	80000001	1
Sum-Net	10.1.13.0	10.0.0.3	1047	28	80000001	1
Sum-Net	10.1.13.0	10.0.0.2	1018	28	80000001	2
Sum-Net	10.1.12.0	10.0.0.3	1006	28	80000001	2
Sum-Net	10.1.12.0	10.0.0.2	1058	28	80000001	1

R4 属于 Stub 区域，由 LSDB 数据库可知，R2、R3 作为 ABR 自动生成了两条默认路由，使得 Stub 的 area 1 能够访问其他区域。

步骤 3：将 Stub 区域配置成 Totally Stub 区域

由于 Stub 区域允许 Type-3 LSA 传递，当其他区域的进行网络扩容时，Type-3 LSA 会增多，加大了 Stub 区域路由器的负担，这时可以在 R2 和 R3 这两个 ABR 上将 Stub 区域变成 Totally Stub 区域，拒绝其他区域的 Type-3 LSA 进入。

```
[R2]ospf 1
[R2-ospf-1]area 1
[R2-ospf-1-area-0.0.0.1]stub no-summary

[R3]ospf 1
[R3-ospf-1]area 1
[R3-ospf-1-area-0.0.0.1]stub no-summary
```

步骤 4：Totally Stub 区域配置验证

```
[R4]display ospf lsdb
        OSPF Process 1 with Router ID 10.0.0.4
            Link State Database
                Area: 0.0.0.1
```

Type	LinkState ID	AdvRouter	Age	Len	Sequence	Metric
Router	10.0.0.4	10.0.0.4	846	48	80000007	0
Router	10.0.0.3	10.0.0.3	847	36	80000005	0
Router	10.0.0.2	10.0.0.2	855	36	80000005	0
Network	10.1.24.2	10.0.0.4	856	32	80000002	0
Network	10.1.34.2	10.0.0.4	846	32	80000002	0
Sum-Net	0.0.0.0	10.0.0.3	847	28	80000002	1
Sum-Net	0.0.0.0	10.0.0.2	859	28	80000002	1

步骤 5：NSSA 区域的配置验证

在 R5 上查看 LSDB：

```
[R5]display ospf lsdb
        OSPF Process 1 with Router ID 10.0.0.5
            Link State Database
                Area: 0.0.0.2
```

Type	LinkState ID	AdvRouter	Age	Len	Sequence	Metric
Router	10.0.0.5	10.0.0.5	1516	48	80000006	0
Router	10.0.0.3	10.0.0.3	1517	36	80000004	0
Router	10.0.0.2	10.0.0.2	1527	36	80000004	0
Network	10.1.25.2	10.0.0.5	1526	32	80000001	0
Network	10.1.35.2	10.0.0.5	1516	32	80000001	0
Sum-Net	10.1.23.0	10.0.0.3	1558	28	80000001	1
Sum-Net	10.1.23.0	10.0.0.2	1558	28	80000001	1
Sum-Net	10.1.34.0	10.0.0.3	1558	28	80000001	1
Sum-Net	10.1.34.0	10.0.0.2	1527	28	80000001	2
Sum-Net	10.1.13.0	10.0.0.3	1558	28	80000001	1
Sum-Net	10.1.13.0	10.0.0.2	1529	28	80000001	2
Sum-Net	10.1.24.0	10.0.0.3	1517	28	80000001	2
Sum-Net	10.1.24.0	10.0.0.2	1569	28	80000001	1
Sum-Net	10.1.12.0	10.0.0.3	1517	28	80000001	2
Sum-Net	10.1.12.0	10.0.0.2	1569	28	80000001	1

发现 R5 上没有默认路由，当需要访问自治系统外部区域的路由时，由于 NSSA 区域不

允许 Type-4 LSA 和 Type-5 LSA 传递，会导致无法访问；需要在 ABR 上配置下发默认的命令：default-route-advertise。

```
[R2]ospf 1
[R2-ospf-1]area 2
[R2-ospf-1-area-0.0.0.2]nssa default-route-advertise

[R3]ospf 1
[R3-ospf-1]area 2
[R3-ospf-1-area-0.0.0.2]nssa default-route-advertise
```

再次在 R5 上查看 LSDB：

```
[R5]display ospf lsdb
        OSPF Process 1 with Router ID 10.0.0.5
            Link State Database
                Area: 0.0.0.2
Type       LinkState ID     AdvRouter        Age   Len  Sequence   Metric
Router     10.0.0.5         10.0.0.5         175   48   80000007   0
Router     10.0.0.3         10.0.0.3         176   36   80000005   0
Router     10.0.0.2         10.0.0.2         184   36   80000005   0
Network    10.1.25.2        10.0.0.5         185   32   80000002   0
Network    10.1.35.2        10.0.0.5         175   32   80000002   0
Sum-Net    10.1.23.0        10.0.0.3         216   28   80000002   1
Sum-Net    10.1.23.0        10.0.0.2         216   28   80000002   1
Sum-Net    10.1.34.0        10.0.0.3         216   28   80000002   1
Sum-Net    10.1.34.0        10.0.0.2         184   28   80000002   2
Sum-Net    10.1.13.0        10.0.0.3         216   28   80000002   1
Sum-Net    10.1.13.0        10.0.0.2         188   28   80000002   2
Sum-Net    10.1.24.0        10.0.0.3         174   28   80000002   2
Sum-Net    10.1.24.0        10.0.0.2         226   28   80000002   1
Sum-Net    10.1.12.0        10.0.0.3         174   28   80000002   2
Sum-Net    10.1.12.0        10.0.0.2         226   28   80000002   1
NSSA       0.0.0.0          10.0.0.3         6     36   80000001   1
NSSA       0.0.0.0          10.0.0.2         6     36   80000002   1
```

步骤 6：将 NSSA 区域配置成 Totally NSSA 区域

同 Stub 区域一样，可以在 R2、R3（也就是 ABR）上将 NSSA 区域配置成 Totally NSSA 区域，以减少其他区域的 Type-3 LSA 进入到 NSSA 区域。

注意：当区域配置成 Totally NSSA 时会自动在 ABR 上下发 Type-3 LSA，可以将之前配置的 NSSA 区域的默认路由下发删除。

```
[R2]ospf 1
[R2-ospf-1]area 2
[R2-ospf-1-area-0.0.0.2]undo nssa default-route-advertise
[R2-ospf-1-area-0.0.0.2]nssa no-summary
```

```
[R3]ospf 1
[R3-ospf-1]area 2
[R3-ospf-1-area-0.0.0.2]undo nssa default-route-advertise
[R3-ospf-1-area-0.0.0.2]nssa no-summary
```

步骤 7：Totally NSSA 区域的配置验证

```
[R5]display ospf lsdb
        OSPF Process 1 with Router ID 10.0.0.5
                Link State Database
                    Area: 0.0.0.2
```

Type	LinkState ID	AdvRouter	Age	Len	Sequence	Metric
Router	10.0.0.5	10.0.0.5	7	48	8000000D	0
Router	10.0.0.3	10.0.0.3	8	36	80000006	0
Router	10.0.0.2	10.0.0.2	21	36	80000006	0
Network	10.1.25.2	10.0.0.5	11	32	80000002	0
Network	10.1.35.2	10.0.0.5	7	32	80000001	0
Sum-Net	0.0.0.0	10.0.0.3	9	28	80000001	1
Sum-Net	0.0.0.0	10.0.0.2	24	28	80000001	1

步骤 8：在 R1 和 R5 上将环回口路由引入 OSPF 区域

R1 的环回口路由引入：

```
[R1]interface LoopBack 0
[R1-LoopBack0] ip address 192.168.10.1 24
[R1-LoopBack0]quit
[R1]acl basic 2000
[R1-acl-ipv4-basic-2000]rule permit source 192.168.10.0 0.0.0.255
[R1-acl-ipv4-basic-2000]quit
[R1]route-policy test permit node 10
[R1-route-policy-test-10] if-match ip address acl 2000
[R1-route-policy-test-10]quit
[R1]ospf 1
[R1-ospf-1]import-route direct route-policy test
[R1-ospf-1]quit
```

R5 的环回口路由引入：

```
[R5]interface LoopBack 0
[R5-LoopBack0] ip address 192.168.50.1 24
[R5-LoopBack0]quit
[R5]acl basic 2000
[R5-acl-ipv4-basic-2000]rule permit source 192.168.50.0 0.0.0.255
[R5-acl-ipv4-basic-2000]quit
[R5]route-policy test permit node 10
[R5-route-policy-test-10] if-match ip address acl 2000
[R5-route-policy-test-10]quit
[R5]ospf 1
```

```
[R5-ospf-1]import-route direct route-policy test
[R5-ospf-1]quit
```

步骤 9：验证外部路由的引入

```
[R5]display ospf lsdb
        OSPF Process 1 with Router ID 10.0.0.5
                Link State Database
                        Area: 0.0.0.2
Type       LinkState ID      AdvRouter        Age      Len    Sequence    Metric
Router     10.0.0.5          10.0.0.5         101      48     8000000E    0
Router     10.0.0.3          10.0.0.3         1335     36     80000006    0
Router     10.0.0.2          10.0.0.2         1348     36     80000006    0
Network    10.1.25.2         10.0.0.5         1338     32     80000002    0
Network    10.1.35.2         10.0.0.5         1324     32     80000002    0
Sum-Net    0.0.0.0           10.0.0.3         1336     28     80000001    1
Sum-Net    0.0.0.0           10.0.0.2         1351     28     80000001    1
NSSA       192.168.50.0      10.0.0.5         101      36     80000001    1
[R1] display ospf lsdb | include External
                AS External Database
External   192.168.10.0      10.0.0.1         250      36     80000003    1
External   192.168.50.0      10.0.0.3         280      36     80000001    1
```

由上述信息可以知道 Totally NSSA 区域的外部信息传递到了 area 0。

步骤 10：认识 Type-7 LSA

```
[R5]display ospf lsdb nssa 192.168.50.0
        OSPF Process 1 with Router ID 10.0.0.5
                Link State Database
                        Area: 0.0.0.2
Type          : NSSA              // LSA 的类型，NSSA 是 Type-7 LSA
LS ID         : 192.168.50.0      //外部路由信息 ID
Adv Rtr       : 10.0.0.5          //引入外部路由的路由设备 ID
LS age        : 1327
Len           : 36
  Options     : O NP              //NP 代表需要将 Type-7 LSA 在 NSSA 区域的 ABR 上
                                  //转化为 Type-5 LSA 传播到其他区域
  Seq#        : 80000001
Checksum      : 0x4f68
Net mask      : 255.255.255.0     //引入外部路由信息的子网掩码
MTID      0 Metric    : 1
E Type                : 2
Forwarding Address: 10.1.25.2     //FA 地址
Tag                   : 1
```

3.7.5　思考

R2、R3 都是 ABR，那么由哪台设备进行 Type-7 LSA 转 Type-5 LSA 的工作？能否同时进行转化工作?

3.8　路由聚合

3.8.1　原理概述

与 RIP 协议不同,OSPF 不支持自动聚合,仅支持手动聚合。

OSPF 聚合分为两类:区域间路由聚合、外部路由聚合。

(1)区域间路由聚合:在 ABR 上配置生效

① 只能对 ABR 所连接的区域内 Type-1 LSA 和 Type-2 LSA 进行聚合;

② 聚合后,ABR 只发送一条聚合后的 LSA,所有属于聚合网段范围的 LSA 将不再会被单独发送出去,减少其他区域的 LSDB 规模;

③ 只有所有属于聚合网段范围的 LSA 失效,聚合后的 LSA 才失效。

(2)外部路由聚合:在 ASBR 上配置生效

① 只有引入外部路由的 ASBR 能够对 Type-5 LSA 进行聚合,其他路由设备配置无效;

② 聚合后,引入外部路由的 ASBR 只发送一条聚合后的 LSA,所有属于聚合网段范围的 LSA 将不再会被单独发送出去,减少其他区域的 LSDB 规模;

③ 只有所有属于聚合网段范围的 LSA 失效,聚合后的 LSA 才失效;

④ 对于 NSSA 区域,既可以在引入外部路由的 ASBR 上进行聚合,也可以在 Type-7 LSA 转 Type-5 LSA 的 ABR 上进行聚合;当 NSSA 区域存在多个 ABR 时,Router ID 大的 ABR 承担 Type-7 LSA 转 Type-5 LSA 的工作。

3.8.2　实验目的

① 理解 OSPF 区域间路由聚合和外部路由聚合的概念与过程。

② 掌握 OSPF 聚合的配置方法。

3.8.3　实验内容

本实验拓扑结构与 3.7 节的实验相同,实验编制表如表 3-8-1 所示,新增需求如下。

① R4 上存在 192.168.0.0/24,192.168.1.0/24,192.168.2.0/24 三个业务网段,要求在 R2 和 R3 上对上述三个网段进行聚合,尽可能精简 LSDB 和优化路由表。

表 3-8-1　实验编址表

设备	Router ID	接口	IP 地址	子网掩码
R1	10.0.0.1	GE 5/0	10.1.12.1	255.255.255.252
		GE 5/1	10.1.13.1	255.255.255.252
		Loopback 0	192.168.10.1	255.255.255.0
R2	10.0.0.2	GE 5/0	10.1.12.2	255.255.255.252
		GE 0/0	10.1.25.1	255.255.255.252
		GE 0/1	10.1.24.1	255.255.255.252
		GE 0/2	10.1.23.1	255.255.255.252

续表

设备	Router ID	接口	IP 地址	子网掩码
R3	10.0.0.3	GE 5/1	10.1.13.2	255.255.255.252
		GE 0/0	10.1.34.1	255.255.255.252
		GE 0/1	10.1.35.1	255.255.255.252
		GE 0/2	10.1.23.2	255.255.255.252
R4	10.0.0.4	GE 0/0	10.1.34.2	255.255.255.252
		GE 0/1	10.1.24.2	255.255.255.252
		Loopback 1	192.168.0.1	255.255.255.0
		Loopback 2	192.168.1.1	255.255.255.0
		Loopback 3	192.168.2.1	255.255.255.0
R5	10.0.0.5	GE 0/0	10.1.25.2	255.255.255.252
		GE 0/1	10.1.35.2	255.255.255.252
		Loopback 0	192.168.50.1	255.255.255.0

② R5 上存在三条静态路由：

ip route-static 172.16.0.0 24 null 0

ip route-static 172.16.1.0 24 null 0

ip route-static 172.16.2.0 24 null 0

将这三条静态路由引入到 OSPF 中，尽可能精简 LSDB 和优化路由表。

3.8.4　实验步骤

步骤 1：配置与 3.7 节的实验相同

详情见 3.7 节的实验（略）。

步骤 2：R4 的新增需求配置

```
[R4]interface LoopBack 1
[R4-LoopBack1]ip address 192.168.0.1 24
[R4-LoopBack1]quit
[R4]interface LoopBack 2
[R4-LoopBack2]ip address 192.168.1.1 24
[R4-LoopBack2]quit
[R4]interface LoopBack 3
[R4-LoopBack3]ip address 192.168.2.1 24
[R4-LoopBack3]quit
[R4]ospf 1
[R4-ospf-1]area 1
[R4-ospf-1-area-0.0.0.1]network 192.168.0.1 0.0.0.0
[R4-ospf-1-area-0.0.0.1]network 192.168.1.1 0.0.0.0
[R4-ospf-1-area-0.0.0.1]network 192.168.2.1 0.0.0.0
[R4-ospf-1-area-0.0.0.1]quit
[R4-ospf-1]quit
```

步骤 3：在 R1 上查看路由聚合前的明细 LSA

```
[R1]display ospf lsdb | include Sum-Net
Sum-Net    10.1.35.0      10.0.0.3      689    28    80000001    1
Sum-Net    10.1.35.0      10.0.0.2      655    28    80000001    2
Sum-Net    10.1.25.0      10.0.0.3      647    28    80000001    2
Sum-Net    10.1.25.0      10.0.0.2      699    28    80000001    1
Sum-Net    10.1.34.0      10.0.0.2      490    28    80000001    2
Sum-Net    10.1.34.0      10.0.0.3      690    28    80000001    1
Sum-Net    10.1.24.0      10.0.0.3      489    28    80000001    2
Sum-Net    10.1.24.0      10.0.0.2      699    28    80000001    1
Sum-Net    192.168.2.1    10.0.0.3      316    28    80000001    1
Sum-Net    192.168.2.1    10.0.0.2      316    28    80000001    1
Sum-Net    192.168.1.1    10.0.0.2      320    28    80000001    1
Sum-Net    192.168.1.1    10.0.0.3      320    28    80000001    1
Sum-Net    192.168.0.1    10.0.0.2      324    28    80000001    1
Sum-Net    192.168.0.1    10.0.0.3      324    28    80000001    1
```

步骤 4：在 R2 和 R3 上配置聚合

```
[R2]ospf 1
[R2-ospf-1]area 1
[R2-ospf-1-area-0.0.0.1]abr-summary 192.168.0.0 22

[R3]ospf 1
[R3-ospf-1]area 1
[R3-ospf-1-area-0.0.0.1]abr-summary 192.168.0.0 22
```

步骤 5：在 R1 上查看路由聚合后的明细 LSA

```
[R1]display ospf lsdb | include Sum-Net
Sum-Net    10.1.35.0      10.0.0.3      959    28    80000001    1
Sum-Net    10.1.35.0      10.0.0.2      925    28    80000001    2
Sum-Net    10.1.25.0      10.0.0.3      917    28    80000001    2
Sum-Net    10.1.25.0      10.0.0.2      969    28    80000001    1
Sum-Net    10.1.34.0      10.0.0.2      760    28    80000001    2
Sum-Net    10.1.34.0      10.0.0.3      960    28    80000001    1
Sum-Net    10.1.24.0      10.0.0.3      759    28    80000001    2
Sum-Net    10.1.24.0      10.0.0.2      969    28    80000001    1
Sum-Net    192.168.0.0    10.0.0.3      4      28    80000001    1
Sum-Net    192.168.0.0    10.0.0.2      21     28    80000001    1
```

步骤 6：R5 的新增内容配置

```
[R5]ip route-static 172.16.0.0 24 null 0
[R5]ip route-static 172.16.1.0 24 null 0
[R5]ip route-static 172.16.2.0 24 null 0
[R5]ospf 1
[R5-ospf-1]import-route static
```

此时 R1 上能够看到 NSSA 区域外部路由聚合前的 Type-5 类明细 LSA：

```
[R1]display    ospf lsdb | include External
            AS External Database
External   192.168.10.0      10.0.0.1        33    36      80000002   1
External   172.16.2.0        10.0.0.3        213   36      80000001   1
External   172.16.0.0        10.0.0.3        213   36      80000001   1
External   172.16.1.0        10.0.0.3        213   36      80000001   1
External   192.168.50.0      10.0.0.3        1679  36      80000002   1
```

步骤 7：在 R5 上配置外部路由聚合

```
[R5]ospf 1
[R5-ospf-1]asbr-summary 172.16.0.0 22
```

再次在 R1 上查看 LSDB：

```
[R1]display    ospf lsdb | include External
            AS External Database
External   192.168.10.0      10.0.0.1        1028 36      80000002   1
External   172.16.0.0        10.0.0.3        5    36      80000002   1
External   192.168.50.0      10.0.0.3        971  36      80000003   1
```

步骤 8：删除掉 R5 上配置的外部路由聚合

```
[R5-ospf-1]undo asbr-summary 172.16.0.0 255.255.252.0
```

再次在 R1 上查看 LSDB：

```
[R1]display    ospf lsdb | include External
            AS External Database
External   192.168.10.0      10.0.0.1        1322 36      80000002   1
External   172.16.2.0        10.0.0.3        68   36      80000001   1
External   172.16.0.255      10.0.0.3        68   36      80000001   1
External   172.16.1.0        10.0.0.3        68   36      80000001   1
External   192.168.50.0      10.0.0.3        1265 36      80000003   1
```

当 NSSA 区域存在多个 ABR 时，Router ID 大的 ABR 承担 Type-7 LSA 转 Type-5 LSA 的工作。因 R3 的 Router ID 大，所以在 R3 上配置外部路由聚合。

步骤 9：在 R3 上配置外部路由聚合

```
[R3-ospf-1]asbr-summary 172.16.0.0 22
```

再次在 R1 上查看 LSDB：

```
[R1]display    ospf lsdb | include External
            AS External Database
External   192.168.10.0      10.0.0.1        1028 36      80000002   1
External   172.16.0.0        10.0.0.3        5    36      80000002   1
External   192.168.50.0      10.0.0.3        971  36      80000003   1
```

3.8.5　思考

3.7.4 节实验步骤 8 中,在 R1 上查看 LSDB 时,为何出现一条 LinkState ID 为 172.16.0.255 的 LSA?

3.9　路由选路规则

3.9.1　原理概述

OSPF 区域内选路规则:每台路由器根据有向图,使用 SPF 算法计算出一棵以自己为根的最短路径树,这棵树给出了到自治系统中各节点的路由。

OSPF 区域间选路规则:Type-1 LSA 优于 Type-3 LSA 的信息计算路由,进行路由选择。

OSPF 区域外部路由选路规则:较为复杂,通过实验进行掌握。

3.9.2　实验目的

① 理解区域间选路的规则。
② 理解外部区域选路的规则和场景。

3.9.3　实验内容

1. OSPF 区域间选路规则

本实验拓扑结构如图 3-9-1 所示,R1、R2、R3、R4 使用 OSPF 协议组网,各网段开销如图所示,具体配置和网络规划请自行完成。

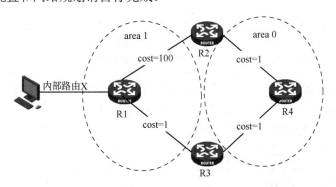

图 3-9-1　区域间选路规则实验拓扑结构

R1 在 OSPF 区域 area 1 内公布了路由 X。

R2 在网络稳定的情况下,会使用 area 1 区域的 Type-1 LSA 进行路由 X 的计算。

当 R1—R2 之间的链路出现中断时,R2 失去了使用 Type-1 SLA 计算出路由 X 的能力,才使用从 R1—R3—R2 的 Type-3 LSA 计算路由 X。

2．OSPF 区域外部路由选路规则

（1）规则 1

实验拓扑如图 3-9-2 所示，R1、R2、R3、R4 使用 OSPF 协议组网，各网段开销如图所示，具体配置和网络规划请自行完成。

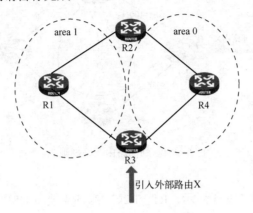

图 3-9-2　外部路由选路规则 1

以 R2 为研究对象：当 area 0 和 area 1 区域的 cost 相同时，为了减轻骨干区域的压力，R2 前往外部路由的路径为：R2—R1—R3—外部路由。

以 R2 为研究对象：当 area 0 和 area 1 区域的 cost 值不同时，R2 选择 cost 数值小的路径去往外部路由。

（2）规则 2

实验拓扑如图 3-9-3 所示，R1、R2、R3、R4 使用 OSPF 协议组网，各网段开销如图所示，具体配置和网络规划请自行完成。

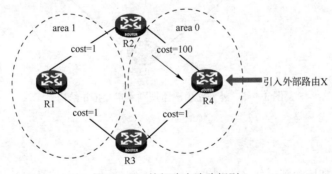

图 3-9-3　外部路由选路规则 2

以 R2 为研究对象：当 R2 能够使用 Type-1 LSA 计算出去往 ASBR 的路径时，不考虑 cost 值，选用 Type-1 LSA 的下一跳前往 ASBR 的路径。

以 R2 为研究对象：当 R2 没有 area 0 区域的活动邻居时，采用 Type-4 LSA 计算前往外部路由的路径。

（3）规则 3

实验拓扑如图 3-9-4 所示，R1、R2、R3、R4 使用 OSPF 协议组网，各网段开销如图所示，具体配置和网络规划请自行完成。

以 R2 为研究对象：如果非骨干区域引入外部路由，R2 作为 ABR 可以通过。Type-1 LSA 和 Type-4 LSA 计算出到 R1（ASBR）的开销时，选择 cost 值小的作为外部路由路径。

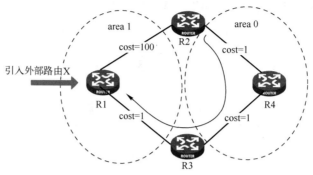

图 3-9-4　外部路由选路规则 3

（4）规则 4

本实验拓扑结构如图 3-9-5 所示，R1、R2、R3、R4 使用 OSPF 协议组网，各网段开销如图所示，具体配置和网络规划请自行完成。

以 R2 为研究对象：如果非骨干区域引入外部路由，R2 作为 ABR 可以通过。Type-1 LSA 和 Type-4 LSA 计算出到 R1（ASBR）的开销时，如果 cost 相同，则会优先选择区域号大的路径作为外部路由路径，减小骨干区域的压力。

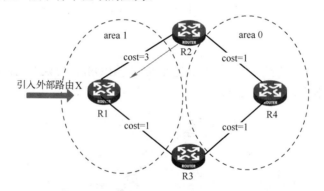

图 3-9-5　外部路由选路规则 4 实验拓扑结构

3.9.4　思考

区域间选路规则还起到了什么作用？

3.10　默认路由

3.10.1　原理概述

在网络中，对于连接外网的路由器，经常配置一条默认路由实现内部网络访问外部网络的需求。

OSPF 网络规定不允许通过 import-route static 命令方式引入默认路由。

OSPF 允许两种方式产生默认路由：

① 在 ASBR 上手动引入默认路由，通过 Type-5 LSA 进行整个 AS 区域泛洪；

② 在 Stub（Totally Stub）和 NSSA（Totally NSSA）区域产生默认路由并在特殊区域传递；

3.10.2　实验目的

① 理解 ASBR 上手动注入默认路由的方法。

② 理解 Stub（Totally Stub）和 NSSA（Totally NSSA）区域产生默认路由方法。

3.10.3　实验内容

本实验拓扑结构如图 3-10-1 所示，实验编址如表 3-10-1 所示。企业内网组网需求与实验 3.7 相同。新增需求：内外网能够互通；新增 R6 模拟外部网络，R1 作为出口网关。

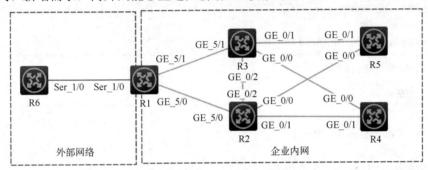

图 3-10-1　默认路由配置实验拓扑结构

表 3-10-1　实验编址表

设备	Router ID	接口	IP 地址	子网掩码
R1	10.0.0.1	GE 5/0	10.1.12.1	255.255.255.252
		GE 5/1	10.1.13.1	255.255.255.252
		Loopback 0	192.168.10.1	255.255.255.0
		Ser 1/0	100.10.10.1	255.255.255.252
R2	10.0.0.2	GE 5/0	10.1.12.2	255.255.255.252
		GE 0/0	10.1.25.1	255.255.255.252
		GE 0/1	10.1.24.1	255.255.255.252
		GE 0/2	10.1.23.1	255.255.255.252
R3	10.0.0.3	GE 5/1	10.1.13.2	255.255.255.252
		GE 0/0	10.1.34.1	255.255.255.252
		GE 0/1	10.1.35.1	255.255.255.252
		GE 0/2	10.1.23.2	255.255.255.252
R4	10.0.0.4	GE 0/0	10.1.34.2	255.255.255.252
		GE 0/1	10.1.24.2	255.255.255.252
R5	10.0.0.5	GE 0/0	10.1.25.2	255.255.255.252
		GE 0/1	10.1.35.2	255.255.255.252
		Loopback 0	192.168.50.1	255.255.255.0
R6	N/A	Ser 1/0	100.10.10.2	255.255.255.252
		Loopback 0	200.10.10.1	255.255.255.255

3.10.4　实验步骤

步骤 1：配置与实验相同

详情见 3.7 节的实验（略）。

步骤 2：新增外网配置

R6 的新增配置如下：

```
[H3C]sysname R6
[R6]interface Serial 1/0
[R6-Serial1/0]ip address 100.10.10.2 30
[R6-Serial1/0]quit
[R6]interface LoopBack 0
[R6-LoopBack0]ip address 200.10.10.1 32
[R6-LoopBack0]quit
[R6]ip route-static 0.0.0.0 0 100.10.10.1
```

步骤 3：新增出口路由配置

R1 的新增配置如下：

```
[R1]interface Serial 1/0
[R1-Serial1/0]ip address 100.10.10.1 30
[R1-Serial1/0]quit
[R1]ip route-static 0.0.0.0 0 100.10.10.2
[R1]ospf 1
[R1-ospf-1]import-route static
```

步骤 4：验证 OSPF 网络规定不允许通过 import-route static 命令方式注入默认路由。

```
[R1]display ospf lsdb
        OSPF Process 1 with Router ID 10.0.0.1
            Link State Database
                Area: 0.0.0.0
```

Type	LinkState ID	AdvRouter	Age	Len	Sequence	Metric
Router	10.0.0.3	10.0.0.3	1270	48	80000007	0
Router	10.0.0.2	10.0.0.2	1430	48	80000009	0
Router	10.0.0.1	10.0.0.1	71	48	80000009	0
Network	10.1.13.2	10.0.0.3	1270	32	80000003	0
Network	10.1.23.2	10.0.0.3	1273	32	80000004	0
Network	10.1.12.2	10.0.0.2	1434	32	80000003	0
Sum-Net	10.1.35.0	10.0.0.3	1311	28	80000003	1
Sum-Net	10.1.35.0	10.0.0.2	1441	28	80000003	2
Sum-Net	10.1.25.0	10.0.0.3	1270	28	80000003	2
Sum-Net	10.1.25.0	10.0.0.2	1481	28	80000003	1
Sum-Net	10.1.34.0	10.0.0.3	1311	28	80000003	1
Sum-Net	10.1.34.0	10.0.0.2	1441	28	80000003	2
Sum-Net	10.1.24.0	10.0.0.3	1271	28	80000003	2
Sum-Net	10.1.24.0	10.0.0.2	1479	28	80000003	1

没有 LinkState ID 为 0.0.0.0 的 Type-5 LSA 出现，删除 import-route static：

```
[R1-ospf-1]undo import-route static
```

步骤 5：手动触发默认路由

```
[R1-ospf-1]default-route-advertise
```

步骤 6：验证
再次观察 R1 的 LSDB：

```
[R1]display ospf lsdb | include External
             AS External Database
External   0.0.0.0           10.0.0.1        722  36       80000001  1
```

注意：default-route-advertise 命令能够生效的前提是，该路由器上已经通过其他方式获得默认路由；如果不管是否存在默认路由，都要在该路由器的 OSPF 区域下发默认路由，则需要 default-route-advertise always。

3.10.5　思考

Stub 区域和 NSSA 区域能够接收到 R1 ASBR 下发的默认路由吗？这两个区域的设备如何与外网通信？

第 4 章　BGP 协议

4.1　BGP 邻居关系建立

4.1.1　原理概述

如图 4-1-1 所示，在 AS 内部可使用 IGP 协议实现网络互联互通，在不同 AS 之间可以使用 IGP 路由引入或是 EGP 协议实现互联互通。由于 IGP 路由引入存在维护难度大、容易产生网络震荡、周期性发送消息等缺点，在不同 AS 之间常常使用 EGP 协议实现互联互通，最常见的 EGP 协议为 BGP 协议。

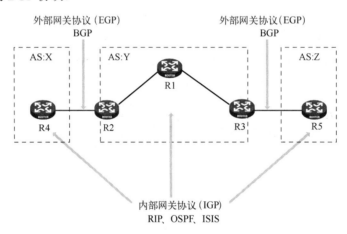

图 4-1-1　IGP 与 EGP 图示

1. BGP 协议

BGP 是路径矢量路由协议，使用 TCP 179 端口进行通信连接建立，属于应用层协议，协议优先级为 255。

同时运行了 BGP 和 IGP 协议的路由设备，针对不同协议学习到的 IP 路由表是独立存放的，互不干扰。

BGP 采用增量（可以为增加，也可以为减少）触发更新，不会将路由信息周期性泛洪通告。

2. BGP 报文和功能

Open 报文：用于 BGP 参数协商。

Update 报文：交换路由信息，同时也用于路由撤销。

Keepalive 报文：保持 BGP 邻居关系，默认 60 s 周期性发送，保持 TCP 会话，180 s 没有收到对端报文，删除邻居。

Notification 报文：差错控制。

route-refresh 报文：用于改变路由策略后请求对等体发送路由信息。

3. IBGP 邻居关系

BGP 邻居关系建立的前提条件是：两端源、目的地址匹配，且能够建立 TCP 连接。

建立起邻居关系的两台路由设备称之为对等体（BGP peer）。

4. EBGP 与 IBGP 邻居关系

IBGP 与 EBGP 关系的区分是通过 Open 报文中携带的 AS 号来进行区分的，两台设备的 Open 报文中 AS 号一致，则建立 IBGP 邻居关系；不一致则建立 EBPG 关系。如图 4-1-1 所示，当 AS:X 需要传递某条路由信息至 AS:Z 时，需要 R2 与 R4 建立 EBGP 邻居关系，AS:Y 中至少需要 R2 与 R3 建立 IBGP 邻居关系，需要 R3 与 R5 建立 EBGP 邻居关系。

两字节 AS 号：取值 1～65 535，其中 64 512～65 535 为私有，其余为公有。

5. BGP 对等体交互路由原则

使用 network 发布的路由信息的路由设备，路由信息将发布给 EBGP 和 IBGP 对等体；

从 IBGP 对等体获得路由信息，只发布给 EBGP 对等体；

从 EBGP 对等体获得路由信息，发布给 EBGP 和 IBGP 对等体；

只发送更新的 BGP 路由；

只将 BGP 的最优路由发给对等体。

4.1.2　实验目的

① 理解 BGP 协议应用场景。

② 理解 IBGP 与 EBGP 邻居关系的概念。

③ 掌握 IBGP 与 EBGP 的配置。

4.1.3　实验内容

本实验拓扑结构如图 4-1-2 所示，实验编址如表 4-1-1 所示。本实验中，AS 65123 内运行 OSPF 协议，AS 之间运行 BGP 协议。R2 与 R4 使用物理接口建立 EBGP 邻居关系；R3 与 R5 使用物理接口建立 EBGP 邻居关系；R1、R2、R3 使用环回口建立 IBGP 邻居关系。

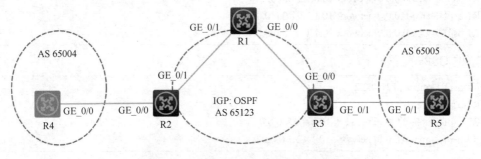

图 4-1-2　BGP 基础配置实验拓扑结构

表 4-1-1　实验编址表

设备	OSPF Route ID	接口	IP 地址	子网掩码
R1	10.0.0.1	GE 0/0	10.1.13.1	255.255.255.0
		GE 0/1	10.1.12.1	255.255.255.0
		Loopback 0	10.0.0.1	255.255.255.255
R2	10.0.0.2	GE 0/0	100.1.24.2	255.255.255.0
		GE 0/1	10.1.12.2	255.255.255.0
		Loopback 0	10.0.0.2	255.255.255.255
R3	10.0.0.3	GE 0/0	10.1.13.3	255.255.255.0
		GE 0/1	100.1.35.3	255.255.255.0
		Loopback 0	10.0.0.3	255.255.255.255
R4		GE 0/0	100.1.24.4	255.255.255.0
		Loopback 0	100.1.1.4	255.255.255.255
R5		GE 0/1	100.1.35.5	255.255.255.0
		Loopback 0	200.1.1.5	255.255.255.255

R4 上使用 Loopback 0 口模拟服务器 Server1，IP 地址为 100.1.1.4；R5 上使用 Loopback 0 口模拟服务器 Server2，IP 地址为 200.1.1.5；要求 3 个 AS 中所有设备都能够访问 Server1 和 Server2。

4.1.4　实验步骤

步骤 1：开启抓包工具

配置前，在 R2、R4 链路上开启抓包工具。

步骤 2：IP 地址

略。

步骤 3：AS 65123 内的 OSPF 协议配置

R1 的 OSPF 配置如下：

```
[R1]ospf 1 router-id 10.0.0.1
[R1-ospf-1]area 0
[R1-ospf-1-area-0.0.0.0]network 10.0.0.1 0.0.0.0
[R1-ospf-1-area-0.0.0.0]network 10.1.12.1 0.0.0.0
[R1-ospf-1-area-0.0.0.0]network 10.1.13.1 0.0.0.0
```

R2 的 OSPF 配置如下：

```
[R2]ospf 1 router-id 10.0.0.2
[R2-ospf-1]area 0
[R2-ospf-1-area-0.0.0.0] network 10.0.0.2 0.0.0.0
[R2-ospf-1-area-0.0.0.0] network 10.1.12.2 0.0.0.0
```

R3 的 OSPF 配置如下：

```
[R3]ospf 1 router-id 10.0.0.3
```

```
[R3-ospf-1]area 0
[R3-ospf-1-area-0.0.0.0] network 10.0.0.3 0.0.0.0
[R3-ospf-1-area-0.0.0.0] network 10.1.13.3 0.0.0.0
```

步骤 4：R2、R4 之间的 EBGP 配置

```
[R2]bgp 65123
//设定本端 AS 号
[R2-bgp-default]peer 100.1.24.4 as 65004
//指定邻居与本端相连接的源 IP 地址，同时指定邻居所在的 AS 区域号
[R2-bgp-default]address-family ipv4
//进入 IPv4 地址簇
[R2-bgp-default-ipv4]peer 100.1.24.4 enable
//在 IPv4 地址簇协议下激活邻居关系
[R2-bgp-default-ipv4]quit
```

情况 1：假设由于管理人员粗心，将 R4 的 AS 配置错误，观察 R2 和 R4 的邻居状态。

```
[R4]bgp 65005
[R4-bgp-default]peer 100.1.24.2 as 65123
[R4-bgp-default]address-family ipv4
[R4-bgp-default-ipv4]peer 100.1.24.2 enable
[R4-bgp-default-ipv4]quit
[R4-bgp-default]quit
```

R2 与 R4 的邻居关系建立状态如下：

```
 [R2]display bgp peer ipv4
 BGP local router ID: 10.0.0.2
 Local AS number: 65123
 Total number of peers: 1              Peers in established state: 0
 * - Dynamically created peer
 Peer              AS    MsgRcvd  MsgSent OutQ PrefRcv Up/Down    State
 100.1.24.4       65004      9       18     0      0   00:05:18   Connect

 [R4]display bgp peer ipv4
 BGP local router ID: 100.1.1.4
 Local AS number: 65005
 Total number of peers: 1              Peers in established state: 0
 * - Dynamically created peer
 Peer              AS    MsgRcvd  MsgSent OutQ PrefRcv Up/Down    State
 100.1.24.2       65123      0        0     0      0   00:00:23   Idle
```

虽然两端源、目的地址匹配，且路由可达，TCP 能够建立连接，但是在 Open 报文发出后，由于 AS 指定错误，则主动发起 TCP 连接的设备将会使用 Notification 报文进行错误提示，如图 4-1-3 所示。主动发起 TCP 连接端设备会停留在 Connect 状态，接入方会停留在 Idle 状态。

```
 250 251.708328   100.1.24.2   100.1.24.4       BGP      87 NOTIFICATION Message
>  Frame 250: 87 bytes on wire (696 bits), 87 bytes captured (696 bits)
>  Ethernet II, Src: 36:5d:82:ee:02:05 (36:5d:82:ee:02:05), Dst: 36:5d:a1:39:04:05 (36:5d:a1:39:04:05)
>  Internet Protocol Version 4, Src: 100.1.24.2, Dst: 100.1.24.4
>  Transmission Control Protocol, Src Port: 179, Dst Port: 18688, Seq: 50, Ack: 50, Len: 21
∨  Border Gateway Protocol - NOTIFICATION Message
    Marker: ffffffffffffffffffffffffffffffff
    Length: 21
    Type: NOTIFICATION Message (3)
    Major error Code: OPEN Message Error (2)
    Minor error Code (Open Message): Bad Peer AS (2)
```

图 4-1-3   AS 不匹配 Notification 报文抓包图

删除 R4 错误配置：

```
[R4]undo bgp 65005
Undo BGP process? [Y/N]:y
```

情况 2：假设因为管理人员粗心，在 R4 上指定 R2 的连接源地址错误，观察 R2 和 R4 的
邻居状态。

```
[R4]bgp 65004
[R4-bgp-default]peer 100.1.24.3 as 65123
[R4-bgp-default]address-family ipv4
[R4-bgp-default-ipv4]peer 100.1.24.3 enable
[R4-bgp-default-ipv4]quit
[R4-bgp-default]quit
```

R2 与 R4 的邻居关系建立状态如下：

```
[R2]display bgp peer ipv4
BGP local router ID: 10.0.0.2
Local AS number: 65123
Total number of peers: 1                 Peers in established state: 0
 * - Dynamically created peer
Peer                 AS   MsgRcvd  MsgSent OutQ PrefRcv Up/Down   State
100.1.24.4          65004     89      178     0     0    00:53:50  Connect


[R4]display bgp peer ipv4
BGP local router ID: 100.1.1.4
Local AS number: 65004
Total number of peers: 1                 Peers in established state: 0
 * - Dynamically created peer
Peer                 AS   MsgRcvd  MsgSent OutQ PrefRcv Up/Down   State
100.1.24.3          65123      0        0     0     0    00:08:23  Connect
```

R2、R4 双方都会停留在 Connect 状态；TCP 连接无法建立，无法发出 Open 报文。

删除 R4 错误配置：

```
[R4-bgp-default]undo peer 100.1.24.3
```

正确配置 R4:

```
[R4]bgp 65004
[R4-bgp-default]peer 100.1.24.2 as 65123
[R4-bgp-default]address-family ipv4
[R4-bgp-default-ipv4]peer 100.1.24.2 enable
[R4-bgp-default-ipv4]quit
[R4-bgp-default]quit
```

R2、R4 状态如下:

```
 [R2]display bgp peer ipv4
 BGP local router ID: 10.0.0.2
 Local AS number: 65123
 Total number of peers: 1               Peers in established state: 1
 * - Dynamically created peer
 Peer                    AS  MsgRcvd  MsgSent OutQ PrefRcv Up/Down    State
 100.1.24.4            65004      93      182    0       0  00:01:27   Established

 [R4]display bgp peer ipv4
 BGP local router ID: 100.1.1.4
 Local AS number: 65004
 Total number of peers: 1               Peers in established state: 1
 * - Dynamically created peer
 Peer                    AS  MsgRcvd  MsgSent OutQ PrefRcv Up/Down    State
 100.1.24.2           65123       3        3    0       0  00:00:29   Established
```

步骤 5: R4 上使用 network 命令发布 Server1 的 IP 地址

情况 3: 假设因为管理人员粗心使用 network 命令公布路由时，子网掩码与原接口子网掩码不一致。

```
[R4]bgp 65004
[R4-bgp-default]address-family ipv4
[R4-bgp-default-ipv4]network 100.1.1.4 24
```

R4 的 Loopback 0 口的 IP 地址子网掩码为 32，使用 network 命令公布的子网掩码为 24，如果 R4 能够发布该条路由，按照 BGP 对等体交互路由规则，R2 是 R4 的 EBGP 邻居，应该学习到该条路由。

```
[R2]display bgp routing-table ipv4
 Total number of routes: 0
```

删除 R4 错误发布的路由，发布正确的 Server1 的 IP 地址:

```
[R4-bgp-default-ipv4]undo network 100.1.1.4 24
[R4-bgp-default-ipv4]network 100.1.1.4 32
```

此时，R4 会使用 Update 报文，将该主机 IP 地址路由信息发送给 R2，具体信息如图 4-1-4 所示。

```
7511 5836.614196   100.1.24.4   100.1.24.2     BGP     121 UPDATE Message
Frame 7511: 121 bytes on wire (968 bits), 121 bytes captured (968 bits)
Ethernet II, Src: 36:5d:a1:39:04:05 (36:5d:a1:39:04:05), Dst: 36:5d:82:ee:02:05 (36:5d:82:ee:02:05)
Internet Protocol Version 4, Src: 100.1.24.4, Dst: 100.1.24.2
Transmission Control Protocol, Src Port: 23357, Dst Port: 179, Seq: 643, Ack: 662, Len: 55
Border Gateway Protocol - UPDATE Message
  Marker: ffffffffffffffffffffffffffffffff
  Length: 55
  Type: UPDATE Message (2)
  Withdrawn Routes Length: 0
  Total Path Attribute Length: 27
  Path attributes
  Network Layer Reachability Information (NLRI)
    100.1.1.4/32
      NLRI prefix length: 32
      NLRI prefix: 100.1.1.4
```

图 4-1-4　Update 报文新增路由信息

删除 R4 上公布的主机路由，R4 同样会使用 Update 报文传递路由信息，如图 4-1-5 所示。

```
[R4-bgp-default-ipv4]undo network 100.1.1.4 32
```

```
8230 6504.261902   100.1.24.4   100.1.24.2     BGP     94 UPDATE Message
Frame 8230: 94 bytes on wire (752 bits), 94 bytes captured (752 bits)
Ethernet II, Src: 36:5d:a1:39:04:05 (36:5d:a1:39:04:05), Dst: 36:5d:82:ee:02:05 (36:5d:82:ee:02:05)
Internet Protocol Version 4, Src: 100.1.24.4, Dst: 100.1.24.2
Transmission Control Protocol, Src Port: 23357, Dst Port: 179, Seq: 926, Ack: 890, Len: 28
Border Gateway Protocol - UPDATE Message
  Marker: ffffffffffffffffffffffffffffffff
  Length: 28
  Type: UPDATE Message (2)
  Withdrawn Routes Length: 5
  Withdrawn Routes
    100.1.1.4/32
      Withdrawn route prefix length: 32
      Withdrawn prefix: 100.1.1.4
  Total Path Attribute Length: 0
```

图 4-1-5　Update 报文删除路由信息

继续公布 R4 上 Server 1 的主机路由：

```
[R4-bgp-default-ipv4]network 100.1.1.4 32
```

在 R2 上查看 BGP 路由交互情况：

```
[R2]display bgp routing-table ipv4
Total number of routes: 1
BGP local router ID is 10.0.0.2
Status codes: * - valid, > - best, d - dampened, h - history
              s - suppressed, S - stale, i - internal, e - external
              a - additional-path
   Origin: i - IGP, e - EGP, ? - incomplete

 Network           NextHop         MED        LocPrf      PrefVal Path/Ogn
* >e 100.1.1.4/32   100.1.24.4      0                      0       65004i
```

步骤 6：R1、R2、R3 的 IBGP 配置

```
[R1]bgp 65123
[R1-bgp-default]peer10.0.0.2 as 65123
[R1-bgp-default]peer 10.0.0.2 connect-interface LoopBack 0
//声明建立 BGP 会话的出接口为 LoopBack0
[R1-bgp-default]peer 10.0.0.3 as 65123
[R1-bgp-default]peer 10.0.0.3 connect-interface LoopBack 0
[R1-bgp-default]address-family ipv4
[R1-bgp-default-ipv4]peer 10.0.0.2 enable
[R1-bgp-default-ipv4]peer 10.0.0.3 enable
[R1-bgp-default-ipv4]quit
[R1-bgp-default]quit


[R2]bgp 65123
[R2-bgp-default]peer 10.0.0.1 as-number 65123
[R2-bgp-default]peer 10.0.0.3 as-number 65123
[R2-bgp-default]peer 10.0.0.1 connect-interface LoopBack 0
[R2-bgp-default]peer 10.0.0.3 connect-interface LoopBack 0
[R2-bgp-default]address-family ipv4
[R2-bgp-default-ipv4]peer 10.0.0.3 enable
[R2-bgp-default-ipv4]peer 10.0.0.1 enable
[R2-bgp-default-ipv4]quit
[R2-bgp-default]quit


[R3]bgp 65123
[R3-bgp-default]peer 10.0.0.2 as 65123
[R3-bgp-default]peer 10.0.0.2 connect-interface LoopBack 0
[R3-bgp-default]peer 10.0.0.1 as 65123
[R3-bgp-default]peer 10.0.0.1 connect-interface LoopBack 0
[R3-bgp-default]address-family ipv4
[R3-bgp-default-ipv4]peer 10.0.0.2 enable
[R3-bgp-default-ipv4]peer 10.0.0.1 enable
[R3-bgp-default-ipv4]quit
[R3-bgp-default]quit
```

核查 R1、R2、R3 的邻居关系建立情况：

```
[R1]display bgp peer ipv4
 BGP local router ID: 10.0.0.1
Local AS number: 65123
Total number of peers: 2            Peers in established state: 2
* - Dynamically created peer
Peer              AS    MsgRcvd   MsgSent OutQ PrefRcv   Up/Down     State
10.0.0.2          65123      56        52     0          1 00:42:58  Established
10.0.0.3          65123       8         8     0          0 00:04:37  Established
```

```
[R2]display bgp peer ipv4
BGP local router ID: 10.0.0.2
Local AS number: 65123
Total number of peers: 3                    Peers in established state: 3
* - Dynamically created peer
Peer              AS    MsgRcvd  MsgSent OutQ PrefRcv   Up/Down      State
10.0.0.1          65123   54       57      0           0 00:44:00   Established
10.0.0.3          65123   49       54      0           0 00:42:55   Established
100.1.24.4        65004  180      175      0           1 02:39:08   Established

[R3]display bgp peer ipv4
BGP local router ID: 10.0.0.3
Local AS number: 65123
Total number of peers: 2                    Peers in established state: 2
* - Dynamically created peer
Peer              AS    MsgRcvd  MsgSent OutQ PrefRcv   Up/Down      State
10.0.0.1          65123   10       10      0           0 00:06:30   Established
10.0.0.2          65123   55       50      0           1 00:43:44   Established
```

步骤 7：核查 R3 收到的 R4 的 BGP 路由信息

```
[R3]display bgp routing-table ipv4
Total number of routes: 1
BGP local router ID is 10.0.0.3
Status codes: * - valid, > - best, d - dampened, h - history
              s - suppressed, S - stale, i - internal, e - external
              a - additional-path
       Origin: i - IGP, e - EGP, ? - incomplete
Network          NextHop        MED      LocPrf    PrefVal   Path/Ogn
i 100.1.1.4/32   100.1.24.4     0        100       0         65004i
```

R4 公布的路由不可达。原因是：从 EBGP 对等体收到的路由传递给 IBGP 邻居时，路由的下一跳地址不会变化。R3 的路由表中没有 NextHop：100.1.24.4 的路由信息。

```
[R2-bgp-default-ipv4]peer 10.0.0.1 next-hop-local
//配置向对等体/对等体组发布路由时，将下一跳属性修改为 IGP 协议的地址
[R2-bgp-default-ipv4]peer 10.0.0.3 next-hop-local

[R3-bgp-default-ipv4]peer 10.0.0.1 next-hop-local
[R3-bgp-default-ipv4]peer 10.0.0.2 next-hop-local
[R3]display bgp routing-table ipv4
Total number of routes: 1
BGP local router ID is 10.0.0.3
Status codes: * - valid, > - best, d - dampened, h - history
              s - suppressed, S - stale, i - internal, e - external
              a - additional-path
```

Origin: i - IGP, e - EGP, ? - incomplete					
Network	NextHop	MED	LocPrf	PrefVal	Path/Ogn
* >i 100.1.1.4/32	10.0.0.2	0	100	0	65004i

步骤 8：R3、R5 建立 EBGP 邻居关系，R5 发布 Server2 的主机路由

```
[R3]bgp 65123
[R3-bgp-default]peer 100.1.35.5 as 65005
[R3-bgp-default]address-family ipv4
[R3-bgp-default-ipv4]peer 100.1.35.5 enable


[R5]bgp 65005
[R5-bgp-default]peer 100.1.35.3 as 65123
[R5-bgp-default]address-family ipv4
[R5-bgp-default-ipv4]peer 100.1.35.3 enable
[R5-bgp-default-ipv4]net
[R5-bgp-default-ipv4]network 200.1.1.5 32
```

步骤 9：验证

```
[R5]ping -c 1 -a 200.1.1.5 100.1.1.4
Ping 100.1.1.4 (100.1.1.4) from 200.1.1.5: 56 data bytes, press CTRL_C to break
56 bytes from 100.1.1.4: icmp_seq=0 ttl=252 time=3.000 ms
```

4.1.5　思考

```
[R3]display bgp routing-table ipv4
     Total number of routes: 1
     BGP local router ID is 10.0.0.3
     Status codes: * - valid, > - best, d - dampened, h - history
                   s - suppressed, S - stale, i - internal, e - external
                   a - additional-path
     Origin: i - IGP, e - EGP, ? - incomplete
```

Network	NextHop	MED	LocPrf	PrefVal	Path/Ogn
* >i 100.1.1.4/32	10.0.0.2	0	100	0	65004i

*代表有效路由，是如何触发产生的？

4.2　路由聚合

4.2.1　原理概述

在中型或大型 BGP 网络中，在向对等体发布路由信息时，需要配置路由聚合，减小对等体路由表中的路由数量。BGP 支持自动聚合和手动聚合两种聚合方式，同时配置时，手动聚合的优先级高于自动聚合的优先级。

① 自动聚合：配置自动聚合功能后，BGP 将对引入的 IGP 子网路由进行聚合，不再发布子网路由，而是发布聚合后的自然网段的路由。注意：network 命令发布的路由不能进行自动聚合。

② 手动聚合：用户可以同时对 IGP 引入的子网路由和用 network 命令发布的路由进行聚合，而且还可以根据需要定义聚合路由的子网掩码长度。

4.2.2　实验目的

① 理解 BGP 路由聚合的意义。
② 掌握自动聚合的配置。
③ 掌握静态路由方式的手动路由聚合配置。
④ 掌握 aggregate 命令手动路由聚合配置。

4.2.3　实验内容

本实验拓扑结构如图 4-2-1 所示，实验编址如表 4-2-1 所示。本实验中，AS 65123 内运行 OSPF 协议，AS 之间运行 BGP 协议。本实验中 R2 与 R4 使用物理接口建立 EBGP 邻居关系，R3 与 R5 使用物理接口建立 EBGP 邻居关系，AS 65123 内 R1、R2、R3 使用环回口建立 IBGP 邻居关系，要求使用路由聚合减少路由数量。

R4 和 R5 上使用环回口模拟设备连接的网络，配置 BGP 协议，使得 3 个 AS 间设备能够访问 R4 和 R5 设备环回口的网络，要求使用路由聚合减少路由数量。

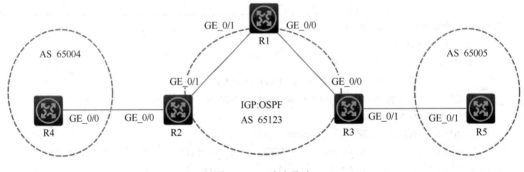

图 4-2-1　路由聚合

表 4-2-1　实验编址表

设备	OSPF Route ID	接口	IP 地址	子网掩码
R1	10.0.0.1	GE 0/0	10.1.13.1	255.255.255.0
		GE 0/1	10.1.12.1	255.255.255.0
		Loopback 0	10.0.0.1	255.255.255.255
R2	10.0.0.2	GE 0/0	100.1.24.2	255.255.255.0
		GE 0/1	10.1.12.2	255.255.255.0
		Loopback 0	10.0.0.2	255.255.255.255

续表

设备	OSPF Route ID	接口	IP 地址	子网掩码
R3	10.0.0.3	GE 0/0	10.1.13.3	255.255.255.0
		GE 0/1	100.1.35.3	255.255.255.0
		Loopback 0	10.0.0.3	255.255.255.255
R4		GE 0/0	100.1.24.4	255.255.255.0
		Loopback 0	100.1.1.4	255.255.255.0
		Loopback 1	100.1.2.4	255.255.255.0
		Loopback 2	100.1.3.4	255.255.255.0
		Loopback 3	100.1.4.4	255.255.255.0
		Loopback 4	100.1.5.4	255.255.255.0
		Loopback 5	100.1.6.4	255.255.255.0
		Loopback 6	100.1.7.4	255.255.255.0
R5		GE 0/1	100.1.35.5	255.255.255.0
		Loopback 0	200.1.1.5	255.255.255.0
		Loopback 1	200.1.2.5	255.255.255.0
		Loopback 2	200.1.3.5	255.255.255.0
		Loopback 3	200.1.4.5	255.255.255.0
		Loopback 4	200.1.5.5	255.255.255.0
		Loopback 5	200.1.6.5	255.255.255.0
		Loopback 6	200.1.7.5	255.255.255.0

4.2.4 实验步骤

基本配置：IP 地址、IGP:OSPF、BGP 邻居关系建立配置请见 4.1 节的实验配置。

步骤 1：开启自动聚合命令

在 R4 上使用 network 命令公布 Loopback 口的网段，并开启自动聚合命令，观察自动聚合是否对 network 公布的网段有效。

```
[R4]bgp 65004
[R4-bgp-default]address-family ipv4
[R4-bgp-default-ipv4]summary automatic
//开启自动聚合
[R4-bgp-default-ipv4]network 100.1.1.0 24
[R4-bgp-default-ipv4]network 100.1.2.0 24
[R4-bgp-default-ipv4]network 100.1.3.0 24
[R4-bgp-default-ipv4]network 100.1.4.0 24
[R4-bgp-default-ipv4]network 100.1.5.0 24
[R4-bgp-default-ipv4]network 100.1.6.0 24
[R4-bgp-default-ipv4]network 100.1.7.0 24
[R4-bgp-default-ipv4] quit
```

在 R5 上观察 R4 发布的路由聚合情况：

```
[R5]display bgp routing-table ipv4
Total number of routes: 7
BGP local router ID is 200.1.1.5
Status codes: * - valid, > - best, d - dampened, h - history
               s - suppressed, S - stale, i - internal, e - external
               a - additional-path
    Origin: i - IGP, e - EGP, ? - incomplete
    Network              NextHop          MED       LocPrf    PrefVal Path/Ogn
 * >e 100.1.1.0/24       100.1.35.3                 0         65123 65004i
 * >e 100.1.2.0/24       100.1.35.3                 0         65123 65004i
 * >e 100.1.3.0/24       100.1.35.3                 0         65123 65004i
 * >e 100.1.4.0/24       100.1.35.3                 0         65123 65004i
 * >e 100.1.5.0/24       100.1.35.3                 0         65123 65004i
 * >e 100.1.6.0/24       100.1.35.3                 0         65123 65004i
 * >e 100.1.7.0/24       100.1.35.3                 0         65123 65004i
```

可以看出，自动聚合不能对 network 命令公告的路由生效。

步骤 2：引入直连路由

删除 network 命令，在 R4 上引入直连路由，观察自动聚合的情况。

```
[R4]bgp 65004
[R4-bgp-default]address-family ipv4
[R4-bgp-default-ipv4]undo network 100.1.1.0 24
[R4-bgp-default-ipv4]undo network 100.1.2.0 24
[R4-bgp-default-ipv4]undo network 100.1.3.0 24
[R4-bgp-default-ipv4]undo network 100.1.4.0 24
[R4-bgp-default-ipv4]undo network 100.1.5.0 24
[R4-bgp-default-ipv4]undo network 100.1.6.0 24
[R4-bgp-default-ipv4]undo network 100.1.7.0 24
[R4-bgp-default-ipv4]import-route direct
[R4-bgp-default-ipv4]summary automatic
```

在 R5 上观察 R4 发布的路由聚合情况：

```
[R5]display bgp routing-table ipv4
 Total number of routes: 1
 BGP local router ID is 200.1.1.5
 Status codes: * - valid, > - best, d - dampened, h - history
                s - suppressed, S - stale, i - internal, e - external
                a - additional-path
     Origin: i - IGP, e - EGP, ? - incomplete
 Network              NextHop          MED       LocPrf    PrefVal Path/Ogn
 * >e 100.0.0.0       100.1.35.3                 0         65123 65004i
```

可以看到，R4 上自动聚合生效，聚合后的路由是自然网段，且 R5 学习到的聚合后的路由不带子网掩码。

步骤 3：在 R5 上使用静态路由进行手动聚合

```
[R5]ip route-static 200.1.0.0 21 null 0
[R5]bgp 65005
[R5-bgp-default]address-family ipv4
[R5-bgp-default-ipv4]network 200.1.0.0 21
```

在 R4 上观察 R5 上的手动聚合路由：

```
[R4]display bgp routing-table ipv4
Total number of routes: 2
BGP local router ID is 100.1.1.4
Status codes: * - valid, > - best, d - dampened, h - history
              s - suppressed, S - stale, i - internal, e - external
              a - additional-path
   Origin: i - IGP, e - EGP, ? - incomplete
 Network            NextHop          MED        LocPrf      PrefVal Path/Ogn
 * >   100.0.0.0    127.0.0.1        0                      32768    ?
 * >e 200.1.0.0/21  100.1.24.2                   0          65123   65005i
```

步骤 4：在 R4 上使用 ping 命令测试路由通信：

```
[R4]ping -c 2 -a 100.1.1.4 200.1.5.5
Ping 200.1.5.5 (200.1.5.5) from 100.1.1.4: 56 data bytes, press CTRL_C to break
56 bytes from 200.1.5.5: icmp_seq=0 ttl=252 time=4.000 ms
56 bytes from 200.1.5.5: icmp_seq=1 ttl=252 time=2.000 ms
```

步骤 5：使用 aggregate 命令对 R5 公布的路由进行手动聚合
在 R5 上删除静态路由手动聚合配置：

```
[R5]undo ip route-static 200.1.0.0 21 NULL0
[R5]bgp 65005
[R5-bgp-default]address-family ipv4
[R5-bgp-default-ipv4]undo network 200.1.0.0 21
```

使用 network 命令公布需要公布的环回口路由：

```
[R5-bgp-default-ipv4]network 200.1.1.0 24
[R5-bgp-default-ipv4]network 200.1.2.0 24
[R5-bgp-default-ipv4]network 200.1.3.0 24
[R5-bgp-default-ipv4]network 200.1.4.0 24
[R5-bgp-default-ipv4]network 200.1.5.0 24
[R5-bgp-default-ipv4]network 200.1.6.0 24
[R5-bgp-default-ipv4]network 200.1.7.0 24
```

使用 aggregate 命令对路由进行手动聚合：

```
[R5-bgp-default-ipv4]aggregate 200.1.0.0 21
```

在 R4 上检查 R5 公布的路由：

```
<R4>display bgp routing-table ipv4
Total number of routes: 9
BGP local router ID is 100.1.1.4
Status codes: * - valid, > - best, d - dampened, h - history
              s - suppressed, S - stale, i - internal, e - external
              a - additional-path
    Origin: i - IGP, e - EGP, ? - incomplete
   Network              NextHop          MED      LocPrf      PrefVal Path/Ogn
 * >   100.0.0.0         127.0.0.1        0                   32768    ?
 * >e 200.1.0.0/21       100.1.24.2                0          65123 65005i
 * >e 200.1.1.0          100.1.24.2                0          65123 65005i
 * >e 200.1.2.0          100.1.24.2                0          65123 65005i
 * >e 200.1.3.0          100.1.24.2                0          65123 65005i
 * >e 200.1.4.0          100.1.24.2                0          65123 65005i
 * >e 200.1.5.0          100.1.24.2                0          65123 65005i
 * >e 200.1.6.0          100.1.24.2                0          65123 65005i
 * >e 200.1.7.0          100.1.24.2                0          65123 65005i
```

发现子网路由信息还继续存在：可对 aggregate 命令增加参数，对子网路由信息进行抑制。

```
[R5-bgp-default-ipv4]aggregate 200.1.0.0 21 detail-suppressed
<R4>display bgp routing-table ipv4
Total number of routes: 2
BGP local router ID is 100.1.1.4
Status codes: * - valid, > - best, d - dampened, h - history
              s - suppressed, S - stale, i - internal, e - external
              a - additional-path
    Origin: i - IGP, e - EGP, ? - incomplete
   Network              NextHop          MED      LocPrf      PrefVal Path/Ogn
 * >   100.0.0.0         127.0.0.1        0                   32768    ?
 * >e 200.1.0.0/21       100.1.24.2                0          65123 65005i
```

4.2.5 思考

在不连续的子网划分的网络中，如果使用自动聚合，会出现什么情况？

4.3 路径选择

4.3.1 原理概述

BGP 路由属性是跟随路由一起发送出去的一组参数，封装在 Update 报文的 Path attributes 字段中。它对特定的路由进行了进一步的描述，使得路由接收者能够根据路由属性值对路由进行过滤和选择。

BGP 选择路由策略如下：

① 首先丢弃下一跳（NEXT_HOP）不可达的路由；

② 标签路由（有 LSP 隧道）优于非标签路由；

③ 优选 Preferred-value 值最大的路由；

④ 优选本地优先级（LOCAL_PREF）最高的路由；

⑤ 优选聚合路由；

⑥ 优选 AS 路径（AS_PATH）最短的路由；

⑦ 依次选择 ORIGIN 类型为 IGP、EGP、Incomplete 的路由；

⑧ 优选 MED 值最低的路由；

⑨ 依次选择从 EBGP、联盟、IBGP 学来的路由；

⑩ 优选下一跳 Cost 值最低的路由；

⑪ 优选 Cluster_LIST 长度最短的路由；

⑫ 优选 Originator_ID 最小的路由；

⑬ 优选 Router ID 最小的路由器发布的路由。

⑭ 优选地址最小的对等体发布的路由。

BGP 路由防环机制如下：

① 从 IBGP 收到的路由信息不会再传递给 IBGP 邻居；

② 从 EBGP 收到的路由信息，要对 AS_PATH 进行检查，若 PATH 中出现设备所属的 AS 号，则认定为环路，丢弃。

4.3.2　实验目的

① 理解 BGP 路由属性的意义。

② 理解 BGP 路由选路规则。

③ 掌握常见路由属性控制路由的方法。

4.3.3　实验内容

本实验拓扑结构如图 4-3-1 所示，实验编址如表 4-3-1 所示。

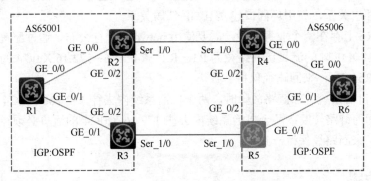

图 4-3-1　路径选择实验拓扑结构

表 4-3-1　实验编址表

		GE 0/0	10.1.12.1	255.255.255.0
R1	10.0.0.1	GE 0/1	10.1.13.1	255.255.255.0
		Loopback 0	10.0.0.1	255.255.255.255
		Loopback 1	192.168.10.254	255.255.255.0
		Loopback 2	172.16.10.254	255.255.255.0
R2	10.0.0.2	GE 0/0	10.1.12.2	255.255.255.0
		GE 0/2	10.1.23.2	255.255.255.0
		Ser 1/0	100.1.24.1	255.255.255.252
		Loopback 0	10.0.0.2	255.255.255.255
R3	10.0.0.3	GE 0/1	10.1.13.3	255.255.255.0
		GE 0/2	10.1.23.3	255.255.255.0
		Ser 1/0	100.1.35.1	255.255.255.252
		Loopback 0	10.0.0.3	255.255.255.255
R4	10.0.4.4	GE 0/0	10.1.46.4	255.255.255.0
		GE 0/2	10.1.45.4	255.255.255.0
		Ser 1/0	100.1.24.2	255.255.255.252
		Loopback 0	10.0.4.4	255.255.255.255
R5	10.0.5.5	GE 0/1	10.1.56.5	255.255.255.0
		GE 0/2	10.1.45.5	255.255.255.0
		Ser 1/0	100.1.35.2	255.255.255.252
		Loopback 0	10.0.5.5	255.255.255.255
R6	10.0.6.6	GE 0/0	10.1.46.6	255.255.255.0
		GE 0/1	10.1.56.6	255.255.255.0
		Loopback 0	10.0.6.6	255.255.255.255
		Loopback 1	192.168.20.254	255.255.255.0
		Loopback 2	172.16.20.254	255.255.255.0

项目需求：

① AS 65001 和 AS 65006 内运行 OSPF 协议，AS 之间运行 BGP 协议。要求使用物理接口建立 EBGP 邻居关系，使用环回口建立 IBGP 邻居关系。

② R1 和 R6 上存在两个业务网段，需要使用 network 进行公布，通过配置，当网络正常时，要求 192.168.X.0/24 的流量访问路径为 R1—R2—R4—R6；172.16.X.0/24 的流量访问路径为，R1—R3—R5—R6，来回路径保持一致。

③ 当两个自治系统内部链路故障时，两个自治系统内去往 192.168.X.0/24 的流量必须经过 R2—R4 之间的链路转发；两个自治系统内去往 172.16.X.0/24 的流量必须经过 R3—R5 之间的链路转发，来回路径保持一致。

4.3.4　实验步骤

步骤 1：按实验项目需求①构建基础网络

基本配置：IP 地址、IGP:OSPF 配置（略）。

IBGP 配置如下：

```
[R1]bgp 65001
[R1-bgp-default]peer 10.0.0.2 as 65001
[R1-bgp-default]peer 10.0.0.2 connect-interface LoopBack 0
[R1-bgp-default]peer 10.0.0.3 as 65001
[R1-bgp-default]peer 10.0.0.3 connect-interface LoopBack 0
[R1-bgp-default]address-family ipv4
[R1-bgp-default-ipv4]peer 10.0.0.2 enable
[R1-bgp-default-ipv4]peer 10.0.0.3 enable
[R1-bgp-default-ipv4]network 172.16.10.0 24
[R1-bgp-default-ipv4]network 192.168.10.0 24
[R1-bgp-default-ipv4]quit
[R1-bgp-default]quit


[R2]bgp 65001
[R2-bgp-default]peer 10.0.0.1 as 65001
[R2-bgp-default]peer 10.0.0.1 connect-interface LoopBack 0
[R2-bgp-default]peer 10.0.0.3 as 65001
[R2-bgp-default]peer 10.0.0.3 connect-interface LoopBack 0
[R2-bgp-default]address-family ipv4
[R2-bgp-default-ipv4]peer 10.0.0.1 enable
[R2-bgp-default-ipv4]peer 10.0.0.1 next-hop-local
[R2-bgp-default-ipv4]peer 10.0.0.3 enable
[R2-bgp-default-ipv4]peer 10.0.0.3 next-hop-local
[R2-bgp-default-ipv4]quit
[R2-bgp-default]quit


[R3]bgp 65001
[R3-bgp-default]peer 10.0.0.2 as 65001
[R3-bgp-default]peer 10.0.0.2 connect-interface LoopBack 0
[R3-bgp-default]peer 10.0.0.1 as 65001
[R3-bgp-default]peer 10.0.0.1 connect-interface LoopBack 0
[R3-bgp-default]address-family ipv4
[R3-bgp-default-ipv4]peer 10.0.0.1 enable
[R3-bgp-default-ipv4]peer 10.0.0.1 next-hop-local
[R3-bgp-default-ipv4]peer 10.0.0.2 enable
[R3-bgp-default-ipv4]peer 10.0.0.2   next-hop-local
[R3-bgp-default-ipv4]quit
[R3-bgp-default]quit


[R4]bgp 65006
[R4-bgp-default]peer 10.0.5.5 as 65006
[R4-bgp-default]peer 10.0.6.6 as 65006
[R4-bgp-default]peer 10.0.5.5 connect-interface LoopBack 0
[R4-bgp-default]peer 10.0.6.6 connect-interface LoopBack 0
```

```
[R4-bgp-default]address-family ipv4
[R4-bgp-default-ipv4]peer 10.0.5.5 enable
[R4-bgp-default-ipv4]peer 10.0.5.5    next-hop-local
[R4-bgp-default-ipv4]peer 10.0.6.6 enable
[R4-bgp-default-ipv4]peer 10.0.6.6 next-hop-local
[R4-bgp-default-ipv4]quit
[R4-bgp-default]quit

[R5]bgp 65006
[R5-bgp-default]peer 10.0.4.4 as 65006
[R5-bgp-default]peer 10.0.6.6 as 65006
[R5-bgp-default]peer 10.0.4.4 connect-interface LoopBack 0
[R5-bgp-default]peer 10.0.6.6 connect-interface LoopBack 0
[R5-bgp-default]address-family ipv4
[R5-bgp-default-ipv4]peer 10.0.4.4 enable
[R5-bgp-default-ipv4]peer 10.0.4.4 next-hop-local
[R5-bgp-default-ipv4]peer 10.0.6.6 enable
[R5-bgp-default-ipv4]peer 10.0.6.6 next-hop-local
[R5-bgp-default-ipv4]quit
[R5-bgp-default]quit

[R6]bgp 65006
[R6-bgp-default]peer 10.0.4.4 as 65006
[R6-bgp-default]peer 10.0.5.5 as 65006
[R6-bgp-default]peer 10.0.4.4 connect-interface LoopBack 0
[R6-bgp-default]peer 10.0.5.5 connect-interface LoopBack 0
[R6-bgp-default]address-family ipv4
[R6-bgp-default-ipv4]peer 10.0.4.4 enable
[R6-bgp-default-ipv4]peer 10.0.5.5 enable
[R6-bgp-default-ipv4]network 172.16.20.0 24
[R6-bgp-default-ipv4]network 192.168.20.0 24
[R6-bgp-default-ipv4]quit
[R6-bgp-default]quit
```

EBGP 配置如下：

```
[R2]bgp 65001
[R2-bgp-default]peer 100.1.24.2 as 65006
[R2-bgp-default]address-family ipv4
[R2-bgp-default-ipv4]peer 100.1.24.2 enable
[R2-bgp-default-ipv4]quit
[R2-bgp-default]quit

[R4]bgp 65006
[R4-bgp-default]peer 100.1.24.1 as 65001
[R4-bgp-default]address-family ipv4
[R4-bgp-default-ipv4]peer 100.1.24.1 enable
```

```
[R4-bgp-default-ipv4]quit
[R4-bgp-default]quit

[R3]bgp 65001
[R3-bgp-default]peer 100.1.35.2 as 65006
[R3-bgp-default]address-family ipv4
[R3-bgp-default-ipv4]peer 100.1.35.2 enable
[R3-bgp-default-ipv4]quit
[R3-bgp-default]quit

[R5]bgp 65006
[R5-bgp-default]peer 100.1.35.1 as 65001
[R5-bgp-default]address-family ipv4
[R5-bgp-default-ipv4]peer 100.1.35.1 enable
[R5-bgp-default-ipv4]quit
[R5-bgp-default]quit
```

完成上述配置后，在 R1—R6 上使用 display bgp peer ipv4 命令检查 BGP 邻居建立情况，确保邻居正确建立。

```
[R1]display bgp routing-table ipv4
Total number of routes: 6
BGP local router ID is 192.168.10.254
Status codes: * - valid, > - best, d - dampened, h - history
              s - suppressed, S - stale, i - internal, e - external
              a - additional-path
    Origin: i - IGP, e - EGP, ? - incomplete
```

Network	NextHop	MED	LocPrf	PrefVal	Path/Ogn
* > 172.16.10.0/24	172.16.10.254	0		32768	i
* >i 172.16.20.0/24	10.0.0.2		100	0	65006i
* i	10.0.0.3		100	0	65006i
* > 192.168.10.0	192.168.10.254	0		32768	i
* >i 192.168.20.0	10.0.0.2		100	0	65006i
* i	10.0.0.3		100	0	65006i

```
[R6]display bgp routing-table ipv4
Total number of routes: 6
BGP local router ID is 192.168.20.254
Status codes: * - valid, > - best, d - dampened, h - history
              s - suppressed, S - stale, i - internal, e - external
              a - additional-path
    Origin: i - IGP, e - EGP, ? - incomplete
```

Network	NextHop	MED	LocPrf	PrefVal	Path/Ogn
* >i 172.16.10.0/24	10.0.4.4		100	0	65001i
* i	10.0.5.5		100	0	65001i
* > 172.16.20.0/24	172.16.20.254	0		32768	i
* >i 192.168.10.0	10.0.4.4		100	0	65001i
* i	10.0.5.5		100	0	65001i

| * > | 192.168.20.0 | 192.168.20.254 | 0 | | 32768 | i |

步骤 2：配置 BGP 路由属性，满足项目需求②

首先对业务网段路由路径进行分析。对于 R1 来说，来自 R6 的路由明细，可以从 R2、R3 学习到，那么按照 BGP 选择路由策略第 13 条，R1 会优选 Router ID 小的路由器发布的路由，则 R1 去往 R6 公布的两个业务网段的路径均为 R1—R2—R4—R6；同理 R6 去往 R1 公布的两个业务网段的路径均为 R6—R4—R2—R1，不满足实验对业务网段路由规划的需求。因此需要针对 BGP 选择路由策略中前 12 条规则描述的属性进行调整配置，满足项目需求。

在 R6 上配置 Preferred-value 属性，使得去往 R1 公布的 172.16.10.0/24 网段流量选择 R5 作为转发设备。

```
[R6]ip prefix-list preferred-value index 10 permit 172.16.10.254 24
[R6]route-policy preferred-value permit node 10
[R6-route-policy-preferred-value-10]if-match ip address prefix-list          preferred-value
[R6-route-policy-preferred-value-10]apply preferred-value 100
[R6-route-policy-preferred-value-10]quit
[R6]route-policy preferred-value permit node 20
//针对本条路由策略增加节点 20，允许其他路由不做修改而被接收
[R6-route-policy-preferred-value-20]quit
[R6]bgp 65006
[R6-bgp-default]address-family ipv4
[R6-bgp-default-ipv4]peer 10.0.5.5 route-policy preferred-value import
[R6-bgp-default-ipv4]quit
[R6-bgp-default]quit
```

在 R6 上验证配置结果：

```
[R6]display bgp routing-table ipv4
Total number of routes: 6
BGP local router ID is 192.168.20.254
Status codes: * - valid, > - best, d - dampened, h - history
              s - suppressed, S - stale, i - internal, e - external
              a - additional-path
    Origin: i - IGP, e - EGP, ? - incomplete
```

Network	NextHop	MED	LocPrf	PrefVal	Path/Ogn
* >i 172.16.10.0/24	10.0.5.5		100	100	65001i
* i	10.0.4.4		100	0	65001i
* > 172.16.20.0/24	172.16.20.254	0		32768	i
* >i 192.168.10.0	10.0.4.4		100	0	65001i
* i	10.0.5.5		100	0	65001i
* > 192.168.20.0	192.168.20.254	0		32768	i

R2 和 R3 上配置 LOCAL-PREF 属性，使得 R1 去往 R6 公布的 172.16.20.0/24 网段流量选择 R3 作为转发设备。

```
[R3]ip prefix-list local-p permit 172.16.20.0 24
[R3]route-policy local-p permit node 10
```

```
[R3-route-policy-local-p-10]if-match ip address prefix-list local-p
[R3-route-policy-local-p-10]apply local-preference 200
[R3-route-policy-local-p-10]quit
[R3]route-policy local-p permit node 20
//针对本条路由策略增加节点 20，允许其他路由不做修改而被接收
[R3-route-policy-local-p-20]quit
[R3]bgp 65001
[R3-bgp-default]address-family ipv4
[R3-bgp-default-ipv4]peer 10.0.0.1 route-policy local-p export
[R3-bgp-default-ipv4]quit
[R3-bgp-default]quit
```

在 R1 上验证配置结果：

```
[R1]display bgp routing-table ipv4
Total number of routes: 6
BGP local router ID is 192.168.10.254
Status codes: * - valid, > - best, d - dampened, h - history
              s - suppressed, S - stale, i - internal, e - external
              a - additional-path
    Origin: i - IGP, e - EGP, ? - incomplete
  Network           NextHop         MED       LocPrf    PrefVal Path/Ogn
 * >   172.16.10.0/24   172.16.10.254   0                       32768    i
 * >i 172.16.20.0/24   10.0.0.3                  200       0       65006i
 *  i                   10.0.0.2                  100       0       65006i
 * >   192.168.10.0    192.168.10.254  0                       32768    i
 * >i 192.168.20.0    10.0.0.2                  100       0       65006i
 *  i                   10.0.0.3                  100       0       65006i
```

步骤 3：验证

在 R1～R6 的设备上开启 tracer 功能：

```
ip ttl-expires enable
ip unreachables enable
```

在 R1 和 R6 上验证是否满足项目需求②：

```
[R1]tracer -a 172.16.10.254 172.16.20.254
  traceroute to 172.16.20.254 (172.16.20.254) from 172.16.10.254, 30 hops at most,  40  bytes  each  packet,
press CTRL_C to break
  1   10.1.13.3 (10.1.13.3)   1.000 ms   1.000 ms   1.000 ms
  2   100.1.35.2 (100.1.35.2)   2.000 ms   2.000 ms   1.000 ms
  3   10.1.56.6 (10.1.56.6)   2.000 ms   1.000 ms   3.000 ms

  [R6]tracer -a 172.16.20.254 172.16.10.254
  traceroute to 172.16.10.254 (172.16.10.254) from 172.16.20.254, 30 hops at most,  40  bytes  each  packet,
press CTRL_C to break
  1   10.1.56.5 (10.1.56.5)   1.000 ms   0.000 ms   0.000 ms
  2   100.1.35.1 (100.1.35.1)   1.000 ms   3.000 ms   1.000 ms
  3   10.1.13.1 (10.1.13.1)   2.000 ms   2.000 ms   1.000 ms
```

关闭 R1 的 GE 0/0 口，查看上面的配置是否满足项目需求③：

```
[R1]interface GigabitEthernet 0/0
[R1-GigabitEthernet0/0]shutdown
[R1]tracer -a 192.168.10.254 192.168.20.254
traceroute to 192.168.20.254 (192.168.20.254) from 192.168.10.254, 30 hops at    most,   40   bytes   each
packet, press CTRL_C to break
 1    10.1.13.3 (10.1.13.3)   1.000 ms   1.000 ms   1.000 ms
 2    100.1.35.2 (100.1.35.2)   1.000 ms   2.000 ms   1.000 ms
 3    10.1.56.6 (10.1.56.6)   3.000 ms   2.000 ms   1.000 ms
```

不满足项目需求③，原因在于 R3 去往 172.16.20.0/24 的流量优选了 EBGP 邻居学到的路由，所以选择 R3—R5 的路径转发。

删除步骤 2 中第 2 和第 3 点中的配置。

```
[R3]undoip prefix-list local-p
[R3]undo route-policy local-p
[R3]bgp 65001
[R3-bgp-default]address-family ipv4
[R3-bgp-default-ipv4]undo peer 10.0.0.1 route-policy export

[R6]undoip prefix-list preferred-value
[R6]undo route-policy preferred-value
[R6]bgp 65006
[R6-bgp-default]address-family ipv4
[R6-bgp-default-ipv4]undo peer 10.0.5.5 route-policy import
```

步骤 3：配置 BGP 路由 MED 属性，满足项目需求②和③

配置思路：

① 在 R2 上增大传递给 R4 的 172.16.10.0/24 网段的 MED 数值，使得 R6 前往该段出口设备为 R5；

② 在 R3 上增大传递给 R5 的 192.168.10.0/24 网段的 MED 数值，使得 R6 前往该网段出口设备为 R4；

③ 在 R4 上增大传递给 R2 的 172.16.20.0/24 网段的 MED 数值，使得 R1 前往该网段出口设备为 R3；

④ 在 R5 上增大传递给 R3 的 192.168.20.0/24 网段的 MED 数值，使得 R1 前往该网段出口设备为 R2。

```
[R2]acl basic 2002
[R2-acl-ipv4-basic-2002]rule permit source 172.16.10.0 0.0.0.255
[R2-acl-ipv4-basic-2002]quit
[R2]route-policy med permit node 10
[R2-route-policy-med-10]if-match ip address acl   2002
[R2-route-policy-med-10]apply cost 1000
[R2-route-policy-med-10]quit
[R2]route-policy med permit node 20
```

```
[R2-route-policy-med-20]quit
[R2]bgp 65001
[R2-bgp-default]address-family ipv4
[R2-bgp-default-ipv4]peer 100.1.24.2 route-policy med export
[R2-bgp-default-ipv4]quit
[R2-bgp-default]quit

[R3]acl basic 2002
[R3-acl-ipv4-basic-2002]rule permit source 192.168.10.0 0.0.0.255
[R3-acl-ipv4-basic-2002]quit
[R3]route-policy med permit no 10
[R3-route-policy-med-10]if-match ip address acl 2002
[R3-route-policy-med-10]apply cost 1000
[R3-route-policy-med-10]quit
[R3]route-policy med permit node 20
[R3-route-policy-med-20]quit
[R3]bgp 65001
[R3-bgp-default]address-family ipv4
[R3-bgp-default-ipv4]peer 100.1.35.2 route-policy med export
[R3-bgp-default-ipv4]quit
[R3-bgp-default]quit

[R4]acl basic 2002
[R4-acl-ipv4-basic-2002]rule permit source 172.16.20.0 0.0.0.255
[R4-acl-ipv4-basic-2002]quit
[R4]route-policy med permit node 10
[R4-route-policy-med-10]if-match ip address acl    2002
[R4-route-policy-med-10]apply cost 1000
[R4-route-policy-med-10]quit
[R4]route-policy med permit node 20
[R4-route-policy-med-20]quit
[R4]bgp 65006
[R4-bgp-default]address-family ipv4
[R4-bgp-default-ipv4]peer 100.1.24.1 route-policy med export
[R4-bgp-default-ipv4]quit
[R4-bgp-default]quit

[R5]acl basic 2002
[R5-acl-ipv4-basic-2002]rule permit source 192.168.20.0 0.0.0.255
[R5-acl-ipv4-basic-2002]quit
[R5]route-policy med permit no 10
[R5-route-policy-med-10]if-match ip address acl 2002
[R5-route-policy-med-10]apply cost 1000
[R5-route-policy-med-10]quit
[R5]route-policy med permit node 20
[R5-route-policy-med-20]quit
```

```
[R5]bgp 65006
[R5-bgp-default]address-family ipv4
[R5-bgp-default-ipv4]peer 100.1.35.1 route-policy med export
[R5-bgp-default-ipv4] quit
```

验证：在 R1 上关闭 GE 0/0 口，在 R6 上关闭 GE 0/0 口，使用 tracer 命令验证上述配置是否满足项目需求③。

```
[R1]interface GigabitEthernet 0/0
[R1-GigabitEthernet0/0]shutdown
<R1>tracert -a 192.168.10.254 192.168.20.254
traceroute to 192.168.20.254 (192.168.20.254) from 192.168.10.254, 30 hops at most, 40 bytes each packet,
press CTRL_C to break
 1  10.1.13.3 (10.1.13.3)   2.000 ms   1.000 ms   1.000 ms
 2  10.1.23.2 (10.1.23.2)   2.000 ms   1.000 ms   2.000 ms
 3  100.1.24.2 (100.1.24.2)  2.000 ms   3.000 ms   2.000 ms
 4  10.1.45.5 (10.1.45.5)   3.000 ms   3.000 ms   3.000 ms
 5  10.1.56.6 (10.1.56.6)   4.000 ms   4.000 ms   3.000 ms

[R6]interface GigabitEthernet 0/0
[R6-GigabitEthernet0/0]shutdown
<R6>tracert -a 192.168.20.254 192.168.10.254
traceroute to 192.168.10.254 (192.168.10.254) from 192.168.20.254, 30 hops at most, 40 bytes each packet,
press CTRL_C to break
 1  10.1.56.5 (10.1.56.5)   2.000 ms   1.000 ms   1.000 ms
 2  10.1.45.4 (10.1.45.4)   1.000 ms   2.000 ms   1.000 ms
 3  100.1.24.1 (100.1.24.1)  2.000 ms   3.000 ms   2.000 ms
 4  10.1.23.3 (10.1.23.3)   3.000 ms   2.000 ms   3.000 ms
 5  10.1.13.1 (10.1.13.1)   3.000 ms   5.000 ms   2.000 ms
```

采用同样的方法，开启 R1 的 GE 0/0，R6 的 GE 0/0；并关闭 R1 的 GE 0/1，R6 的 GE 0/1，使用 tracer 命令跟踪 172.16.X.0/24 的路由传到情况，也满足项目需求③，具体验证请读者自行完成。

步骤 4：配置 BGP 路由 AS_PATH 属性，满足项目需求②和③

删除 MED 属性的控制，使用 AS_PATH 属性满足项目需求②和③：

```
[R2]undo route-policy med
[R2]bgp 65001
[R2-bgp-default]address-family ipv4
[R2-bgp-default-ipv4]undo peer 100.1.24.2 route-policy export

[R3]undo route-policy med
[R3]bgp 65001
[R3-bgp-default]address-family ipv4
[R3-bgp-default-ipv4]undo peer 100.1.35.2 route-policy export

[R4]undo route-policy med
```

```
[R4]bgp 65006
[R4-bgp-default]address-family ipv4
[R4-bgp-default-ipv4]undo    peer 100.1.24.1 route-policy export

[R5]undo route-policy med
[R5]bgp 65006
[R5-bgp-default]address-family ipv4
[R5-bgp-default-ipv4]undo    peer 100.1.35.1 route-policy export
```

配置思路：

① 在 R2 上加长传递给 R4 的 172.16.10.0/24 网段的 AS_PATH 长度，使得 R6 前往该网段出口设备为 R5；

② 在 R3 上加长传递给 R5 的 192.168.10.0/24 网段的 AS_PATH 长度，使得 R6 前往该网段出口设备为 R4；

③ 在 R4 上加长传递给 R2 的 172.16.20.0/24 网段的 AS_PATH 长度，使得 R1 前往该网段出口设备为 R3；

④ 在 R5 上加长传递给 R3 的 192.168.20.0/24 网段的 AS_PATH 长度，使得 R1 前往该网段出口设备为 R2。

```
[R2]route-policy AP permit node 10
[R2-route-policy-AP-10]if-match ip address acl 2002
[R2-route-policy-AP-10]apply as-path 100
[R2-route-policy-AP-10]quit
[R2]route-policy AP permit node 20
[R2-route-policy-AP-20]quit
[R2]bgp 65001
[R2-bgp-default]address-family ipv4
[R2-bgp-default-ipv4]peer 100.1.24.2 route-policy AP export
[R2-bgp-default-ipv4]quit

[R3]route-policy AP permit node 10
[R3-route-policy-AP-10]if-match ip address acl 2002
[R3-route-policy-AP-10]apply as-path 100
[R3-route-policy-AP-10]quit
[R3]route-policy AP permit node 20
[R3-route-policy-AP-20]quit
[R3]bgp 65001
[R3-bgp-default]address-family ipv4
[R3-bgp-default-ipv4]peer 100.1.35.2 route-policy AP export
[R3-bgp-default-ipv4]quit

[R4]route-policy AP permit node 10
[R4-route-policy-AP-10]if-match ip address acl 2002
[R4-route-policy-AP-10]apply as-path 100
[R4-route-policy-AP-10]quit
```

```
[R4]route-policy AP permit node 20
[R4-route-policy-AP-20]quit
[R4]bgp 65006
[R4-bgp-default]address-family ipv4
[R4-bgp-default-ipv4]peer 100.1.24.1 route-policy AP export
[R4-bgp-default-ipv4]quit

[R5]route-policy AP permit node 10
[R5-route-policy-AP-10]if-match ip address acl 2002
[R5-route-policy-AP-10]apply as-path 100
[R5-route-policy-AP-10]quit
[R5]route-policy AP permit node 20
[R5-route-policy-AP-20]quit
[R5]bgp 65006
[R5-bgp-default]address-family ipv4
[R5-bgp-default-ipv4]peer 100.1.35.1 route-policy AP export
[R5-bgp-default-ipv4]quit
```

验证:

```
[R1]display bgp routing-table ipv4
Total number of routes: 4
BGP local router ID is 192.168.10.254
Status codes: * - valid, > - best, d - dampened, h - history
              s - suppressed, S - stale, i - internal, e - external
              a - additional-path
    Origin: i - IGP, e - EGP, ? - incomplete
  Network            NextHop         MED      LocPrf      PrefVal   Path/Ogn
* >    172.16.10.0/24    172.16.10.254    0                32768     i
* >i 172.16.20.0/24     10.0.0.3                 100        0        65006i
* >    192.168.10.0      192.168.10.254   0                32768     i
* >i 192.168.20.0       10.0.0.2                 100        0        65006i

[R6]display bgp routing-table ipv4
Total number of routes: 4
BGP local router ID is 192.168.20.254
Status codes: * - valid, > - best, d - dampened, h - history
              s - suppressed, S - stale, i - internal, e - external
              a - additional-path
    Origin: i - IGP, e - EGP, ? - incomplete
  Network            NextHop         MED      LocPrf     PrefVal Path/Ogn
* >i 172.16.10.0/24     10.0.5.5                 100        0        65001i
* >    172.16.20.0/24    172.16.20.254    0                32768      i
* >i 192.168.10.0       10.0.4.4                 100        0        65001i
* >    192.168.20.0      192.168.20.254   0                32768      i
```

关闭 R1 或是 R6 接口模拟链路故障后是否满足项目需求的验证（略），请读者按照 MED

的测试方法自行完成测试。

4.3.5　思考

LOCAL_PREF 属性和 MED 属性的使用场景有何区别？

4.4　反射器

4.4.1　原理概述

如图 4-4-1 所示，如果使用全互连 IBGP 来传递 BGP 路由信息和防止环路，则扩展性差，配置烦琐，TCP 会话多，占用设备资源多。

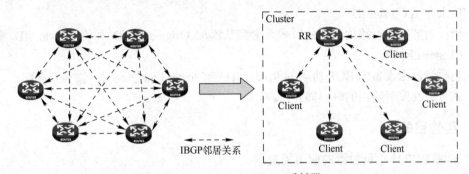

图 4-4-1　Route Reflector 反射器

反射器较好地解决了此问题。反射器本质上是为了打破 IBGP 水平分割，即从 IBGP 对等体获得路由信息，只发布给 EBGP 对等体，对于从 EBGP 对等体获得的路由信息依旧遵从 BGP 对等体交互路由原则。

① 反射器（见图 4-4-1 中的 RR）与客户端（Client）组成了一个簇（Cluster），自治系统域内其他路由器，与 Cluster 中路由器形成非客户端（non-client）关系。

② 存在簇的自治系统内对等体之间的关系：

- 客户端只需维护与反射器之间的 IBGP 会话；
- 反射器与反射器之间需要建立 IBGP 全互连会话，RR 之间彼此认为对端与本端设备为非客户端关系；
- 非客户端与非客户端之间需要建立 IBGP 全互连会话；
- 反射器与非客户端之间需要建立 IBGP 全互连会话。

③ 反射器传递路由规则。

- 反射器从客户端收到 IBGP 路由信息，会传递给其他客户端和非客户端；
- 反射器从非客户端收到的 IBGP 路由信息，只会传递给客户端；其他非客户端还是受到水平分割的影响，不会收到该路由信息。

如图 4-4-2 所示，Client A 使用 network 命令在 BGP 进程中发布了 10.1.1.1/24 的路由信息，传递给 RR1，RR1 按照反射器规则传递给 RR2，RR2 会将该信息再次传递给 Client A，至此环路形成。

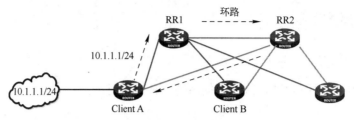

图 4-4-2　　RR 场景下环路的产生

④ 反射器防环机制。

Originator ID（起源者 ID）：记录本地自治系统内部路由发起者的 BGP 进程的 Router ID。反射器在反射路由时添加该属性，常规传递的路由不会添加，反射器从 EBGP 邻居收到的路由和设备自身产生的路由不会添加该属性。

⑤ Cluster ID（簇 ID）：BGP 定义每个簇都有一个 Cluster ID，默认情况下，使用设备的 Router ID 来充当 Cluster ID。

- 当反射器在进行路由反射的时候，会默认添加 Originator ID 和将 Cluster ID 添加到 Cluster List 中。
- 当收到路由设备的 BGP 协议的 Router ID 在 Cluster List 出现时，丢弃这条路由，这样就可以在发射路由的时候防止环路。

4.4.2　实验目的

① 理解 BGP 路由反射器的应用场景。
② 理解 BGP 路由反射器的工作原理。
③ 掌握 BGP 路由反射器配置方法。

4.4.3　实验内容

本实验拓扑结构如图 4-4-3 所示，实验编址如表 4-4-1 所示。

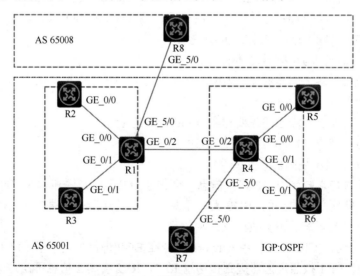

图 4-4-3　　反射器实验拓扑结构

表 4-4-1　实验编址表

设备	Route ID	接口	IP 地址	子网掩码
R1	10.0.0.1	GE 0/0	10.1.12.1	255.255.255.0
		GE 0/1	10.1.13.1	255.255.255.0
		GE 0/2	10.1.14.1	255.255.255.0
		GE 5/0	10.1.18.1	255.255.255.0
		Loopback 0	10.0.0.1	255.255.255.255
		Loopback 1	192.168.1.1	255.255.255.0
R2	10.0.0.2	GE 0/0	10.1.12.2	255.255.255.0
		Loopback 0	10.0.0.2	255.255.255.255
		Loopback 1	192.168.2.1	255.255.255.0
R3	10.0.0.3	GE 0/1	10.1.13.3	255.255.255.0
		Loopback 0	10.0.0.3	255.255.255.255
R4	10.0.0.4	GE 0/0	10.1.45.4	255.255.255.0
		GE 0/1	10.1.46.4	255.255.255.0
		GE 0/2	10.1.14.4	255.255.255.0
		GE 5/0	10.1.47.4	255.255.255.0
		Loopback 0	10.0.0.4	255.255.255.255
R5	10.0.0.5	GE 0/0	10.1.45.5	255.255.255.0
		Loopback 0	10.0.0.5	255.255.255.255
R6	10.0.0.6	GE 0/1	10.1.46.6	255.255.255.0
		Loopback 0	10.0.0.6	255.255.255.255
R7	10.0.0.7	GE 5/0	10.1.47.7	255.255.255.0
		Loopback 0	10.0.0.7	255.255.255.255
R8	10.0.8.8	GE 5/0	10.1.18.8	255.255.255.0
		Loopback 0	10.0.8.8	255.255.255.255
		Loopback 1	172.16.8.1	255.255.255.0

项目需求：

① AS 65001 内运行 OSPF 协议，AS 之间运行 BGP 协议。要求使用物理接口建立 EBGP 邻居关系，使用环回口建立 IBGP 邻居关系；

② R1 作为 RR，R2、R3 作为其客户机；R4 作为 RR，R5、R6 作为其客户机，R7 属于非客户机；

③ AS 65001 内的路由设备通过 BGP 协议能够学习到 R1、R2 和 R8 Loopback 1 口的路由信息。

4.4.4　实验步骤

步骤 1：IP 地址、OSPF 配置

略。

步骤 2：IBGP 配置

```
[R2]bgp 65001
[R2-bgp-default]router-id 10.0.0.2
[R2-bgp-default]peer 10.0.0.1 as 65001
[R2-bgp-default]peer 10.0.0.1 connect-interface LoopBack 0
[R2-bgp-default]address-family ipv4
[R2-bgp-default-ipv4]peer 10.0.0.1 enable
[R2-bgp-default-ipv4]network 192.168.2.1 24
[R2-bgp-default-ipv4]quit
[R2-bgp-default]quit

[R3]bgp 65001
[R3-bgp-default]router-id 10.0.0.3
[R3-bgp-default]peer 10.0.0.1 as 65001
[R3-bgp-default]peer 10.0.0.1 connect-interface LoopBack 0
[R3-bgp-default]address-family ipv4
[R3-bgp-default-ipv4]peer 10.0.0.1 enable
[R3-bgp-default-ipv4]quit

[R1]bgp 65001
[R1-bgp-default]router-id 10.0.0.1
[R1-bgp-default]group 1 internal
```
//当需要配置的 IBGP 较多时，可以先配置 IBGP 组，然后将 IBGP 加入到组内，统一配置，减少输入命令的工作量
```
[R1-bgp-default]peer 1 connect-interface LoopBack0
[R1-bgp-default]peer 10.0.0.2 group 1
[R1-bgp-default]peer 10.0.0.3 group 1
[R1-bgp-default]peer 10.0.0.4 as-number 65001
[R1-bgp-default]peer 10.0.0.4 connect-interface LoopBack0
[R1-bgp-default]peer 10.1.18.8 as-number 65008
[R1-bgp-default]address-family ipv4 unicast
[R1-bgp-default-ipv4]peer 1 enable
[R1-bgp-default-ipv4]peer 1 next-hop-local
[R1-bgp-default-ipv4]peer 1 reflect-client
```
//配置将组 1 的 IBGP 路由器设定为客户机
```
[R1-bgp-default-ipv4]peer 10.0.0.4 enable
[R1-bgp-default-ipv4]peer 10.0.0.4 next-hop-local
[R1-bgp-default-ipv4]peer 10.1.18.8 enable
[R1-bgp-default-ipv4]network 192.168.1.1 24
[R1-bgp-default-ipv4]quit
[R1-bgp-default]quit

[R4]bgp 65001
[R4-bgp-default]router-id 10.0.0.4
[R4-bgp-default]group 1 internal
[R4-bgp-default]peer 10.0.0.5 group 1
[R4-bgp-default]peer 10.0.0.6 group 1
[R4-bgp-default]pee 1 connect-interface LoopBack 0
```

```
[R4-bgp-default]peer 10.0.0.1 as 65001
[R4-bgp-default]peer 10.0.0.1 connect-interface LoopBack 0
[R4-bgp-default]peer 10.0.0.7 as 65001
[R4-bgp-default]peer 10.0.0.7 connect-interface LoopBack 0
[R4-bgp-default]address-family ipv4
[R4-bgp-default-ipv4]peer 1 enable
[R4-bgp-default-ipv4]peer 1 reflect-client
[R4-bgp-default-ipv4]peer 10.0.0.1 enable
[R4-bgp-default-ipv4]peer 10.0.0.7 enable
[R4-bgp-default-ipv4]quit
[R4-bgp-default]quit

[R5]bgp 65001
[R5-bgp-default]router-id 10.0.0.5
[R5-bgp-default]peer 10.0.0.4 as 65001
[R5-bgp-default]peer 10.0.0.4 connect-interface LoopBack 0
[R5-bgp-default]address-family ipv4
[R5-bgp-default-ipv4]peer 10.0.0.4 enable

[R6]bgp 65001
[R6-bgp-default]router-id 10.0.0.6
[R6-bgp-default]peer 10.0.0.4 as 65001
[R6-bgp-default]peer 10.0.0.4 connect-interface LoopBack 0
[R6-bgp-default]address-family ipv4
[R6-bgp-default-ipv4]peer 10.0.0.4 enable

[R7]bgp 65001
[R7-bgp-default]router-id 10.0.0.7
[R7-bgp-default]peer 10.0.0.4 as 65001
[R7-bgp-default]peer 10.0.0.4 connect-interface LoopBack 0
[R7-bgp-default]address-family ipv4
[R7-bgp-default-ipv4]peer 10.0.0.4 enable

[R8]bgp 65008
[R8-bgp-default]router-id 10.0.8.8
[R8-bgp-default]peer 10.1.18.1 as 65001
[R8-bgp-default]address-family ipv4
[R8-bgp-default-ipv4]peer 10.1.18.1 enable
[R8-bgp-default-ipv4]network 172.16.8.1 24
```

步骤 3：验证

R1 作为 RR 使用 network 命令公布了 192.168.1.0/24 的网段，R2、R3、R4 与 R1 作为 IBGP
邻居，正常收到该路由，不涉及反射，不会添加 Originator ID 和 Cluster ID。

```
[R2]display bgp routing-table ipv4
Total number of routes: 3
BGP local router ID is 10.0.0.2
```

```
Status codes: * - valid, > - best, d - dampened, h - history
              s - suppressed, S - stale, i - internal, e - external
              a - additional-path
   Origin: i - IGP, e - EGP, ? - incomplete
  Network            NextHop        MED        LocPrf     PrefVal  Path/Ogn
* >i 172.16.8.0/24    10.0.0.1       0          100        0        65008i
* >i 192.168.1.0     10.0.0.1       0          100        0        i
* >   192.168.2.0     192.168.2.1    0                     32768    i
[R2]display bgp routing-table ipv4 192.168.1.0
BGP local router ID: 10.0.0.2
Local AS number: 65001
Paths:   1 available, 1 best
BGP routing table information of 192.168.1.0/24:
From               : 10.0.0.1 (10.0.0.1)
Rely nexthop       : 10.1.12.1
Original nexthop: 10.0.0.1
OutLabel           : NULL
RxPathID           : 0x0
TxPathID           : 0x0
AS-path            : (null)
Origin             : igp
Attribute value : MED 0, localpref 100, pref-val 0
State              : valid, internal, best
IP precedence      : N/A
QoS local ID       : N/A
Traffic index      : N/A
```

R5、R6 作为 R4 的客户机，能够收到该路由信息，且信息中应当包含 R1 添加的 Originator ID 和 Cluster ID。

```
[R5]display bgp routing-table ipv4
Total number of routes: 3
BGP local router ID is 10.0.0.5
Status codes: * - valid, > - best, d - dampened, h - history
              s - suppressed, S - stale, i - internal, e - external
              a - additional-path
   Origin: i - IGP, e - EGP, ? - incomplete
  Network            NextHop        MED        LocPrf     PrefVal  Path/Ogn
* >i 172.16.8.0/24    10.0.0.1       0          100        0        65008i
* >i 192.168.1.0     10.0.0.1       0          100        0        i
* >i 192.168.2.0     10.0.0.2       0          100        0        i
[R5]display bgp routing-table ipv4 192.168.1.0
BGP local router ID: 10.0.0.5
Local AS number: 65001
Paths:   1 available, 1 best
BGP routing table information of 192.168.1.0/24:
From               : 10.0.0.4 (10.0.0.4)
```

```
Rely nexthop      : 10.1.45.4
Original nexthop: 10.0.0.1
OutLabel          : NULL
RxPathID          : 0x0
TxPathID          : 0x0
AS-path           : (null)
Origin            : igp
Attribute value : MED 0, localpref 100, pref-val 0
State             : valid, internal, best
Originator        : 10.0.0.1
Cluster list      : 10.0.0.4
IP precedence     : N/A
QoS local ID      : N/A
Traffic index     : N/A
```

R7 作为非客户机与 R1 没有建立 IBGP 邻居关系，所以受到 IBGP 水平分割影响，不会收到该条路由信息。

```
[R7]display bgp routing-table ipv4
Total number of routes: 0
```

步骤 4：配置 R1 和 R7 的 IBGP 邻居关系

为了满足项目需求③，则需要配置 R1 和 R7 建立 IBGP 邻居关系。

```
[R1]bgp 65001
[R1-bgp-default]peer 10.0.0.7 as-number 65001
[R1-bgp-default]peer 10.0.0.7 connect-interface LoopBack 0
[R1-bgp-default]address-family ipv4
[R1-bgp-default-ipv4]peer 10.0.0.7 enable

[R7]bgp 65001
[R7-bgp-default]peer 10.0.0.1 as-number 65001
[R7-bgp-default]peer 10.0.0.1 connect-interface LoopBack 0
[R7-bgp-default]address-family ipv4
[R7-bgp-default-ipv4]peer 10.0.0.1 enable
```

步骤 5：观察 Cluster-List

R5 收到 R2 使用 network 命令公布了 192.168.2.0/24 的网段，经过了 R1 和 R4 的两次反射，在 Cluster list 中体现。

```
[R5]display bgp routing-table ipv4 192.168.2.0
BGP local router ID: 10.0.0.5
Local AS number: 65001
Paths:    1 available, 1 best
BGP routing table information of 192.168.2.0/24:
From              : 10.0.0.4 (10.0.0.4)
Rely nexthop      : 10.1.45.4
Original nexthop: 10.0.0.2
```

```
OutLabel          : NULL
RxPathID          : 0x0
TxPathID          : 0x0
AS-path           : (null)
Origin            : igp
Attribute value : MED 0, localpref 100, pref-val 0
State             : valid, internal, best
Originator        : 10.0.0.2
Cluster list      : 10.0.0.4, 10.0.0.1
IP precedence     : N/A
QoS local ID      : N/A
Traffic index     : N/A
```

4.4.5 思考

在存在反射器的自治系统区域内，只有一个反射器合理吗？

4.5 路由黑洞

4.5.1 原理概述

传统 IP 路由查找是逐跳查找的，即当数据包到达路由设备的时候，每一台设备都要查找路由表，并且在路由设备有路由的前提下才能转发报文。

在 BGP 网络中，运行 BGP 协议的路由设备可以跨设备、跨链路建立邻居关系，因此报文在反射器传递的过程中，有可能被未运行 BGP 协议的路由器传递。这样的路由器由于没有 BGP 路由信息，报文就有可能会被直接丢弃，且很有可能连报文源地址的路由信息都没有，从而使得 ICMP Unreachable 的消息也无法被发送出去，这种情况被称为 BGP 路由黑洞。

解决 BGP 路由黑洞的方法有两种，一是 IBGP 全连接，例如 4.1 节实验中，AS 65123 中 R1、R2 和 R3 之间互相建立 IBGP 邻居；二是 GRE 隧道技术。

4.5.2 实验目的

① 理解 BGP 路由黑洞的成因。
② 理解 GRE 隧道技术解决路由黑洞的原理。
③ 掌握 GRE 隧道技术解决路由黑洞的配置方法。

4.5.3 实验内容

实验内容、实验拓扑、实验编址表同 4.1 节。

4.5.4 实验步骤

步骤 1：配置 BGP 协议
请按照 4.1 节 BGP 邻居关系建立的配置流程完成配置，加深对 BGP 协议的掌握和熟练配置过程。

步骤 2：制造路由黑洞

删除 R1 运行的 BGP 协议和配置，模拟 R1 没有运行 BGP 协议，造成路由黑洞。

```
[R1]undo bgp
Undo BGP process? [Y/N]:y
```

由于 R2 和 R3 是跨链路建立 IBGP 邻居关系，R4 与 R5 仍能够学习到对方的路由信息，且状态为有效路由。

```
[R4]display bgp routing-table ipv4
Total number of routes: 2
BGP local router ID is 100.1.1.4
Status codes: * - valid, > - best, d - dampened, h - history
              s - suppressed, S - stale, i - internal, e - external
              a - additional-path
     Origin: i - IGP, e - EGP, ? - incomplete
 Network            NextHop         MED      LocPrf    PrefVal Path/Ogn
 * >   100.1.1.4/32     127.0.0.1       0                   32768   i
 * >e 200.1.1.5/32    100.1.24.2               0          65123 65005i

[R5]display bgp routing-table ipv4
Total number of routes: 2
BGP local router ID is 200.1.1.5
Status codes: * - valid, > - best, d - dampened, h - history
              s - suppressed, S - stale, i - internal, e - external
              a - additional-path
     Origin: i - IGP, e - EGP, ? - incomplete
 Network            NextHop         MED      LocPrf    PrefVal Path/Ogn
 * >e 100.1.1.4/32    100.1.35.3               0        651236 5004i
 * >   200.1.1.5/32     127.0.0.1       0                   32768   i
```

步骤 3：在 R1～R5 上开启路由跟踪功能

```
[H3C]ip ttl-expires enable
[H3C]ip unreachables enable
```

步骤 4：使用 tracer 命令测试

在 R4 上使用 tracer 命令，发现数据报文到 R1 时，进入到*的状态，无任何反馈

```
<R4>tracert -a 100.1.1.4 200.1.1.5
traceroute to 200.1.1.5 (200.1.1.5) from 100.1.1.4, 30 hops at most, 40 bytes each packet, press CTRL_C to break
 1   100.1.24.2 (100.1.24.2)   1.000 ms   1.000 ms   1.000 ms
 2   * * *
 3   * * *
```

步骤 5：解决路由黑洞

在 R2 和 R3 上配置 GRE 隧道，解决路由黑洞。

```
[R3]interface Tunnel 0 mode gre
[R3-Tunnel0]ip address 192.168.23.2 30
[R3-Tunnel0]source 10.1.13.3
[R3-Tunnel0]destination 10.1.12.2
//注意 GRE 隧道的源目地址，由 OSPF 协议保证路由可达
[R3-Tunnel0]quit
[R3]ip route-static 10.0.0.2 32 192.168.23.1 preference 5
//此条静态路由被称为牵引路由，因为 OSPF 协议优先级为 10，所以只需将此条静态路由的优先级设
定得比 OSPF 协议的优先级高即可
[R2]interface Tunnel 0 mode gre
[R2-Tunnel0]ip address 192.168.23.1 30
[R2-Tunnel0]source 10.1.12.2
[R2-Tunnel0]destination 10.1.13.3
[R2-Tunnel0]quit
[R2]ip route-static 10.0.0.3 32 192.168.23.2 preference 5
```

步骤 6：在 R4 上使用 ping 命令验证配置结果

```
[R4]ping    -a 100.1.1.4 200.1.1.5
Ping 200.1.1.5 (200.1.1.5) from 100.1.1.4: 56 data bytes, press CTRL_C        to break
56 bytes from 200.1.1.5: icmp_seq=0 ttl=253 time=3.000 ms
56 bytes from 200.1.1.5: icmp_seq=1 ttl=253 time=2.000 ms
56 bytes from 200.1.1.5: icmp_seq=2 ttl=253 time=3.000 ms
56 bytes from 200.1.1.5: icmp_seq=3 ttl=253 time=3.000 ms
56 bytes from 200.1.1.5: icmp_seq=4 ttl=253 time=3.000 ms
```

步骤 7：步骤 6 中的数据报文传递过程

① R4 查询路由表，从 GE 0/0 口发出 DIP：200.1.1.5 SIP：100.1.1.4 的 ICMP 报文。

② R2 收到该报文，查询路由表。

```
[R2]display ip routing-table 200.1.1.5
Summary count : 1
Destination/Mask      Proto    Pre  Cost       NextHop          Interface
200.1.1.5/32          BGP      255  0          10.0.0.3         Tun0
```

发现出接口是 GRE 隧道接口，则将数据报文进行 GRE 协议封装，查询路由表中去往目
的地址 10.1.13.3 的路由信息，从 GE 0/1 口发出。R1 的 GE 0/1 数据封装如图 4-5-1 所示。

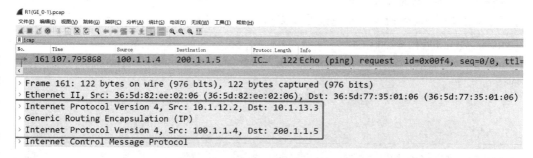

图 4-5-1   GRE 隧道数据封装图示

③ R1 收到该报文后，继续查询路由表中去往目的地址 10.1.13.3 的路由信息，从 GE 0/0 口发出。

④ R3 收到报文后，拆除 GRE 封装，查询路由表中去往目的地址 200.1.1.5 的路由信息，从 GE 0/1 口发出，R5 的 GE 0/1 数据封装如图 4-5-2 所示。

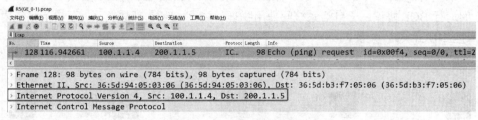

图 4-5-2　R5 的 GE 0/1 数据封装

4.5.5　思考

反射器能否解决 BGP 路由黑洞？

4.6　BGP 联盟

4.6.1　原理概述

当自治系统内运行 BGP 协议的设备增多时，由于 IBGP 邻居之间路由传递规则的限制，可以使用 BGP 路由反射器来简化 BGP 邻居关系的管理和维护，BGP 联盟也可以起到类似的效果。

BGP 联盟是一个分层结构的自治系统。将一个联盟自治系统分为若干个子自治系统（也称为成员自治系统），在子自治系统内建立 IBGP 全连接或是使用路由反射器，子自治系统之间建立 EBGP 邻居关系；对于联盟外的自治系统，联盟内的子自治系统不可见，联盟自治系统就是一个普通的自治系统。

BGP 联盟特性如下：

↳ 从子自治系统的 EBGP 邻居传递的路由与从 IBGP 邻居传递的路由等同对待；

↳ 从联盟 EBGP 邻居传递的路由在整个联盟内部，NEXT_HOP、MED、LOCAL_PREF 属性不变；

↳ 子自治系统可以使用相同的 IGP 协议，也可以使用不同的 IGP 协议保证网络的互通。

存在 BGP 联盟的场景下，防环机制如下：

↳ 联盟外接收 EBGP，AS_PATH 不能有联盟自治系统号，可以有子自治系统号；

↳ 联盟内接收 EBGP，AS_PATH 可以有联盟自治系统号，不能有子自治系统号。

4.6.2　实验目的

① 理解 BGP 联盟的概念和作用。

② 掌握 BGP 联盟配置的方法。

4.6.3 实验内容

本实验拓扑结构如图 4-6-1 所示，实验编址如表 4-6-1 所示。AS 23456 内管理员考虑到后续管理维护的需要，在设计网络时，采用联盟技术。AS 23456 内运行 OSPF 协议，子自治系统之间运行 BGP 协议；子自治系统间使用物理口建立 EBGP 邻居关系，子自治系统内使用环回口建立 IBGP 邻居关系。

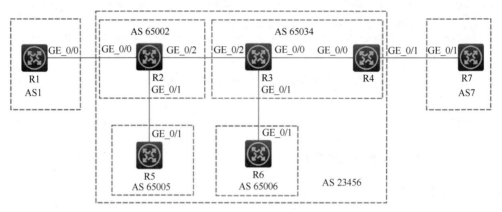

图 4-6-1   BGP 联盟实验拓扑结构

表 4-6-1   实验编址表

设备	Route ID	接口	IP 地址	子网掩码
R1	10.0.0.1	GE 0/0	10.1.12.1	255.255.255.0
		Loopback 1	192.168.1.1	255.255.255.0
R2	10.0.0.2	GE 0/0	10.1.12.2	255.255.255.0
		GE 0/1	10.1.25.2	255.255.255.0
		GE 0/2	10.1.23.2	255.255.255.0
		Loopback 0	10.0.0.2	255.255.255.255
R3	10.0.0.3	GE 0/0	10.1.34.3	255.255.255.0
		GE 0/1	10.1.36.3	255.255.255.0
		GE 0/2	10.1.23.3	255.255.255.0
		Loopback 0	10.0.0.3	255.255.255.255
R4	10.0.0.4	GE 0/0	10.1.34.4	255.255.255.0
		GE 0/1	10.1.47.4	255.255.255.0
		Loopback 0	10.0.0.4	255.255.255.255
R5	10.0.0.5	GE 0/1	10.1.25.5	255.255.255.0
		Loopback 0	10.0.0.5	255.255.255.255
R6	10.0.0.6	GE 0/1	10.1.36.6	255.255.255.0
		Loopback 0	10.0.0.6	255.255.255.255
R7	10.0.0.7	GE 0/1	10.1.47.7	255.255.255.0
		Loopback 0	192.168.7.1	255.255.255.0

4.6.4　实验步骤

步骤 1：IP 地址配置

略。

步骤 2：AS 23456 内 OSPF 配置

```
[R2]ospf 1 router-id 10.0.0.2
[R2-ospf-1]silent-interface GigabitEthernet0/0
[R2-ospf-1]area 0
[R2-ospf-1-area-0.0.0.0]network 10.0.0.2 0.0.0.0
[R2-ospf-1-area-0.0.0.0]network 10.1.12.2 0.0.0.0
[R2-ospf-1-area-0.0.0.0]network 10.1.23.2 0.0.0.0
[R2-ospf-1-area-0.0.0.0]network 10.1.25.2 0.0.0.0

[R3]ospf 1 router-id 10.0.0.3
[R3-ospf-1]area 0
[R3-ospf-1-area-0.0.0.0]network 10.0.0.3 0.0.0.0
[R3-ospf-1-area-0.0.0.0]network 10.1.23.3 0.0.0.0
[R3-ospf-1-area-0.0.0.0]network 10.1.34.3 0.0.0.0
[R3-ospf-1-area-0.0.0.0]network 10.1.36.3 0.0.0.0

[R4]ospf 1 router-id 10.0.0.4
[R4-ospf-1]silent-interface GigabitEthernet0/1
[R4-ospf-1]area 0
[R4-ospf-1-area-0.0.0.0]network 10.0.0.4 0.0.0.0
[R4-ospf-1-area-0.0.0.0]network 10.1.34.4 0.0.0.0
[R4-ospf-1-area-0.0.0.0]network 10.1.47.4 0.0.0.0

[R5]ospf 1 router-id 10.0.0.5
[R5-ospf-1]area 0
[R5-ospf-1-area-0.0.0.0]network 10.0.0.5 0.0.0.0
[R5-ospf-1-area-0.0.0.0]network 10.1.25.5 0.0.0.0

[R6]ospf 1 router-id 10.0.0.6
[R6-ospf-1]area 0
[R6-ospf-1-area-0.0.0.0]network 10.0.0.6 0.0.0.0
[R6-ospf-1-area-0.0.0.0]network 10.1.36.6 0.0.0.0
```

步骤 3：BGP 配置

```
[R1]bgp 1
[R1-bgp-default]router-id 10.0.0.1
[R1-bgp-default]peer 10.1.12.2 as-number 23456
[R1-bgp-default-ipv4]address-family ipv4 unicast
[R1-bgp-default-ipv4]network 192.168.1.0 255.255.255.0
[R1-bgp-default-ipv4]peer 10.1.12.2 enable
```

```
[R2]bgp 65002
[R2-bgp-default]confederation id 23456
//通告联盟自治系统号
[R2-bgp-default]confederation peer-as 65005 65034
//通告联盟内成员 EBGP 邻居的子自治系统号
[R2-bgp-default]router-id 10.0.0.2
[R2-bgp-default]peer 10.1.12.1 as-number 1
[R2-bgp-default]peer 10.1.23.3 as-number 65034
[R2-bgp-default]peer 10.1.25.5 as-number 65005
[R2-bgp-default]address-family ipv4 unicast
[R2-bgp-default-ipv4]peer 10.1.12.1 enable
[R2-bgp-default-ipv4]peer 10.1.23.3 enable
[R2-bgp-default-ipv4]peer 10.1.25.5 enable


[R3]bgp 65034
[R3-bgp-default]confederation id 23456
[R3-bgp-default]confederation peer-as 65002 65006
[R3-bgp-default]router-id 10.0.0.3
[R3-bgp-default]peer 10.0.0.4 as-number 65034
[R3-bgp-default]peer 10.0.0.4 connect-interface LoopBack0
[R3-bgp-default]peer 10.1.23.2 as-number 65002
[R3-bgp-default]peer 10.1.36.6 as-number 65006
[R3-bgp-default]address-family ipv4 unicast
[R3-bgp-default-ipv4]peer 10.0.0.4 enable
[R3-bgp-default-ipv4]peer 10.1.23.2 enable
[R3-bgp-default-ipv4]peer 10.1.36.6 enable


[R4]bgp 65034
[R4-bgp-default]confederation id 23456
[R4-bgp-default]router-id 10.0.0.4
[R4-bgp-default]peer 10.0.0.3 as-number 65034
[R4-bgp-default]peer 10.0.0.3 connect-interface LoopBack0
[R4-bgp-default]peer 10.1.47.7 as-number 7
[R4-bgp-default]address-family ipv4 unicast
[R4-bgp-default-ipv4]peer 10.0.0.3 enable
[R4-bgp-default-ipv4]peer 10.1.47.7 enable


[R5]bgp 65005
[R5-bgp-default]confederation id 23456
[R5-bgp-default]confederation peer-as 65002
[R5-bgp-default]router-id 10.0.0.5
[R5-bgp-default]peer 10.1.25.2 as-number 65002
[R5-bgp-default]address-family ipv4 unicast
[R5-bgp-default-ipv4]peer 10.1.25.2 enable


[R6]bgp 65006
```

```
[R6-bgp-default]confederation id 23456
[R6-bgp-default]confederation peer-as 65034
[R6-bgp-default]router-id 10.0.0.6
[R6-bgp-default]peer 10.1.36.3 as-number 65034
[R6-bgp-default]address-family ipv4 unicast
[R6-bgp-default-ipv4]peer 10.1.36.3 enable


[R7]bgp 7
[R7-bgp-default]router-id 10.0.0.7
[R7-bgp-default]peer 10.1.47.4 as-number 23456
[R7-bgp-default]address-family ipv4 unicast
[R7-bgp-default-ipv4]network 192.168.7.0 255.255.255.0
[R7-bgp-default-ipv4]peer 10.1.47.4 enable
```

步骤 4：验证

```
[R1]dis bgp routing-table ipv4
Total number of routes: 2
BGP local router ID is 10.0.0.1
Status codes: * - valid, > - best, d - dampened, h - history
              s - suppressed, S - stale, i - internal, e - external
              a - additional-path
    Origin: i - IGP, e - EGP, ? - incomplete
 Network          NextHop          MED        LocPrf       PrefVal Path/Ogn
 * >   192.168.1.0    192.168.1.1      0                       32768   i
 * >e 192.168.7.0     10.1.12.2                   0            23456 7i
[R7]dis bgp routing-table ipv4
Total number of routes: 2
BGP local router ID is 10.0.0.7
Status codes: * - valid, > - best, d - dampened, h - history
              s - suppressed, S - stale, i - internal, e - external
              a - additional-path
    Origin: i - IGP, e - EGP, ? - incomplete
 Network          NextHop          MED        LocPrf       PrefVal Path/Ogn
 * >e 192.168.1.0     10.1.47.4                  0            23456 1i
 * >   192.168.7.0    192.168.7.1      0                       32768   i
```

通过配置后，AS1 和 AS7 学习到公布的路由：

```
[R5]display bgp routing-table ipv4
Total number of routes: 2
BGP local router ID is 10.0.0.5
Status codes: * - valid, > - best, d - dampened, h - history
              s - suppressed, S - stale, i - internal, e - external
              a - additional-path
    Origin: i - IGP, e - EGP, ? - incomplete
 Network          NextHop        MED      LocPrf     PrefVal Path/Ogn
 * >i 192.168.1.0     10.1.12.1      0        100        0      (65002) 1i
```

* >i 192.168.7.0	10.1.47.7	0	100	0	(65002 65034) 7i

从 R5 的 BGP 路由表信息可以看出，R1 和 R7 公布的路由是从 IBGP 学到的，但是由拓扑图可知，R5 与 R2 建立的是成员 EBGP 邻居关系，符合联盟特性：从子自治系统 EBGP 邻居传递的路由与从 IBGP 邻居传递的路由等同对待。

从 NEXT-HOP 信息可以看出，NextHop 没有变化，符合联盟特性：从联盟 EBGP 邻居传递的路由在整个联盟内部，NEXT_HOP、MED、LOCAL_PREF 属性不变。

从 Path 上可知道，在联盟内部传递时，会添加子自治系统号作为联盟内环路防护，在括号里面体现；而从 R7 的 BGP 路由表信息可知，当路由经过联盟后，只体现出联盟的自治系统号。

4.6.5 思考

① 在 R2 和 R4 的 OSPF 配置中，为何要将 R2 的 GE 0/0 和 R4 的 GE 0/1 接口设定为静默接口？

② 从联盟 EBGP 邻居传递的路由在整个联盟内部内 NEXT_HOP 属性不变，且从子自治系统的 EBGP 传递的路由与从 IBGP 邻居传递的路由等同对待的话，那么针对本实验，能否在 R2、R3 上面使用 next_hop local 命令，使得路由能够传递？

4.7 BGP 路由过滤

4.7.1 原理概述

路由过滤主要是以对路由所携带的信息作为匹配条件进行过滤，BGP 的属性众多，相较于其他路由所携带的路由信息就更多，所以对于 BGP 的路由过滤也要灵活得多。

BGP 路由常用来被过滤的条件有路由前缀、AS_PATH 属性、Community 属性，当然还有一些其他匹配条件：MED、NEXT_HOP、Route_Source、Interface、Tag 等也可以被用来过滤。

BGP 路由过滤的实施点：可以在设备的出方向（export）、入方向（import）和本地实施。

BGP 过滤的手段：除之前介绍过的 ACL、IP Prefix、Route Policy 过滤手段外，新增了 AS-Path-Filter。

AS-Path-Filter（AS 路径过滤列表）：仅用于 BGP，使用 AS_PATH 属性中 AS-Path-List 信息进行过滤，需要使用正则表达式，对 AS 号进行匹配。

常见的正则表达式如下。

^$ 表示匹配的字符串为空，即 AS_PATH 为空，表示只匹配本地路由。

.* 表示匹配任意字符串，即 AS_PATH 为任意，表示匹配所有路由。

^100 表示匹配字符串开始为 100，即 AS_PATH 最左边 AS 前 3 位（最后一个 AS）为 100、1001、1002 等，表示匹配 AS100、1001、1002 等邻居发送的路由。

^100_ 表示匹配 AS100 邻居发送的路由，即 AS-PATH 最左边 AS（最后一个 AS）为 100，比较前一个表达式，"_"的好处就体现出来了，它可以和用来帮助限制匹配单独的一个自治系统。

_100$表示匹配字符串最后为 100，即 AS_PATH 最右边 AS（起始 AS）为 100，表示匹配 AS100 始发的路由。

_100_表示字符串中间有 100，即 AS_PATH 中有 100，表示匹配经过 AS100 的路由。

4.7.2　实验目的

① 理解 BGP 协议属性在路由过滤中的使用方法。

② 掌握 BGP 协议使用 Community、AS_PATH 属性过滤的配置方法。

4.7.3　实验内容

本实验拓扑结构如图 4-7-1 所示，实验编址如表 4-7-1 所示。企业 A 与企业 B 使用 BGP 协议互连；作为企业 A 的管理员，需要配置实现以下网络需求。

① AS 65003、AS 65004 区域中使用 Community 属性对该区域产生的路由进行标记，不准携带 100:2 标记的路由传递给企业 B；

② 在企业 A 内，不允许 AS 65005 分部始发的路由传递；

③ AS 65008 分部路由只与总部进行通信，其他分部不能习得。

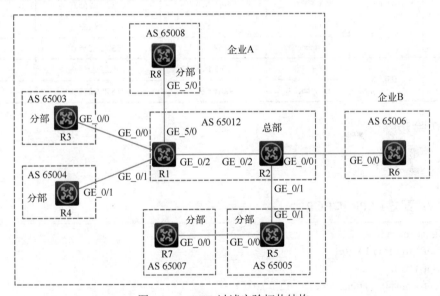

图 4-7-1　BGP 过滤实验拓扑结构

表 4-7-1　实验编址表

设备	Route ID	接口	IP 地址	子网掩码	Community
R1	10.0.0.1	GE 0/0	10.1.13.1	255.255.255.0	
		GE 0/1	10.1.14.1	255.255.255.0	
		GE 0/2	10.1.12.1	255.255.255.0	
		GE 5/0	10.1.18.1	255.255.255.0	
		Loopback 0	10.0.0.1	255.255.255.255	

续表

设备	Route ID	接口	IP 地址	子网掩码	Community
R2	10.0.0.2	GE 0/0	10.1.26.2	255.255.255.0	
		GE 0/1	10.1.25.2	255.255.255.0	
		GE 0/2	10.1.12.2	255.255.255.0	
		Loopback 0	10.0.0.2	255.255.255.255	
R3	10.0.0.3	GE 0/0	10.1.13.3	255.255.255.0	
		Loopback 0	192.168.30.1	255.255.255.0	100:1
		Loopback 1	172.16.30.1	255.255.0.0	100:2
R4	10.0.0.4	GE 0/1	10.1.14.4	255.255.255.0	
		Loopback 0	192.168.40.1	255.255.255.0	100:1
		Loopback 1	172.18.40.1	255.255.0.0	100:2
R5	10.0.0.5	GE 0/0	10.1.57.5	255.255.255.0	
		GE 0/1	10.1.25.5	255.255.255.0	
		Loopback 0	192.168.50.1	255.255.255.0	
R6	10.0.0.6	GE 0/0	10.1.26.6	255.255.255.0	
R7	10.0.0.7	GE 0/0	10.1.57.7	255.255.255.0	
		Loopback 0	192.168.70.1	255.255.255.0	
R8	10.0.8.8	GE 5/0	10.1.18.8	255.255.255.0	
		Loopback 0	192.168.80.1	255.255.255.0	

4.7.4 实验步骤

步骤 1：配置 IP

略。

步骤 2：配置 OSPF 和 BGP

```
[H3C]sysname R1
[R1]ospf 1 router-id 10.0.0.1
[R1-ospf-1]area 0
[R1-ospf-1-area-0.0.0.0]network 10.1.12.1 0.0.0.0
[R1-ospf-1-area-0.0.0.0]network 10.0.0.1 0.0.0.0
[R1-ospf-1-area-0.0.0.0]quit
[R1-ospf-1]quit
[R1]bgp 65012
[R1-bgp-default]router-id 10.0.0.1
[R1-bgp-default]peer 10.1.18.8 as 65008
[R1-bgp-default]peer 10.1.13.3 as 65003
[R1-bgp-default]peer 10.1.14.4 as 65004
[R1-bgp-default]peer 10.0.0.2 as 65012
[R1-bgp-default]peer 10.0.0.2 connect-interface LoopBack 0
[R1-bgp-default]address-family ipv4
```

```
[R1-bgp-default-ipv4]peer 10.1.18.8 enable
[R1-bgp-default-ipv4]peer 10.1.13.3 enable
[R1-bgp-default-ipv4]peer 10.1.14.4 enable
[R1-bgp-default-ipv4]peer 10.0.0.2 enable
[R1-bgp-default-ipv4]peer 10.0.0.2 next-hop-local
[R1-bgp-default-ipv4]quit
[R1-bgp-default]quit

[H3C]sysname R2
[R2-LoopBack0]ip address 10.0.0.2 32
[R2-LoopBack0]quit
[R2]ospf 1 router-id 10.0.0.2
[R2-ospf-1]area 0
[R2-ospf-1-area-0.0.0.0]network 10.1.12.2 0.0.0.0
[R2-ospf-1-area-0.0.0.0]network 10.0.0.2 0.0.0.0
[R2-ospf-1-area-0.0.0.0]quit
[R2-ospf-1]quit
[R2]bgp 65012
[R2-bgp-default]router-id 10.0.0.2
[R2-bgp-default]peer 10.0.0.1 as 65012
[R2-bgp-default]peer 10.0.0.1 connect-interface LoopBack 0
[R2-bgp-default]peer 10.1.25.5 as 65005
[R2-bgp-default]peer 10.1.26.6 as 65006
[R2-bgp-default]address-family ipv4
[R2-bgp-default-ipv4]peer 10.0.0.1 enable
[R2-bgp-default-ipv4]peer 10.0.0.1 next-hop-local
[R2-bgp-default-ipv4]peer 10.1.25.5 enable
[R2-bgp-default-ipv4]peer 10.1.26.6 enable
[R2-bgp-default-ipv4]quit
[R2-bgp-default]quit

[H3C]sysname R3
[R3]bgp 65003
[R3-bgp-default]router-id 10.0.0.3
[R3-bgp-default]peer 10.1.13.1 as 65012
[R3-bgp-default]address-family ipv4
[R3-bgp-default-ipv4]peer 10.1.13.1 enable
[R3-bgp-default-ipv4]quit
[R3-bgp-default]quit

[H3C]sysname R4
[R4]bgp 65004
[R4-bgp-default]router-id 10.0.0.4
[R4-bgp-default]peer 10.1.14.1 as 65012
[R4-bgp-default]address-family ipv4
[R4-bgp-default-ipv4]peer 10.1.14.1 enable
```

```
[R4-bgp-default-ipv4]quit
[R4-bgp-default]quit

[H3C]sysname R5
[R5]bgp 65005
[R5-bgp-default]router-id 10.0.0.5
[R5-bgp-default]peer 10.1.25.2 as 65012
[R5-bgp-default]peer 10.1.57.7 as 65007
[R5-bgp-default]address-family ipv4
[R5-bgp-default-ipv4]peer 10.1.25.2 enable
[R5-bgp-default-ipv4]peer 10.1.57.7 enable
[R5-bgp-default-ipv4]network 192.168.50.0 24
[R5-bgp-default-ipv4]quit
[R5-bgp-default]quit

[H3C]sysname R6
[R6]bgp 65006
[R6-bgp-default]router-id 10.0.0.6
[R6-bgp-default]peer 10.1.26.2 as 65012
[R6-bgp-default]address-family ipv4
[R6-bgp-default-ipv4]peer 10.1.26.2 enable
[R6-bgp-default-ipv4]quit
[R6-bgp-default]quit

[H3C]sysname R7
[R7]bgp 65007
[R7-bgp-default]router-id 10.0.0.7
[R7-bgp-default]peer 10.1.57.5 as 65005
[R7-bgp-default]address-family ipv4
[R7-bgp-default-ipv4]peer 10.1.57.5 enable
[R7-bgp-default-ipv4]network 192.168.70.0 24
[R7-bgp-default-ipv4]quit
[R7-bgp-default]quit

[H3C]sysname R8
[R8]bgp 65008
[R8-bgp-default]router-id 10.0.8.8
[R8-bgp-default]peer 10.1.18.1 as 65012
[R8-bgp-default]address-family ipv4
[R8-bgp-default-ipv4]peer 10.1.18.1 enable
[R8-bgp-default-ipv4]network 192.168.80.0 24
[R8-bgp-default-ipv4]quit
[R8-bgp-default]quit
```

步骤 3：实现网络需求①

R3、R4 上使用 IP Prefix 和 Route Policy 为发布的路由添加 BGP 的 Community 属性，实现网络需求①。

```
[R3]ip prefix-list community1 index 10 permit 192.168.30.0 24
[R3]ip prefix-list community2 index 10 permit 172.16.0.0 16
[R3]route-policy community1 permit node 10
[R3-route-policy-community1-10]if-match ip address prefix-list community1
[R3-route-policy-community1-10]apply community 100:1
[R3-route-policy-community1-10]quit
[R3]route-policy community1 permit node 20
[R3-route-policy-community1-20]if-match ip address prefix-list community2
[R3-route-policy-community1-20]apply community 100:2
[R3-route-policy-community1-20]quit
[R3]route-policy community1 permit node 30
//放行其他未匹配的路由
[R3-route-policy-community1-30]quit
[R3]bgp 65003
[R3-bgp-default]address-family ipv4
[R3-bgp-default-ipv4]network 172.16.0.0 255.255.0.0
[R3-bgp-default-ipv4]network 192.168.30.0 255.255.255.0
[R3-bgp-default-ipv4]peer 10.1.13.1 route-policy community1 export
[R3-bgp-default-ipv4]peer 10.1.13.1 advertise-community
[R3-bgp-default-ipv4]quit
[R3-bgp-default]quit

[R4]ip prefix-list community1 index 10 permit 192.168.40.0 24
[R4]ip prefix-list community2 index 10 permit 172.18.0.0 16
[R4]route-policy community1 permit node 10
[R4-route-policy-community1-10]if-match ip address prefix-list community1
[R4-route-policy-community1-10]apply community 100:1
[R4-route-policy-community1-10]quit
[R4]route-policy community1 permit node 20
[R4-route-policy-community1-20]if-match ip address prefix-list community2
[R4-route-policy-community1-20]apply community 100:2
[R4-route-policy-community1-20]quit
[R4]route-policy community1 permit node 30
[R4-route-policy-community1-30]quit
[R4]bgp 65004
[R4-bgp-default]address-family ipv4
[R4-bgp-default-ipv4]network 172.18.0.0 255.255.0.0
[R4-bgp-default-ipv4]network 192.168.40.0 255.255.255.0
[R4-bgp-default-ipv4]peer 10.1.14.1 route-policy community1 export
[R4-bgp-default-ipv4]peer 10.1.14.1 advertise-community
[R4-bgp-default-ipv4]quit
[R4-bgp-default]quit
```

注意：如果需要传递 Community 属性，在传递的路径上运行 BGP 协议的设备则必须使用 advertise-community 命令进行通告，才能保证 Community 属性能够传递。

```
[R1]bgp 65012
[R1-bgp-default]address-family ipv4
[R1-bgp-default-ipv4]peer 10.0.0.2 advertise-community
```

在 R2 上使用 Community-List、Route-Policy 对 Community 属性进行过滤，满足网络需求①：

```
[R2]ip community-list 1 deny 100:2
[R2]ip community-list 1 permit
//放行其他 Community 属性的路由
[R2]route-policy community permit node 10
[R2-route-policy-community-10]if-match community 1
[R2-route-policy-community-10]quit
[R2]bgp 65012
[R2-bgp-default]address-family ipv4
[R2-bgp-default-ipv4]peer 10.1.26.6 route-policy community export
```

在 R6 上查看验证：

```
[R6]dis bgp routing-table ipv4
    Total number of routes: 5
    BGP local router ID is 10.0.0.6
Status codes: * - valid, > - best, d - dampened, h - history
              s - suppressed, S - stale, i - internal, e - external
              a - additional-path
    Origin: i - IGP, e - EGP, ? - incomplete
    Network          NextHop        MED      LocPrf  PrefVal  Path/Ogn
* >e 192.168.30.0    10.1.26.2                       0        65012 65003i
* >e 192.168.40.0    10.1.26.2                       0        65012 65004i
* >e 192.168.50.0    10.1.26.2                       0        65012   65005i
* >e 192.168.70.0    10.1.26.2                       0        65012 65005   65007i
* >e 192.168.80.0    10.1.26.2                       0        65012 65008i
```

步骤 4：实现网络需求②

在 R2、R7 上使用 AS-Path-List 过滤 R5 上的始发路由，实现网络需求②。

```
[R2]ip as-path 1 deny _65005$
//使用正则表达式，匹配始发 AS 65005 的路由
[R2]ip as-path 1 permit .*
//使用正则表达式，匹配任意路由，并放行
[R2]bgp 65012
[R2-bgp-default]address-family ipv4
[R2-bgp-default-ipv4]peer 10.1.25.5 as-path-acl 1 import

[R7]ip as-path 1 deny _65005$
[R7]ip as-path 1 permit .*
[R7]bgp 65007
[R7-bgp-default]address-family ipv4
```

```
[R7-bgp-default-ipv4]peer 10.1.57.5    as-path-acl 1 import
[R7-bgp-default-ipv4]quit
[R7-bgp-default]quit
```

在 R6 上查看验证 AS-Path-List 生效情况:

```
[R6]dis bgp routing-table ipv4
Total number of routes: 4
BGP local router ID is 10.0.0.6
Status codes: * - valid, > - best, d - dampened, h - history
              s - suppressed, S - stale, i - internal, e - external
              a - additional-path
   Origin: i - IGP, e - EGP, ? - incomplete
   Network            NextHop          MED      LocPrf     PrefVal Path/Ogn
* >e 192.168.30.0     10.1.26.2                 0          65012 65003i
* >e 192.168.40.0     10.1.26.2                 0          65012 65004i
* >e 192.168.70.0     10.1.26.2                 0          65012 65005 65007i
* >e 192.168.80.0     10.1.26.2                 0          65012   65008i
```

在 R7 上查看验证 AS-Path-List 生效情况:

```
[R7]dis bgp routing-table ipv4
Total number of routes: 6
BGP local router ID is 10.0.0.7
Status codes: * - valid, > - best, d - dampened, h - history
              s - suppressed, S - stale, i - internal, e - external
              a - additional-path
   Origin: i - IGP, e - EGP, ? - incomplete
   Network            NextHop          MED     LocPrf     PrefVal Path/Ogn
* >e 172.16.0.0       10.1.57.5                0          65005 65012 65003i
* >e 172.18.0.0       10.1.57.5                0          65005 65012 65004i
* >e 192.168.30.0     10.1.57.5                0          65005 65012 65003i
* >e 192.168.40.0     10.1.57.5                0          65005 65012 65004i
* >   192.168.70.0    192.168.70.1             0          32768i
* >e 192.168.80.0     10.1.57.5                0          65005   65012 65008i
```

步骤 5: 实现网络需求③

在 R1、R8 上配置 Community 属性,使得 AS 65008 只与 AS 65012 通信,由于在 R1 上网络需求①的配置中已经通告了 Community 属性,所以无须再配置 Community 属性的传递,实现网络需求③。

```
[R8]route-policy community permit node 10
[R8-route-policy-community-10]apply community no-export
//使用 Community 公用属性 no-export 在 R1 上对 EBGP 邻居生效,满足网络需求 3
[R8-route-policy-community-10]quit
[R8]bgp 65008
[R8-bgp-default]address-family ipv4
[R8-bgp-default-ipv4]network 192.168.80.0 24
```

```
[R8-bgp-default] peer 10.1.18.1 advertise-community
[R8-bgp-default-ipv4]peer 10.1.18.1 route-policy community export
[R8-bgp-default-ipv4]quit
```

在非 AS 65012 区域的路由器验证是否满足需求③：

```
<R3>display bgp routing-table ipv4

Total number of routes: 5

BGP local router ID is 10.0.0.3
Status codes: * - valid, > - best, d - dampened, h - history
              s - suppressed, S - stale, i - internal, e - external
              a - additional-path
     Origin: i - IGP, e - EGP, ? - incomplete

  Network             NextHop          MED     LocPrf   PrefVal   Path/Ogn
* >    172.16.0.0       172.16.30.1      0                32768        i
* >e 172.18.0.0         10.1.13.1                         0        65012 65004i
* >    192.168.30.0     192.168.30.1     0                32768        i
* >e 192.168.40.0       10.1.13.1                         0        65012 65004i
* >e 192.168.70.0       10.1.13.1                         0        65012 65005 65007i
```

4.7.5 思考

BGP 协议的 Community 属性和 Tag 有什么异同？

4.8 BGP 路由引入

4.8.1 原理概述

默认情况下，不同的路由协议之间独立工作计算生成路由，协议间不能获取到任何路由信息；协议间获取路由信息时，需要做路由引入，在引入时施加相应的路由策略和控制，满足项目需求。

路由被引入到 BGP 进程中时，BGP 路由表中 Path/Ogn 字段处，显示的是 "?"（代表引入路由），MED 属性数值为 1，可以根据需要对这两个字段进行修改。

4.8.2 实验目的

① 理解 BGP 路由引入的概念。
② 掌握 BGP 路由引入的配置方法。

4.8.3 实验内容

本实验拓扑结构如图 4-8-1 所示，实验编址如表 4-8-1 所示。公司 A 中有 3 台路由器：R1、R2、R3，属于 AS65123；3 台路由器依靠静态路由并使用物理口建立了 IBGP 连接邻居关系；R1 和 R4 上运行 OSPF 协议，R3 和 R5 上也运行 OSPF 协议；5 台路由器使用环回口模拟连接的业务网络。

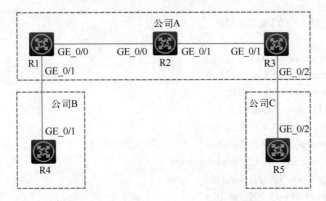

图 4-8-1　BGP 路由引入实验拓扑结构

表 4-8-1　实验编址表

设备	Route ID	接口	IP 地址	子网掩码
R1	10.0.0.1	GE 0/0	10.1.12.1	255.255.255.0
		GE 0/1	10.1.14.1	255.255.255.0
		Loopback 0	192.168.10.1	255.255.255.0
R2	10.0.0.2	GE 0/0	10.1.12.2	255.255.255.0
		GE 0/1	10.1.23.2	255.255.255.0
		Loopback 0	192.168.20.1	255.255.255.0
R3	10.0.0.3	GE 0/1	10.1.23.3	255.255.255.0
		GE 0/2	10.1.35.3	255.255.255.0
		Loopback 0	192.168.30.1	255.255.255.0
R4	10.0.0.4	GE 0/1	10.1.14.4	255.255.255.0
		Loopback 0	192.168.40.1	255.255.255.0
R5	10.0.0.5	GE 0/2	10.1.35.5	255.255.255.0
		Loopback 0	172.16.50.1	255.255.255.0

组网需求：将 OSPF 协议引入到 BGP 进程中，并在 R1 和 R3 的 OSPF 进程中通告默认路由，实现公司间互连互通。

4.8.4　实验步骤

步骤 1：配置 IP 地址
略。
步骤 2：静态路由、OSPF 协议、BGP 协议的基础配置

```
[H3C]sysname R1
[R1]ospf 1 router-id 10.0.0.1
[R1-ospf-1]area 0
[R1-ospf-1-area-0.0.0.0]network 10.1.14.1 0.0.0.0
[R1-ospf-1-area-0.0.0.0]quit
[R1-ospf-1]quit
```

```
[R1]ip route-static 10.1.23.0 24 10.1.12.2
[R1]bgp 65123
[R1-bgp-default]router-id 10.0.0.1
[R1-bgp-default]peer 10.1.12.2 as 65123
[R1-bgp-default]peer 10.1.23.3 as 65123
[R1-bgp-default]address-family ipv4
[R1-bgp-default-ipv4]peer 10.1.23.3 enable
[R1-bgp-default-ipv4]peer 10.1.12.2 enable
[R1-bgp-default-ipv4]peer 10.1.12.2 next-hop-local
[R1-bgp-default-ipv4]peer 10.1.23.3 next-hop-local
[R1-bgp-default-ipv4]network 192.168.10.1 24
[R1-bgp-default-ipv4]quit
[R1-bgp-default]quit

[R2]sysname R2
[R2]bgp 65123
[R2-bgp-default]router-id 10.0.0.2
[R2-bgp-default]peer 10.1.12.1 as 65123
[R2-bgp-default]peer 10.1.23.3 as 65123
[R2-bgp-default]address-family ipv4
[R2-bgp-default-ipv4]network 192.168.20.1 24
[R2-bgp-default-ipv4]peer 10.1.23.3 enable
[R2-bgp-default-ipv4]peer 10.1.12.1 enable
[R2-bgp-default-ipv4]quit
[R2-bgp-default]quit

[H3C]sysname R3
[R3]ip route-static 10.1.12.0 24 10.1.23.2
[R3]bgp 65123
[R3-bgp-default]router-id 10.0.0.3
[R3-bgp-default]peer 10.1.12.1 as 65123
[R3-bgp-default]peer 10.1.23.2 as 65123
[R3-bgp-default]address-family ipv4
[R3-bgp-default-ipv4]peer 10.1.12.1 enable
[R3-bgp-default-ipv4]peer 10.1.23.2 enable
[R3-bgp-default-ipv4]peer 10.1.12.1 next-hop-local
[R3-bgp-default-ipv4]peer 10.1.23.2 next-hop-local
[R3-bgp-default-ipv4]network 192.168.30.1 24
[R3-bgp-default-ipv4]quit
[R3-bgp-default]quit
[R3]ospf 1 router-id 10.0.0.3
[R3-ospf-1]area    0
[R3-ospf-1-area-0.0.0.0]network 10.1.35.3 0.0.0.0
[R3-ospf-1-area-0.0.0.0]quit
[R3-ospf-1]quit
```

```
[H3C]sysname R4
[R4]ospf 1 router-id 10.0.0.4
[R4-ospf-1]area 0
[R4-ospf-1-area-0.0.0.0]network 10.1.14.4 0.0.0.0
[R4-ospf-1-area-0.0.0.0]network 192.168.40.1 0.0.0.0
[R4-ospf-1-area-0.0.0.0]quit

[H3C]sysname R5
[R5]ospf 1 router-id 10.0.0.5
[R5-ospf-1]area 0
[R5-ospf-1-area-0.0.0.0]network 10.1.35.5 0.0.0.0
[R5-ospf-1-area-0.0.0.0]network 172.16.50.1 0.0.0.0
[R5-ospf-1-area-0.0.0.0]quit
```

步骤 3：在 R1 和 R3 上将 OSPF 引入到 BGP 协议中

```
[R1]bgp 65123
[R1-bgp-default]address-family ipv4
[R1-bgp-default-ipv4]import-route ospf 1

[R3]bgp 65123
[R3-bgp-default]address-family ipv4
[R3-bgp-default-ipv4]import-route ospf 1
```

步骤 4：在 R2 上验证 BGP 路由学习的情况

```
[R2]display bgp routing-table ipv4
Total number of routes: 5
BGP local router ID is 10.0.0.2
Status codes: * - valid, > - best, d - dampened, h - history
              s - suppressed, S - stale, i - internal, e - external
              a - additional-path
    Origin: i - IGP, e - EGP, ? - incomplete
  Network            NextHop         MED        LocPrf     PrefVal Path/Ogn
* >i 172.16.50.1/32  10.1.23.3       1          100        0          ?
* >i 192.168.10.0    10.1.12.1       0          100        0          i
* >   192.168.20.0   192.168.20.1    0                     32768      i
* >i 192.168.30.0    10.1.23.3       0          100        0          i
* >i 192.168.40.1/32 10.1.12.1       1          100        0          ?
```

步骤 5：引入路由

在 R1 和 R3 的 OSPF 进程中，下发默认路由，使得公司 B 和公司 C 拥有去往公司 A 的路由。

```
[R1]ip route-static 0.0.0.0 0 null 0
[R1]ospf 1
[R1-ospf-1]default-route-advertise

[R3]ip route-static 0.0.0.0 0 null 0
```

```
[R3]ospf 1
[R3-ospf-1]default-route-advertise
```

步骤 4：在 R5 上使用 ping 命令验证公司间路由通信

```
<R5>ping -a 172.16.50.1 192.168.40.1
Ping 192.168.40.1 (192.168.40.1) from 172.16.50.1: 56 data bytes, press CTRL_C  to break
56 bytes from 192.168.40.1: icmp_seq=0 ttl=252 time=3.000 ms
56 bytes from 192.168.40.1: icmp_seq=1 ttl=252 time=3.000 ms
56 bytes from 192.168.40.1: icmp_seq=2 ttl=252 time=2.000 ms
56 bytes from 192.168.40.1: icmp_seq=3 ttl=252 time=2.000 ms
56 bytes from 192.168.40.1: icmp_seq=4 ttl=252 time=2.000 ms
```

4.8.5 思考

BGP 协议是否能够引入默认路由？

4.9 BGP 默认路由

4.9.1 原理概述

BGP 协议也支持默认路由的使用。请根据实际网络的情况，使用默认路由，简化复杂的路由问题，起到网络优化的作用。

BGP 产生默认路由的方法：

① 使用 default-route-advertise 命令，通告默认路由。

② 使用默认黑洞路由和 network 命令通告默认路由。

4.9.2 实验目的

① 理解 BGP 默认路由的使用场景。

② 掌握 BGP 默认路由的配置方法。

4.9.3 实验内容

本实验拓扑结构如图 4-9-1 所示，实验编址如表 4-9-1 所示。

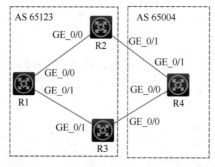

图 4-9-1 BGP 默认路由实验拓扑结构

表 4-9-1　实验编址表

设备	Route ID	接口	IP 地址	子网掩码
R1	10.0.0.1	GE 0/0	10.1.12.1	255.255.255.0
		GE 0/1	10.1.13.1	255.255.255.0
		Loopback 0	192.168.10.1	255.255.255.0
R2	10.0.0.2	GE 0/0	10.1.12.2	255.255.255.0
		GE 0/1	10.1.24.2	255.255.255.0
R3	10.0.0.3	GE 0/0	10.1.34.3	255.255.255.0
		GE 0/1	10.1.13.3	255.255.255.0
R4	10.0.0.4	GE 0/0	10.1.34.4	255.255.255.0
		GE 0/1	10.1.24.4	255.255.255.0
		Loopback 0	192.168.40.1	255.255.255.0

组网要求：

① 各设备之间运行 BGP 协议，并使用物理接口建立邻居关系；

② R4 上通告了 192.168.40.1/24 的网段，并携带了 Community 属性中的 No-advertise 团体属性，使得 R1 不能够习得 R4 通告的路由；

③ 通过在 R2、R3 上配置通告默认路由实现 R1 与 R4 的路由能够互相访问。

4.9.4　实验步骤

步骤 1：配置 IP 地址
略。
步骤 2：配置 BGP 邻居，并在 R1、R4 上通告路由

```
[R1]bgp 65123
[R1-bgp-default]router-id 10.0.0.1
[R1-bgp-default]peer 10.1.12.2 as 65123
[R1-bgp-default]peer 10.1.13.3 as 65123
[R1-bgp-default]address-family ipv4
[R1-bgp-default-ipv4]peer 10.1.12.2 enable
[R1-bgp-default-ipv4]peer 10.1.13.3 enable
[R1-bgp-default-ipv4]network 192.168.10.1 24
[R1-bgp-default-ipv4]quit
[R1-bgp-default]quit

[R2]bgp 65123
[R2-bgp-default]router-id 10.0.0.2
[R2-bgp-default]peer 10.1.12.1 as 65123
[R2-bgp-default]peer 10.1.24.4 as 65004
[R2-bgp-default]address-family ipv4
[R2-bgp-default-ipv4]peer 10.1.24.4 enable
[R2-bgp-default-ipv4]peer 10.1.12.1 enable
```

```
[R2-bgp-default-ipv4]quit
[R2-bgp-default]quit

[R3]bgp 65123
[R3-bgp-default]router-id 10.0.0.3
[R3-bgp-default]peer 10.1.13.1 as 65123
[R3-bgp-default]peer 10.1.34.4 as 65004
[R3-bgp-default]address-family ipv4
[R3-bgp-default-ipv4]peer 10.1.13.1 enable
[R3-bgp-default-ipv4]peer 10.1.34.4 enable
[R3-bgp-default-ipv4]quit
[R3-bgp-default]quit

[R4]bgp 65004
[R4-bgp-default]router-id 10.0.0.4
[R4-bgp-default]peer 10.1.24.2 as 65123
[R4-bgp-default]peer 10.1.34.3 as 65123
[R4-bgp-default]address-family ipv4
[R4-bgp-default-ipv4]peer 10.1.24.2 enable
[R4-bgp-default-ipv4]peer 10.1.34.3 enable
[R4-bgp-default-ipv4]quit
[R4-bgp-default]quit
```

步骤 3：在 R4 上通告 192.168.40.1/24 网段路由信息，并携带 Community No-advertise 团体属性

```
[R4]route-policy 1 permit node 10
[R4-route-policy-1-10]apply community no-advertise
[R4-route-policy-1-10]quit
[R4]bgp 65004
[R4-bgp-default]address-family ipv4
[R4-bgp-default-ipv4]peer 10.1.24.2 route-policy 1 export
[R4-bgp-default-ipv4]peer 10.1.34.3 route-policy 1 export
[R4-bgp-default-ipv4]peer 10.1.24.2 advertise-community
[R4-bgp-default-ipv4]peer 10.1.34.3 advertise-community
[R4-bgp-default-ipv4]network 192.168.40.1 24
[R4-bgp-default-ipv4]quit
[R4-bgp-default]quit
```

步骤 4：验证组网要求②

```
[R2]display bgp routing-table ipv4 192.168.40.1
BGP local router ID: 10.0.0.2
Local AS number: 65123
Paths:    1 available, 1 best
BGP routing table information of 192.168.40.0/24:
From            : 10.1.24.4 (10.0.0.4)
Rely nexthop    : 10.1.24.4
```

```
Original nexthop: 10.1.24.4
OutLabel        : NULL
Community       : No-Advertise
RxPathID        : 0x0
TxPathID        : 0x0
AS-path         : 65004
Origin          : igp
Attribute value : MED 0, pref-val 0
State           : valid, external, best
IP precedence   : N/A
QoS local ID    : N/A
Traffic index   : N/A

[R1]display bgp routing-table ipv4
Total number of routes: 1
BGP local router ID is 10.0.0.1
Status codes: * - valid, > - best, d - dampened, h - history
              s - suppressed, S - stale, i - internal, e - external
              a - additional-path
   Origin: i - IGP, e - EGP, ? - incomplete
 Network          NextHop          MED        LocPrf      PrefVal Path/Ogn
 * >   192.168.10.0     192.168.10.1      0                      32768    i
```

步骤 5：在 R2 上对 R1 通告默认路由

```
[R2]bgp 65123
[R2-bgp-default]address-family ipv4
[R2-bgp-default-ipv4]peer 10.1.12.1 default-route-advertise
```

在 R1 上验证上述配置：

```
[R1]display bgp routing-table ipv4
Total number of routes: 2
BGP local router ID is 10.0.0.1
Status codes: * - valid, > - best, d - dampened, h - history
              s - suppressed, S - stale, i - internal, e - external
              a - additional-path
   Origin: i - IGP, e - EGP, ? - incomplete
 Network          NextHop          MED        LocPrf      PrefVal Path/Ogn
 * >i 0.0.0.0          10.1.12.2                    100         0         i
 * >   192.168.10.0     192.168.10.1      0                      32768    i
```

步骤 6：在 R3 上使用默认黑洞路由和 network 命令通告默认路由

```
[R3]ip route-static 0.0.0.0 0 NULL 0
[R3-bgp-default-ipv4]network 0.0.0.0 0
```

步骤 7：在 R1 上进行验证

```
[R1]display bgp routing-table ipv4

Total number of routes: 3

BGP local router ID is 10.0.0.1

Status codes: * - valid, > - best, d - dampened, h - history
              s - suppressed, S - stale, i - internal, e - external
              a - additional-path
   Origin: i - IGP, e - EGP, ? - incomplete
   Network            NextHop           MED        LocPrf        PrefVal Path/Ogn
 * >i 0.0.0.0          10.1.12.2                    100           0             i
 *  i                  10.1.13.3         0          100           0             i
 * >   192.168.10.0    192.168.10.1      0                        32768   i
```

注意：由于在 R3 上使用 network 命令通告了默认路由，那么 R4 上可以学习到 R3 通告的默认路由，需要在 R3 或 R4 上进行过滤。

```
[R4]display bgp routing-table ipv4

Total number of routes: 4

BGP local router ID is 10.0.0.4

Status codes: * - valid, > - best, d - dampened, h - history
              s - suppressed, S - stale, i - internal, e - external
              a - additional-path
   Origin: i - IGP, e - EGP, ? - incomplete
   Network            NextHop           MED        LocPrf        PrefVal Path/Ogn
 * >e 0.0.0.0          10.1.34.3         0                        0         65123i
 * >e 192.168.10.0     10.1.34.3                                  0         65123i
 *  e                  10.1.24.2                                  0         65123i
 * >   192.168.40.0    192.168.40.1      0                        32768   i
```

步骤 8：在 R3 上配置策略，对 R4 学习到的默认路由进行过滤

```
[R3]ip prefix-list 1 permit 0.0.0.0 0
[R3]route-policy 1 deny node 10
[R3-route-policy-1-10]if-match ip address prefix-list 1
[R3-route-policy-1-10]quit
[R3]route-policy 1 permit node 20
[R3-route-policy-1-20]quit
[R3]bgp 65123
[R3-bgp-default]address-family ipv4
[R3-bgp-default-ipv4]peer 10.1.34.4 route-policy 1 export
```

在 R4 上验证上述配置：

```
[R4]display bgp routing-table ipv4

Total number of routes: 3

BGP local router ID is 10.0.0.4

Status codes: * - valid, > - best, d - dampened, h - history
              s - suppressed, S - stale, i - internal, e - external
```

```
              a - additional-path
      Origin: i - IGP, e - EGP, ? - incomplete
    Network              NextHop         MED       LocPrf      PrefVal    Path/Ogn
  * >e 192.168.10.0      10.1.34.3                               0        65123i
  *  e                   10.1.24.2                               0        65123i
  * >   192.168.40.0     192.168.40.1      0                   32768        i
```

步骤 9：在 R4 上使用 ping 命令验证两个网段的通信

```
[R4]ping -c 1 -a 192.168.40.1 192.168.10.1
Ping 192.168.10.1 (192.168.10.1) from 192.168.40.1: 56 data bytes, press CTRL_C        to break
56 bytes from 192.168.10.1: icmp_seq=0 ttl=254 time=1.000 ms
```

4.9.5　思考

能否在 R1 上配置静态默认路由实现 R1 与 R4 的互通？

第 5 章　IS-IS 协议

5.1　IS-IS 基本配置

5.1.1　原理概述

IS-IS (intermediate system to intermediate system, 中间系统到中间系统) 协议是基于 CLNP (connectionless network protocol, 无连接网络协议) 设计的 IGP 协议。与 OSPF 相同, IS-IS 是一种链路状态协议, 使用 SPF 算法进行路由计算。

1. 基本术语

IS (intermediate system): 中间系统。相当于 TCP/IP 中的路由器。

ES (end system): 终端系统。相当于 TCP/IP 中的主机系统。

Area: 区域, 路由域的细分单元, IS-IS 允许将整个路由域分为多个区域。

LSDB (link state database): 链路状态数据库。

LSPDU (link state protocol data unit): 链路状态协议数据单元 (简称 LSP), 相当于 OSPF 协议的 LSA, 对链路进行描述。

时序报文 SNP (sequence number PDUs): 用于确认邻居之间最新接收的 LSP, 作用类似于确认 (Acknowledge) 报文。

NPDU (network protocol data unit): 网络协议数据单元, 是 OSI 中的网络层协议报文, 相当于 TCP/IP 中的 IP 报文。

DIS (designated IS): 广播网络上选举的指定中间系统, 也可以称为指定 IS。

NSAP (network service access point): 网络服务接入点, 即 OSI 中网络层的地址, 用来标识一个抽象的网络服务访问点, 描述 OSI 模型的网络地址结构。

2. IS-IS 地址结构

NSAP 由两部分可变长组成, 如图 5-1-1 所示。

IDP		DSP		
AFI	IDI	High Order DSP	SystemID	SEL
◄────── Area ID(1~13B) ──────►			◄─ 6B ─►	◄1B►

图 5-1-1　IS-IS 协议的地址结构示意图

IDP 相当于 IP 地址的主网络号, 由 ISO 规定;

DSP 相当于 IP 地址的子网号和主机地址, 用 HODSP 来分割区域, 用 SystemID 来分割主机, 用 SEL (网络服务鉴别器) 区分服务类型, 类似于 IP 报文中的协议号, 用于区分上层服务。

NET (网络实体名称): 指示的是 IS 本身的网络层信息, 不包括传输层信息, 可以看作是一类特殊的 NSAP，即 SEL 为 0 的 NSAP 地址。

3．IS-IS 区域

IS-IS 在路由域内采用两级的分层结构：骨干区域和非骨干区域。

运行 IS-IS 协议的路由设备，可以按照等级分为：Level-1、Level-2、Level-1-2 路由器。

一般来说，将 Level-1 路由器部署在区域内，Level-2 路由器部署在区域间，Level-1-2 路由器部署在 Level-1 路由器和 Level-2 路由器的中间，如图 5-1-2 所示。

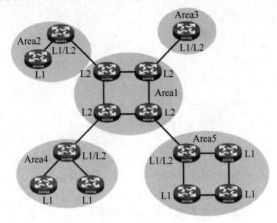

图 5-1-2　常见的 IS-IS 网络拓扑结构

IS-IS 的骨干网（backbone）指的不是一个特定的区域。

4．IS-IS 的网络类型

只支持 Broadcast 和 P2P 类型网络，不支持 NBMA 和 P2MP；

在 Broadcast 上需要选举一个路由器成为 DIS，优先级越高，越有可能成为 DIS，当优先级一致时，比较 MAC 地址，越大越优；

与 OSPF 协议不同的是，优先级为 0 的路由器也参与选举 DIS；DIS 可以抢夺。

5．IS-IS 的报文

Hello 报文：L1 Hello、L2Hello、P2PHello。

LSP：L1、L2LSP。

CSNP：完全序列号，类似于 OSPF 的 DD 报文，分为 L1 和 L2 级别。

PSNP：部分序列号，类似于 OPSF 的 LSR/LSACK，分为 L1 和 L2 级别。查看 PSNP 的序列号，序列号为 0 则是请求报文；序列号非 0 则是确认报文。

5.1.2　实验目的

① 理解 NET 的结构和含义。
② 理解 IS-IS 路由器级别、报文含义。
③ 掌握 IS-IS 协议的基本配置方法。

5.1.3　实验内容

本实验拓扑结构如图 5-1-3 所示，实验编址如表 5-1-1 所示。本实验模拟了一个简单的网络场景：路由器 R1、R2、R3、R4 的 Loopback 口模拟了企业业务网络，全网运行 IS-IS 协议，实现企业业务网段的互通；R1 运行级别为 Level-2，R2 运行级别为 Level-1-2，R3、R4 运行级别为 Level-1。

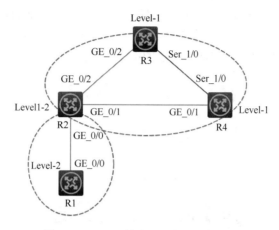

图 5-1-3   IS-IS 基本配置实验拓扑结构

表 5-1-1   实验编址表

设备	接口	IP 地址	子网掩码
R1	GE 0/0	10.1.12.1	255.255.255.0
	Loopback 0	192.168.10.1	255.255.255.0
	NET：20.0000.0000.0001.00		
R2	GE 0/0	10.1.12.2	255.255.255.0
	GE 0/1	10.1.24.2	255.255.255.0
	GE 0/2	10.1.23.2	255.255.255.0
	Loopback 0	192.168.20.1	255.255.255.0
	NET：10.0000.0000.0002.00		
R3	GE 0/2	10.1.23.3	255.255.255.0
	Ser 1/0	10.1.34.3	255.255.255.0
	Loopback 0	192.168.30.1	255.255.255.0
	NET：10.0000.0000.0003.00		
R4	GE 0/1	10.1.24.4	255.255.255.0
	Ser 1/0	10.1.34.4	255.255.255.0
	Loopback 0	192.168.40.1	255.255.255.0
	NET：10.0000.0000.0004.00		

5.1.4   实验步骤

步骤 1：在 R2 的 GE 0/0 口和 GE 0/0 上开启抓包

开启抓包工具，记录数据内容，后续的图需要抓包工具显示。

步骤 2：R2 的基本配置

```
[H3C]sysname R2
[R2]interface GigabitEthernet 0/0
[R2-GigabitEthernet0/0]ip address 10.1.12.2 24
[R2-GigabitEthernet0/0]quit
[R2]interface GigabitEthernet 0/1
[R2-GigabitEthernet0/1]ip address 10.1.24.2 24
[R2-GigabitEthernet0/1]quit
[R2]interface GigabitEthernet 0/2
[R2-GigabitEthernet0/2]ip address 10.1.23.2 24
[R2-GigabitEthernet0/2]quit
[R2]interface LoopBack 0
[R2-LoopBack0]ip address 192.168.20.1 24
[R2-LoopBack0]quit
[R2]isis 1
//开启 IS-IS 协议，并设定进程号为 1
[R2-isis-1]is-level ?
[R2-isis-1]network-entity 10.0000.0000.0002.00
//设定 R2 的 NET 地址为 10.0000.0000.0002.00
[R2-isis-1]quit
[R2]interface GigabitEthernet 0/2
[R2-GigabitEthernet0/2]isis enable ?
  INTEGER<1-65535>    Process ID
//在接口上激活 IS-IS 协议需要指定进程号，如果没有指定，则默认进程号是 1
//与 OSPF 协议采用 network+IP 地址的方式来激活接口不同的是，IS-IS 协议是在接口上使能激活接口
[R2-GigabitEthernet0/2]isis enable 1
[R2]interface GigabitEthernet 0/0
[R2-GigabitEthernet0/0]isis enable 1
[R2-GigabitEthernet0/0]quit
[R2]interface GigabitEthernet 0/1
[R2-GigabitEthernet0/1]isis enable 1
[R2-GigabitEthernet0/1]quit
[R2]interface LoopBack 0
[R2-LoopBack0]isis enable 1
[R2-LoopBack0]quit
```

步骤 3：观察 IS-IS 的 Hello 报文

如图 5-1-4 所示，R2 运行配置 IS-IS 协议后，发出的 Hello 报文。

图 5-1-4　R2 的 GE 0/2 口数据抓包

① R2 作为 Level-1-2 级别的路由器，既发送 Level-1 的 Hello 报文，也同时发送 Level-2 的 Hello 报文。

② 数据链路层采用 802.3 以太网帧进行封装。

③ 网络层与 IP 协议无关。

步骤 4：Hello 报文的具体分析

如图 5-1-5 所示，IS-IS 协议的 Hello 报文分为固定字段和 TLV 字段两个部分。

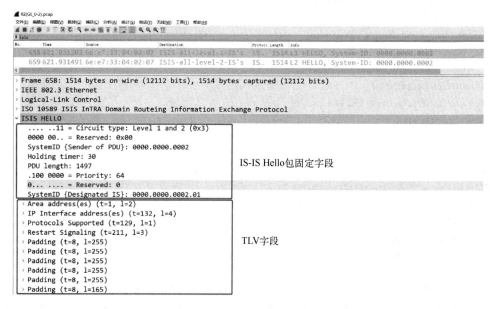

图 5-1-5　Hello 报文内容

下面介绍固定字段需要掌握的内容：

.... ..11 = Circuit type: Level 1 and 2 (0x3)
//路由器级别
SystemID {Sender of PDU}: 0000.0000.0002
//系统 ID
Holding timer: 30
//保持计时器，hello time 的 3 倍，用于告诉邻居本端失效的时间
.100 0000 = Priority: 64
//用于 DIS 的选举，取值 0~127，越大越优，默认数值为 64
0... .... = Reserved: 0
//优先级的最高位保留，所以导致 DIS 选举的优先级取值为 0~127
SystemID {Designated IS}: 0000.0000.0002.01
//DIS 的 SystemID，注意此时还没有配置 R3，所以 R2 认为自己是 DIS

步骤 5：R1 的配置

[H3C]sysname R1
[R1]interface GigabitEthernet 0/0
[R1-GigabitEthernet0/0]ip address 10.1.12.1 24
[R1-GigabitEthernet0/0]quit

```
[R1]interface LoopBack 0
[R1-LoopBack0]ip address 192.168.10.1 24
[R1-LoopBack0]quit
[R1]isis 1
[R1-isis-1]is-level level-2
[R1-isis-1]network-entity 20.0000.0000.0001.00
[R1-isis-1]quit
[R1]interface GigabitEthernet 0/0
[R1-GigabitEthernet0/0]isis enable 1
[R1-GigabitEthernet0/0]quit
[R1]interface LoopBack 0
[R1-LoopBack0]isis enable 1
[R1-LoopBack0]quit
```

步骤 6：在 R1 上查看邻居信息

```
[R1]display isis peer
                    Peer information for IS-IS(1)

                    ------------------------------

System ID: 0000.0000.0002
Interface: GE0/0              Circuit Id:   0000.0000.0002.02
State: Up      HoldTime: 8s   Type: L2(L1L2)     PRI: 64
```

步骤 7：在 R1 上查看 LSDB

```
[R1]display isis lsdb
                 Database information for IS-IS(1)

                 ----------------------------------

                 Level-2 Link State Database

                 ----------------------------

LSPID                   Seq Num     Checksum   Holdtime     Length   ATT/P/OL
--------------------------------------------------------------------------
0000.0000.0001.00-00*   0x00000037   0xf574       911         84      0/0/0
0000.0000.0002.00-00    0x00000043   0x5206       891         84      0/0/0
0000.0000.0002.02-00    0x00000027   0x5c07       890         55      0/0/0
*-Self LSP, +-Self LSP(Extended), ATT-Attached, P-Partition, OL-Overload
```

步骤 8：在 R1 上查看 LSDB 中的 LSP

```
[R1]display isis lsdb lsp-id 0000.0000.0001.00-00 verbose
                 Database information for IS-IS(1)

                 ----------------------------------

                 Level-2 Link State Database

                 ----------------------------

LSPID                   Seq Num     Checksum    Holdtime     Length   ATT/P/OL
--------------------------------------------------------------------------
0000.0000.0001.00-00* 0x00000038   0xf375        1056         84      0/0/0
    Source         0000.0000.0001.00                            //本端 LSP 信息
```

```
    NLPID            IPv4                              //网络层使用的协议：IPv4
    Area address 20                                    //本端 area ID
    IPv4 address 10.1.12.1                             //本端激活 IS-IS 协议的端口 IP
    IPv4 address 192.168.10.1
    NBR   ID                                           //伪节点的 ID
    0000.0000.0002.02            Cost: 10
    IP-Internal                                        //本端激活 IS-IS 协议网段信息
    10.1.12.0       255.255.255.0    Cost: 10
    IP-Internal
    192.168.10.0    255.255.255.0    Cost: 0
    *-Self LSP, +-Self LSP(Extended), ATT-Attached, P-Partition, OL-Overload
```

步骤 9：修改 R1、R2 的 SystemID 别名，便于后续维护

```
[R1]isis 1
[R1-isis-1]is-name R1

[R2]isis 1
[R2-isis-1]is-name R2
```

观察修改后的 LSDB 情况：

```
[R1]display isis lsdb

                Database information for IS-IS(1)
                ---------------------------------

                Level-2 Link State Database
                ---------------------------

    LSPID               Seq Num       Checksum       Holdtime       Length    ATT/P/OL
    -------------------------------------------------------------------------------------
    R1.00-00*           0x0000003e    0x77dc         644            88        0/0/0
    R2.00-00            0x0000004a    0x122f         870            88        0/0/0
    R2.02-00            0x0000002e    0x4e0e         1111           55        0/0/0
```

步骤 10：在 R1 上查看 IS-IS 协议学习到的路由信息

```
[R1]display ip routing-table protocol isis
Summary count : 3
ISIS Routing table status : <Active>
Summary count : 1
Destination/Mask    Proto    Pre Cost      NextHop        Interface
192.168.20.0/24     IS_L2    15  10        10.1.12.2      GE 0/0
ISIS Routing table status : <Inactive>
Summary count : 2
Destination/Mask    Proto    Pre Cost      NextHop        Interface
10.1.12.0/24        IS_L2    15  10        0.0.0.0        GE 0/0
192.168.10.0/24     IS_L2    15  0         0.0.0.0        Loop 0
```

步骤 11：R3 的配置

```
[H3C]sysname R3
```

```
[R3]interface GigabitEthernet 0/2
[R3-GigabitEthernet0/2]ip address 10.1.23.3 24
[R3-GigabitEthernet0/2]quit
[R3]interface Serial 1/0
[R3-Serial1/0]ip address 10.1.34.3 24
[R3-Serial1/0]quit
[R3]int LoopBack 0
[R3-LoopBack0]ip address 192.168.30.1 24
[R3-LoopBack0]quit
[R3]isis 1
[R3-isis-1]is-name R3
[R3-isis-1]is-level level-1
[R3-isis-1]network-entity 10.0000.0000.0003.00
[R3-isis-1]quit
[R3]interface GigabitEthernet 0/2
[R3-GigabitEthernet0/2]isis enable    1
[R3-GigabitEthernet0/2]quit
[R3]interface Serial 1/0
[R3-Serial1/0]isis enable 1
[R3-Serial1/0]quit
[R3]int LoopBack 0
[R3-LoopBack0]isis enable 1
[R3-LoopBack0]quit
```

步骤 12：R4 的配置

```
[H3C]sysname R4
[R4]interface Serial 1/0
[R4-Serial1/0]ip address 10.1.34.4 24
[R4-Serial1/0]quit
[R4]interface GigabitEthernet 0/1
[R4-GigabitEthernet0/1]ip address 10.1.24.4 24
[R4-GigabitEthernet0/1]quit
[R4]interface LoopBack 0
[R4-LoopBack0]ip address 192.168.40.1 24
[R4-LoopBack0]quit
[R4]isis 1
[R4-isis-1]is-name R4
[R4-isis-1]is-level level-1
[R4-isis-1]network-entity 10.0000.0000.0004.00
[R4-isis-1]quit
[R4]interface Serial 1/0
[R4-Serial1/0]isis enable 1
[R4-Serial1/0]quit
```

```
[R4]interface GigabitEthernet 0/1
[R4-GigabitEthernet0/1]isis enable 1
[R4-GigabitEthernet0/1]quit
[R4]interface LoopBack 0
[R4-LoopBack0]isis enable 1
[R4-LoopBack0]quit
```

步骤 13：验证

在 R1 上查看 IS-IS 协议学习到的路由信息

```
[R1]display ip routing-table protocol isis
    Summary count : 8
    ISIS Routing table status : <Active>
    Summary count : 6
    Destination/Mask    Proto    Pre Cost         NextHop          Interface
    10.1.23.0/24        IS_L2    15   20          10.1.12.2        GE 0/0
    10.1.24.0/24        IS_L2    15   20          10.1.12.2        GE 0/0
    10.1.34.0/24        IS_L2    15   30          10.1.12.2        GE 0/0
    192.168.20.0/24     IS_L2    15   10          10.1.12.2        GE 0/0
    192.168.30.0/24     IS_L2    15   20          10.1.12.2        GE 0/0
    192.168.40.0/24     IS_L2    15   20          10.1.12.2        GE 0/0
    ISIS Routing table status : <Inactive>
    Summary count : 2
    Destination/Mask    Proto    Pre Cost         NextHop          Interface
    10.1.12.0/24        IS_L2    15   10          0.0.0.0          GE 0/0
    192.168.10.0/24     IS_L2    15   0           0.0.0.0          Loop 0
```

5.1.5　思考

IS-IS 协议、OSPF 协议的 Hello、Dead 时间有何不同？

5.2　IS-IS 邻居关系配置

5.2.1　原理概述

IS-IS 协议在建立邻居关系时，和 OSPF 协议一样，需要进行三次握手，过程如图 5-2-1 所示。

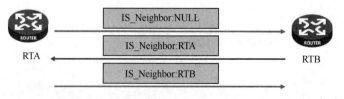

图 5-2-1　IS-IS 邻居关系建立图示

注意：如图 5-2-1 所示，在 IS-IS 协议三次握手的过程中使用的是邻居端的 MAC 作为回复对象的标记；而在 OSPF 协议的三次握手过程中使用的是邻居端的 Router ID 作为标记。

1. IS-IS 建立邻居关系的必要条件

① 路由器级别要匹配：Level-1 的路由器只能与 Level-1 的路由器或是 Level-1-2 的路由器建立邻居关系；Level-2 的路由器只能与 Level-2 的路由器或是 Level-1-2 的路由器建立邻居关系。

② Level-1 的路由器邻居号要一致。

③ 设备互联的地址：当网络类型为 broadcast 类型时，必须在同一个网段。

④ 网络类型必须一致。

2. IS-IS 协议邻居的状态

DOWN：没有收到邻居的 Hello 报文。

INIT：收到邻居的 hello 报文，但是在报文中未包含本端接口的 MAC 地址。这也称为 one-way。

UP：收到邻居的 Hello 报文，也发现了本端接口的 MAC 地址。

5.2.2　实验目的

① 理解 IS-IS 协议邻居建立过程。

② 理解 IS-IS 协议邻居建立条件。

③ 理解 IS-IS 协议邻居状态。

④ 加深 IS-IS 协议配置方法。

5.2.3　实验内容

本实验场景和要求与 5.1 节实验相同，实验拓扑结构如图 5-1-3 所示，实验编址如表 5-1-1 所示。

5.2.4　实验步骤

1. 理解 IS-IS 协议三次握手过程

步骤 1：在 R2、R4 之间的链路上开启抓包

略。

步骤 2：R1、R2、R3、R4 配置过程

略，见 5.1 节实验。

步骤 3：打开 R2、R4 之间的抓包工具，掌握 IS-IS 三次握手过程

第一次握手：R4 首先向 R2 发起 IS-IS 协议报文，Hello 报文中未包含 R2 的任何信息，如图 5-2-2 所示。

第二次握手：R2 收到 R4 的 Hello 报文后，提取 R4 接口的 MAC 地址，向 R4 发送携带 R4 接口 MAC 地址的 Hello 报文，如图 5-2-3 所示。

第三次握手：R4 在收到 R2 的 Hello 报文，发现该本文携带 R4 接口的 MAC 地址，则向 R2 会送一个携带 R2 接口的 MAC 地址的 Hello 报文，三次握手完成，邻居状态均为 UP，邻居关系建立，如图 5-2-4 所示。

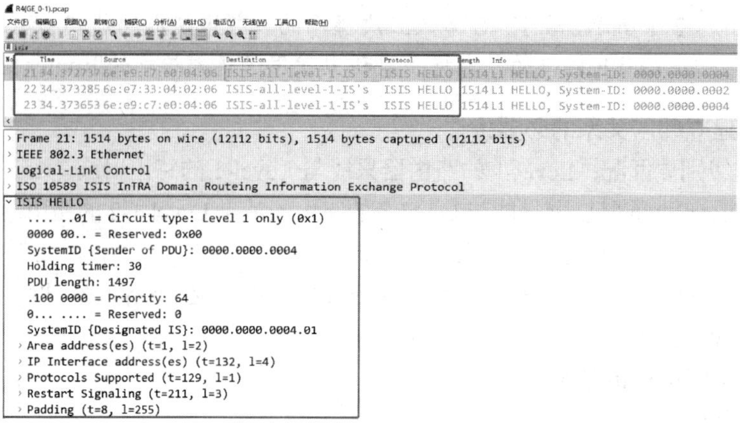

图 5-2-2　IS-IS 协议第一次握手过程图示

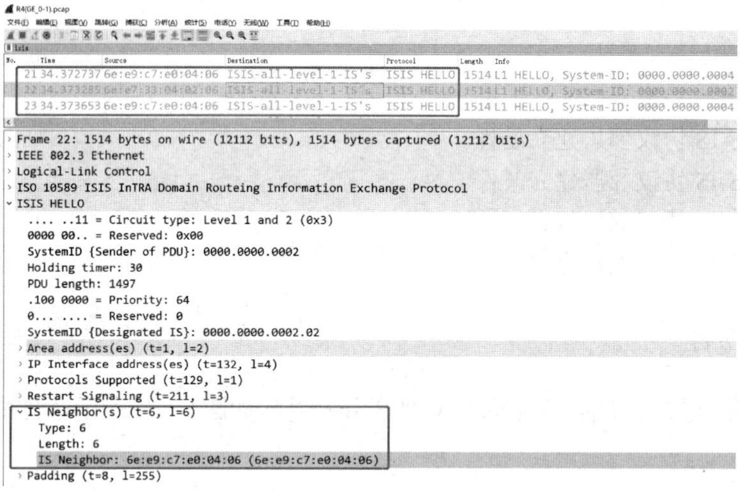

图 5-2-3　IS-IS 协议第二次握手过程图示

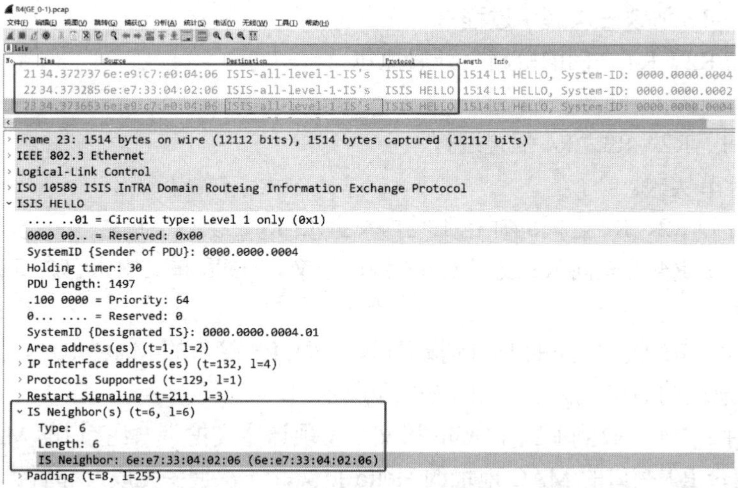

图 5-2-4　IS-IS 协议第三次握手过程图示

2. 验证邻居关系建立的必要条件

验证内容 1：路由器级别要匹配

步骤 1：在 R4 上查看其 IS-IS 协议的邻居建立情况

```
[R4]display isis peer
                    Peer information for IS-IS(1)
                    ------------------------------

System ID: R3
Interface: Ser1/0                Circuit Id:   001
State: Up      HoldTime: 24s     Type: L1            PRI: --
System ID: R2
Interface: GE0/1                 Circuit Id:   R4.01
State: Up      HoldTime: 28s     Type: L1(L1L2)      PRI: 64
```

由上述信息结合拓扑可以知道，R4 与 R3 建立 Level-1 的邻居关系，与 R2（Level-1-2 级别路由器）建立 Level-1 的邻居关系。

步骤 2：建立邻居关系

现在将 R4 的级别修改为 Level-2，则与 R3 的 Level-1 邻居关系将因为路由器级别不匹配而 down；而与 R2 的邻居关系将会变成 Level-2 的邻居关系。

```
[R4]isis 1
[R4-isis-1]is-level level-2
[R4-isis-1]%Mar 27 11:02:05:413 2022 R4 ISIS/5/ISIS_NBR_CHG: IS-IS 1, Level-1 adjacency
0000.0000.0003 (Serial1/0), state changed to DOWN, Reason: circuit data clean.
   %Mar 27 11:02:05:413 2022 R4 ISIS/5/ISIS_NBR_CHG: IS-IS 1, Level-1 adjacency 0000.0000.0002
(GigabitEthernet0/1), state changed to DOWN, Reason: circuit data clean.
   %Mar 27 11:02:05:442 2022 R4 ISIS/5/ISIS_NBR_CHG: IS-IS 1, Level-2 adjacency 0000.0000.0002
(GigabitEthernet0/1), state changed to UP, Reason: 2way-pass.
```

再次查看 R4 的邻居关系：

```
[R4]display isis peer
                    Peer information for IS-IS(1)
                    ------------------------------

 System ID: R2
 Interface: GE0/1               Circuit Id:   ---
 State: Up      HoldTime: 28s   Type: L2(L1L2)    PRI: 64
```

步骤 3：验证完成，将 R4 修改回 Level-1 级别

```
[R4]isis 1
[R4-isis-1]is-level level-1
[R4]display isis peer
                    Peer information for IS-IS(1)
                    ------------------------------

System ID: R3
Interface: Ser1/0               Circuit Id:   001
State: Up      HoldTime: 26s    Type: L1          PRI: --

System ID: R2
```

```
Interface: GE0/1                    Circuit Id:  ---
State: Up        HoldTime: 23s      Type: L1(L1L2)    PRI: 64
```

验证内容 2：Level-1 的路由器邻居号要一致

步骤 1：不能建立邻居关系

在 R4（Level-1 级别的路由器）上修改 NET 地址为 30.0000.0000.0004.00 导致 Level-1 级别的邻居关系邻居号不匹配，则 R4 的邻居关系将 down。

```
[R4]isis 1
[R4-isis-1]network-entity 30.0000.0000.0004.00
```

注意：默认的情况下，一台运行 IS-IS 协议的路由器，可以同时支持 3 个 NET 地址，所以在修改 NET 时，一定要将原有配置删除后才能实现。

```
[R4-isis-1]undo network-entity 10.0000.0000.0004.00
[R4-isis-1]%Mar 27 11:34:42:818 2022 R4 ISIS/5/ISIS_NBR_CHG: IS-IS 1, Level-1 adjacency
0000.0000.0003 (Serial1/0), state changed to DOWN, Reason: area address mismatch.
//与 R3 的邻居关系 down
%Mar 27 11:34:48:525 2022 R4 ISIS/5/ISIS_NBR_CHG: IS-IS 1, Level-1 adjacency 0000.0000.0002
(GigabitEthernet0/1), state changed to INIT, Reason: area address mismatch.
//与 R2 的邻居关系变成 INIT，原因为区域号不匹配
```

步骤 2：再次查看 R4 的邻居情况

```
[R4]display isis peer
[R4]
```

R4 无邻居。

步骤 3：验证完成，将 R4 的 NET 地址修改成 10.0000.0000.0004.00

```
[R4]isis 1
[R4-isis-1]undo network-entity 30.0000.0000.0004.00
[R4-isis-1]network-entity 10.0000.0000.0004.00
```

验证内容 3：设备互联的地址必须在同一个网段

步骤 1：验证邻居关系

修改 R4 的 IP 地址为 10.1.24.4/28，观察 R2 和 R4 因掩码不同，邻居关系是否会 down。

```
[R4]interface GigabitEthernet 0/1
[R4-GigabitEthernet0/1]ip address 10.1.24.4 28
[R4-GigabitEthernet0/1]%Mar 27 12:32:10:719 2022 R4 ISIS/5/ISIS_NBR_CHG: IS-IS 1, Level-1 adjacency
0000.0000.0002 (GigabitEthernet0/1), state changed to DOWN, Reason: circuit data clean.
//邻居关系 down
%Mar 27 12:32:12:481 2022 R4 ISIS/5/ISIS_NBR_CHG: IS-IS 1, Level-1 adjacency 0000.0000.0002
(GigabitEthernet0/1), state changed to UP, Reason: 2way-pass.
//邻居关系 up
```

注意：IS-IS 如果在一个广播型链路中，如果掩码不一致时，不影响邻居的建立，因为每个路由器独立计算自身的叶子信息，会独立产生路由信息；OSPF 如果产生这种情况，则邻居

关系无法建立。

步骤 2：验证完成，将 R4 与 R2 互连接口的 IP 地址修改为 10.1.24.4/24

验证内容 4：网络类型必须一致

步骤 1：不能建立邻居关系

将 R4 与 R2 互连接口的网络类型修改为 P2P，则 R2 与 R4 会因为网络类型不一致，邻居关系变成 down。

```
[R4]interface GigabitEthernet 0/1
[R4-GigabitEthernet0/1]isis circuit-type p2p
[R4-GigabitEthernet0/1]%Mar 27 12:39:09:903 2022 R4 ISIS/5/ISIS_NBR_CHG: IS-IS 1, Level-1 adjacency
0000.0000.0002 (GigabitEthernet0/1), state changed to DOWN, Reason: circuit data clean.
[R4]display isis peer
                         Peer information for IS-IS(1)
                         ----------------------------

System ID: R3
Interface: Ser1/0                      Circuit Id:   001
State: Up        HoldTime: 29s         Type: L1                    PRI: --
```

R2 与 R4 的邻居关系变成 down。

步骤 2：验证修改

验证完成，将 R4 与 R2 互连接口的网络类型修改成 Broadcast。

```
[R4-GigabitEthernet0/1]undo isis circuit-type
[R4-GigabitEthernet0/1]%Mar 27 12:43:00:781 2022 R4 ISIS/5/ISIS_NBR_CHG: IS-IS 1, Level-1 adjacency
0000.0000.0002 (GigabitEthernet0/1), state changed to UP, Reason: 2way-pass.
```

5.2.5 思考

回顾 OSPF 协议邻居关系建立的条件；总结 IS-IS 协议与 OSPF 协议邻居建立条件的异同。

5.3 IS-IS 链路状态数据库

5.3.1 原理概述

LSPDU 简称 LSP 与 OSPF 的 LSA 类似，用于对链路进行描述。

1. 路由器与 LSP

Level-1 的路由器只产生 Level-1 LSP。

Level-2 的路由器只产生 Level-2 LSP。

Level-1-2 的路由器既产生 Level-1 LSP，也产生 Level-2 LSP。

2. 按照用途功能分类的 LSP

实节点 LSP：类似于 OSPF 协议 Type-1 LSA，用于描述本端直连链路状态。

伪节点 LSP：类似于 OSPF 协议 Type-2 LSA，Broadcast 链路上的 DIS 产生，用于描述广播型链路。

3．LSP 新旧判断

与 OSPF 协议类似。

4．分层结构中 LSP 的传递

Level-1-2 的路由设备通过将 Level-1 的路由设备作为本端设备直连的叶子节点进行描述，通过 Level-2 的 LSP 向骨干区域泛洪。

非骨干区域使用 Level-1-2 路由设备自动产生的默认路由来访问骨干区域，类似于 OSPF 协议的完全末节区域。

Level-1-2 路由设备会在本端存在一个不在同一个区域的 Level-2 路由设备邻居时，向非骨干区域产生一条 ATT（骨干区域连接符）置位的 Level-1 的 LSP，用于默认路由的计算。

5.3.2　实验目的

① 理解 IS-IS 协议的 LSP。
② 理解 IS-IS 协议的链路状态数据库。
③ 理解 IS-IS 协议路由传递和路由计算。
④ 加深 IS-IS 协议配置方法。

5.3.3　实验内容

本实验场景和要求与 5.1 节的实验相同。实验拓扑结构如图 5-1-3 所示，实验编址如表 5-1-1 所示。

5.3.4　实验步骤

步骤 1：在 R2 与 R4 之间的链路上开始抓包

略。

步骤 2：R1、R2、R3、R4 配置过程

略，见 5.1 节的实验。

步骤 3：以 R2 为例，理解 IS-IS 协议的 LSP

（1）查看 R2 的 LSDB

```
[R2]display isis lsdb
                 Database information for IS-IS(1)
                 ---------------------------------
                 Level-1 Link State Database
                 ---------------------------------
LSPID            Seq Num        Checksum      Holdtime       Length    ATT/P/OL
-------------------------------------------------------------------------------
R2.00-00*        0x00000009     0x1afe        1012           131       1/0/0
R3.00-00         0x00000006     0xc8fd        1011           115       0/0/0
R3.01-00         0x00000001     0xd2b6        1011           55        0/0/0
R4.00-00         0x00000009     0x6742        1002           115       0/0/0
R4.01-00         0x00000001     0xe6a0        1002           55        0/0/0
          *-Self LSP, +-Self LSP(Extended), ATT-Attached, P-Partition, OL-Overload
```

Level-2 Link State Database

LSPID	Seq Num	Checksum	Holdtime	Length	ATT/P/OL
R1.00-00	0x00000005	0xc5c8	1001	88	0/0/0
R2.00-00*	0x00000009	0xc7de	1017	156	0/0/0
R2.01-00*	0x00000001	0xafda	1002	55	0/0/0

*-Self LSP, +-Self LSP(Extended), ATT-Attached, P-Partition, OL-Overload

（2）实节点 LSP 明细讲解

[R2]display isis lsdb lsp-id 0000.0000.0002.00-00 verbose
[R2]display isis lsdb lsp-name R2.00-00 verbose
//只有在设备设定了 systemID 别名时才能使用上一条的命令；
//在项目 1 中，为了方便识别 LSP，在 R2 的 ISIS 进程中为 R2 宣告了 systemID 的别名为 R2
Database information for IS-IS(1)

Level-1 Link State Database

LSPID	Seq Num	Checksum	Holdtime	Length	ATT/P/OL
R2.00-00*	0x00000011	0xa07	847	131	1/0/0

Source   0000.0000.0002.00   //源
HOST NAME   R2   //主机名
NLPID   IPv4   //网络层标识，证明使用的是 IPv4
Area address 10   //区域 ID
IPv4 address 10.1.12.2   //加入到 ISIS 进程的接口 IP 地址
IPv4 address 10.1.23.2
IPv4 address 10.1.24.2
IPv4 address 192.168.20.1
NBR   ID   //邻居的 System ID，若连接的是实节点，则证明链路类型为
                                                //P2P，若为伪节点则证明链路为 broadcast
    R3.01   Cost: 10
NBR   ID
    R4.01   Cost: 10
IP-Internal   //IS-IS 进程的路由详细信息,相当于 OSPF 协议 LSA 中的 stubnet
    10.1.12.0   255.255.255.0   Cost: 10
IP-Internal
    10.1.23.0   255.255.255.0   Cost: 10
IP-Internal
    10.1.24.0   255.255.255.0   Cost: 10
IP-Internal
    192.168.20.0   255.255.255.0   Cost: 0
    *-Self LSP, +-Self LSP(Extended), ATT-Attached, P-Partition, OL-Overload

Level-2 Link State Database

LSPID	Seq Num	Checksum	Holdtime	Length	ATT/P/OL
R2.00-00*	0x00000011	0xb7e6	836	156	0/0/0

```
    Source          0000.0000.0002.00
    HOST NAME      R2
    NLPID          IPv4
    Area address 10
     IPv4 address 10.1.12.2
    IPv4 address 10.1.23.2
    IPv4 address 10.1.24.2
    IPv4 address 192.168.20.1
    NBR  ID
     R2.01                        Cost: 10
    IP-Internal
     10.1.12.0       255.255.255.0   Cost: 10
    IP-Internal
     10.1.23.0       255.255.255.0   Cost: 10
    IP-Internal
     10.1.24.0       255.255.255.0   Cost: 10
    IP-Internal
     10.1.34.0       255.255.255.0   Cost: 20
    IP-Internal
     192.168.20.0    255.255.255.0   Cost: 0
    IP-Internal
     192.168.30.0    255.255.255.0   Cost: 10
    IP-Internal
     192.168.40.0    255.255.255.0   Cost: 10
    *-Self LSP, +-Self LSP(Extended), ATT-Attached, P-Partition, OL-Overload
```

从 R2 的 Level-2 LSDB 可以看出，作为 Level-1-2 级别的路由器，R2 将非骨干区域的 Level-1 类路由信息作为叶子节点，使用 Level-2 LSP 向骨干区域泛洪。这样，骨干区域就能获得非骨干区域的路由信息。

（3）伪节点 LSP 明细

```
    [R2]display isis lsdb lsp-name R2.01-00 verbose
                    Database information for IS-IS(1)
                    --------------------------------
                    Level-2 Link State Database
                    ---------------------------
    LSPID            Seq Num      Checksum      Holdtime     Length  ATT/P/OL
    ------------------------------------------------------------------------------
    R2.01-00*        0x0000000a   0x9de3        824          55      0/0/0
    Source          0000.0000.0002.01
    NLPID          IPv4
    NBR  ID
    R1                            Cost: 0
     NBR  ID
    R2                            Cost: 0
    *-Self LSP, +-Self LSP(Extended), ATT-Attached, P-Partition, OL-Overload
```

由上述信息结合拓扑图示可以知道：R2 的伪节点在骨干区域连接了两个实节点，R1 和 R2；不同于 OSPF 协议，伪节点只包含网络拓扑信息，不包含路由信息。

5.3.5　思考

为什么 IS-IS 协议的 DIS 可以抢占,而 OSPF 协议的 DR 却禁止?

5.4　IS-IS 路由聚合

5.4.1　原理概述

与 OSPF 协议一样,IS-IS 协议也可以通过路由聚合来减少路由条目数量。IS-IS 协议路由聚合规则如下:

① Level-1 级别的路由设备只能对 Level-1 的直连路由进行聚合,聚合之后以 Level-1 的 LSP 进行传递;

② Level-2 级别的路由设备只能对 Level-2 的直连路由进行聚合,聚合之后以 Level-2 的 LSP 进行传递;

③ Level-1-2 的路由器可以对非直连的 Level-1 和 Level-2 的路由进行聚合,聚合之后按照聚合前 LSP 的类型进行传递;也可以将 Level-1 的路由信息聚合之后以 Level-2 的 LSP 传递到骨干区域。

5.4.2　实验目的

① 理解 IS-IS 网络中路由聚合的条件和类型。
② 掌握 IS-IS 网络中路由聚合的配置方法。

5.4.3　实验内容

本实验拓扑结构如图 5-4-1 所示,实验编址如表 5-4-1 所示。本实验模拟了一个简单的网络场景:R1~R5 使用 IS-IS 协议组网;R3、R5 组成骨干区域,路由器运行级别为 Level-2;R1、R2、R4 组成非骨干区域,R1、R4 路由器运行级别为 Level-1,R2 路由器运行级别为 Level-1-2;R4、R5 使用环回口模拟业务网络;组网需求为:全网互通,并使用路由聚合精简路由器路由表的数目。

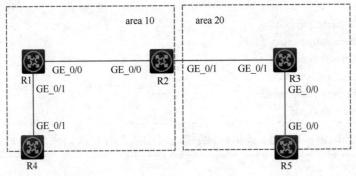

图 5-4-1　IS-IS 路由聚合实验拓扑结构

表 5-4-1 实验编址表

设备	接口	IP 地址	子网掩码
R1	GE 0/0	10.1.12.1	255.255.255.0
	GE 0/1	10.1.14.1	255.255.255.0
	NET：10.0000.0000.0001.00		
R2	GE 0/0	10.1.12.2	255.255.255.0
	GE 0/1	10.1.23.2	255.255.255.0
	NET：10.0000.0000.0002.00		
R3	GE 0/0	10.1.35.3	255.255.255.0
	GE 0/1	10.1.23.3	255.255.255.0
	NET：20.0000.0000.0003.00		
R4	GE 0/1	10.1.14.2	255.255.255.0
	Loopback 0	192.168.1.1	255.255.255.0
	Loopback 1	192.168.2.1	255.255.255.0
	Loopback 2	192.168.3.1	255.255.255.0
	NET：10.0000.0000.0004.00		
R5	GE 0/0	10.1.35.5	255.255.255.0
	Loopback 0	172.16.1.1	255.255.255.0
	Loopback 1	172.16.2.1	255.255.255.0
	Loopback 2	172.16.3.1	255.255.255.0
	NET：20.0000.0000.0005.00		

5.4.4 实验步骤

步骤 1：IP 地址配置
略。
步骤 2：R1～R5 的 IS-IS 配置
按照实验拓扑所示，将 R1 设定为 Level-1 级别的路由器，并在接口激活 IS-IS；

```
[R1]isis 1
[R1-isis-1]is-level level-1
[R1-isis-1]is-name R1
[R1-isis-1]network-entity 10.0000.0000.0001.00
[R1-isis-1]quit
[R1]interface GigabitEthernet 0/0
[R1-GigabitEthernet0/0]isis enable 1
[R1-GigabitEthernet0/0]quit
[R1]interface GigabitEthernet 0/1
[R1-GigabitEthernet0/1]isis enable 1
[R1-GigabitEthernet0/1]quit
```

按照实验拓扑所示，R2 为 Level-1-2 级别的路由器，并在接口激活 IS-IS；

```
[R2]isis 1
[R2-isis-1]is-name R2
```

```
[R2-isis-1]network-entity 10.0000.0000.0002.00
[R2-isis-1]quit
[R2]interface GigabitEthernet 0/0
[R2-GigabitEthernet0/0]isis enable 1
[R1-GigabitEthernet0/0]quit
[R2]interface GigabitEthernet 0/1
[R2-GigabitEthernet0/1]isis enable 1
[R2-GigabitEthernet0/1]quit
```

按照实验拓扑所示，将 R4 设定为 Level-1 级别的路由器，并在接口激活 IS-IS；

```
[R4]isis 1
[R4-isis-1]is-level level-1
[R4-isis-1]is-name R4
[R4-isis-1]network-entity 10.0000.0000.0004.00
[R4-isis-1]quit
[R4]interface GigabitEthernet 0/1
[R4-GigabitEthernet0/1]isis enable 1
[R4-GigabitEthernet0/1]quit
[R4]interface LoopBack 0
[R4-LoopBack0]isis enable 1
[R4-LoopBack0]quit
[R4]interface LoopBack 1
[R4-LoopBack1]isis enable 1
[R4-LoopBack1]quit
[R4]interface LoopBack 2
[R4-LoopBack2]isis enable 1
[R4-LoopBack2]quit
```

按照实验拓扑所示，将 R3 设定为 Level-2 级别的路由器，并在接口激活 IS-IS；

```
[R3]isis 1
[R3-isis-1]is-level level-2
[R3-isis-1]is-name R3
[R3-isis-1]network-entity 20.0000.0000.0003.00
[R3-isis-1]quit
[R3]interface GigabitEthernet 0/0
[R3-GigabitEthernet0/0]isis enable 1
[R3-GigabitEthernet0/0]quit
[R3]interface GigabitEthernet 0/1
[R3-GigabitEthernet0/1]isis enable 1
[R3-GigabitEthernet0/1]quit
```

按照实验拓扑所示，将 R5 设定为 Level-2 级别的路由器，并在接口激活 IS-IS；

```
[R5]isis 1
[R5-isis-1]is-level level-2
[R5-isis-1]is-name R5
[R5-isis-1]network-entity 20.0000.0000.0005.00
```

```
[R5-isis-1]quit
[R5]interface GigabitEthernet 0/0
[R5-GigabitEthernet0/0]isis enable 1
[R5-GigabitEthernet0/0]quit
[R5]interface LoopBack 0
[R5-LoopBack0]isis enable 1
[R5-LoopBack0]quit
[R5]interface LoopBack 1
[R5-LoopBack1]isis enable 1
[R5-LoopBack1]quit
[R5]interface LoopBack 2
[R5-LoopBack2]isis enable 1
[R5-LoopBack2]quit
```

步骤 3：验证

查看 R4 的 IS-IS 路由表：

```
[R4]display isis route

                Route information for IS-IS(1)
                -------------------------------

                Level-1 IPv4 Forwarding Table
                ------------------------------

IPv4 Destination    IntCost    ExtCost    ExitInterface    NextHop      Flags
--------------------------------------------------------------------------------
0.0.0.0/0           20         NULL       GE0/1            10.1.14.1    R/-/-
10.1.14.0/24        10         NULL       GE0/1            Direct       D/L/-
10.1.12.0/24        20         NULL       GE0/1            10.1.14.1    R/-/-
192.168.3.0/24      0          NULL       Loop2            Direct       D/L/-
192.168.2.0/24      0          NULL       Loop1            Direct       D/L/-
192.168.1.0/24      0          NULL       Loop0            Direct       D/L/-
10.1.23.0/24        30         NULL       GE0/1            10.1.14.1    R/-/-
Flags: D-Direct, R-Added to Rib, L-Advertised in LSPs, U-Up/Down bit set
```

查看 R5 的 IS-IS 路由表：

```
[R5]display isis route

                Route information for IS-IS(1)
                -------------------------------

                Level-2 IPv4 Forwarding Table
                ------------------------------

IPv4 Destination    IntCost    ExtCost    ExitInterface    NextHop      Flags
--------------------------------------------------------------------------------
10.1.14.0/24        40         NULL       GE0/0            10.1.35.3    R/-/-
10.1.12.0/24        30         NULL       GE0/0            10.1.35.3    R/-/-
172.16.3.0/24       0          NULL       Loop2            Direct       D/L/-
172.16.2.0/24       0          NULL       Loop1            Direct       D/L/-
172.16.1.0/24       0          NULL       Loop0            Direct       D/L/-
```

192.168.3.0/24	40	NULL	GE0/0	10.1.35.3	R/-/-
192.168.2.0/24	40	NULL	GE0/0	10.1.35.3	R/-/-
192.168.1.0/24	40	NULL	GE0/0	10.1.35.3	R/-/-
10.1.35.0/24	10	NULL	GE0/0	Direct	D/L/-
10.1.23.0/24	20	NULL	GE0/0	10.1.35.3	R/-/-

Flags: D-Direct, R-Added to Rib, L-Advertised in LSPs, U-Up/Down bit set

按照 IS-IS 协议路由聚合原理可以知道：R2 作为 Level-1-2 路由器，可以将非直连的路由进行聚合。

步骤 4：在 R2 上配置针对 Level-1 的 192.168 网段的路由信息进行聚合

```
[R2]isis 1
[R2-isis-1]address-family ipv4
[R2-isis-1-ipv4]summary 192.168.0.0 22 level-2
```

在 R5 上验证聚合是否完成：

```
[R5]display isis    route
                        Route information for IS-IS(1)
                        ------------------------------
                        Level-2 IPv4 Forwarding Table
                        ------------------------------
```

IPv4 Destination	IntCost	ExtCost	ExitInterface	NextHop	Flags
10.1.14.0/24	40	NULL	GE0/0	10.1.35.3	R/-/-
10.1.12.0/24	30	NULL	GE0/0	10.1.35.3	R/-/-
172.16.3.0/24	0	NULL	Loop2	Direct	D/L/-
172.16.2.0/24	0	NULL	Loop1	Direct	D/L/-
172.16.1.0/24	0	NULL	Loop0	Direct	D/L/-
192.168.0.0/22	40	NULL	GE0/0	10.1.35.3	R/-/-
10.1.35.0/24	10	NULL	GE0/0	Direct	D/L/-
10.1.23.0/24	20	NULL	GE0/0	10.1.35.3	R/-/-

Flags: D-Direct, R-Added to Rib, L-Advertised in LSPs, U-Up/Down bit set

由于项目要求需要尽可能地减少路由表的条目，所以应该在 R4 和 R5 上进行路由聚合，则删除 R2 上聚合的配置：

```
[R2-isis-1-ipv4]undo summary 192.168.0.0 22
```

步骤 5：在 R4、R5 上配置路由聚合

```
[R4]isis 1
[R4-isis-1]address-family ipv4
[R4-isis-1-ipv4]summary 192.168.0.0 22 level-1
[R5]isis 1
    [R5-isis-1]address-family ipv4
    [R5-isis-1-ipv4]summary 172.16.0.0 22 level-2
```

步骤 6: 验证路由聚合

在 R1 上验证 R4 的路由聚合是否成功:

```
[R1]display isis route level-1

                        Route information for IS-IS(1)
                        -------------------------------
                        Level-1 IPv4 Forwarding Table
                        -------------------------------

IPv4 Destination    IntCost    ExtCost    ExitInterface    NextHop     Flags
-----------------------------------------------------------------------------
0.0.0.0/0           10         NULL       GE0/0            10.1.12.2   R/-/-
10.1.14.0/24        10         NULL       GE0/1            Direct      D/L/-
10.1.12.0/24        10         NULL       GE0/0            Direct      D/L/-
192.168.0.0/22      10         NULL       GE0/1            10.1.14.4   R/-/-
10.1.23.0/24        20         NULL       GE0/0            10.1.12.2   R/-/-
 Flags: D-Direct, R-Added to Rib, L-Advertised in LSPs, U-Up/Down bit set
[R5]isis 1
[R5-isis-1]address-family ipv4
[R5-isis-1-ipv4]summary 172.16.0.0 22 level-2
```

在 R3 上验证 R5 的路由聚合是否成功:

```
[R3]display isis route

                        Route information for IS-IS(1)
                        -------------------------------
                        Level-2 IPv4 Forwarding Table
                        -------------------------------

IPv4 Destination    IntCost    ExtCost    ExitInterface    NextHop     Flags
-----------------------------------------------------------------------------
10.1.14.0/24        30         NULL       GE0/1            10.1.23.2   R/-/-
10.1.12.0/24        20         NULL       GE0/1            10.1.23.2   R/-/-
172.16.0.0/22       10         NULL       GE0/0            10.1.35.5   R/-/-
192.168.0.0/22      30         NULL       GE0/1            10.1.23.2   R/-/-
10.1.35.0/24        10         NULL       GE0/0            Direct      D/L/-
10.1.23.0/24        10         NULL       GE0/1            Direct      D/L/-
 Flags: D-Direct, R-Added to Rib, L-Advertised in LSPs, U-Up/Down bit set
```

5.4.5 思考

假设本实验中 R4 的三条明细路由的开销如下:

```
192.168.1.1 cost=10
192.168.2.1 cost=70
192.168.3.1 cost=10
```

那么聚合之后 192.168.0.0/22 的 cost 数值为多少?

5.5　IS-IS 默认路由

5.5.1　原理概述

IS-IS 协议产生默认路由的条件有以下两个。

（1）ATT（骨干区域连接符）置位的设备

① 当 Level-1-2 的路由设备至少存在一个不在同一个区域的 Level-2 的邻居时，ATT 才会置位。

② ATT 置位只会出现在 Level-1 的 LSP 中。

③ 当一个区域内存在多个 ATT 置位的路由设备时，ATT 置位的设备不会学习到其他 ATT 置位的设备发布的默认路由。

（2）在 IPv4 地址簇下使用命令 default-route-advertise

① 与 OSPF 协议不同，执行了上述命令的路由设备不论是否存在默认路由都会在 IS-IS 网络中宣告默认路由信息。

② 使用携带了默认路由信息的 LSP 进行更新通告 IS-IS 网络中其他路由设备。

5.5.2　实验目的

① 理解 IS-IS 网络默认路由。

② 掌握 IS-IS 网络默认路由配置方法。

5.5.3　实验内容

本实验拓扑结构如图 5-5-1 所示，实验编址如表 5-5-1 所示。本实验模拟了一个简单的网络场景：R1、R2、R3、R4 使用 IS-IS 协议构建了企业 A 的网络，R1 为 Level-1 级别路由器，R2、R3 为 Level-1-2 级别的路由器，R4 为 Level-2 级别的路由器，R1 的 Loopback 0 接口和 R5 的 Loopback 0 口模拟了两个业务网段，这两个网段需要互通；R5 使用静态路由访问企业 A 的业务网段，R4 作为企业 A 的出口路由器，使用默认路由访问公司 B 的业务网段。

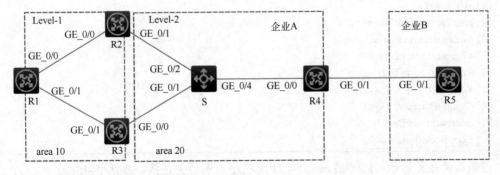

图 5-5-1　IS-IS 默认路由实验拓扑结构

表 5-5-1　实验编址表

设备	接口	IP 地址	子网掩码
R1	GE 0/0	10.1.12.1	255.255.255.0
	GE 0/1	10.1.13.1	255.255.255.0
	Loopback 0	192.168.10.1	255.255.255.0
	NET：10.0000.0000.0001.00		
R2	GE 0/0	10.1.12.2	255.255.255.0
	GE 0/1	10.1.234.2	255.255.255.0
	NET：10.0000.0000.0002.00		
R3	GE 0/0	10.1.234.3	255.255.255.0
	GE 0/1	10.1.13.3	255.255.255.0
	NET：20.0000.0000.0003.00		
R4	GE 0/0	10.1.234.2	255.255.255.0
	GE 0/1	10.1.45.4	255.255.255.0
	NET：20.0000.0000.0004.00		
R5	GE 0/0	10.1.35.5	255.255.255.0
	GE 0/1	10.1.45.5	255.255.255.0
	Loopback 0	172.16.5.1	255.255.255.0

5.5.4　实验步骤

步骤 1：在 R4 的 GE 0/0 开启抓包

步骤 2：IP 地址配置

略。

步骤 3：R1～R4 的 IS-IS 配置

按照实验拓扑所示，将 R1 设定为 Level-1 级别的路由器，并在接口激活 IS-IS；

```
[H3C]sysname R1
[R1]isis 1
[R1-isis-1]is-level level-1
[R1-isis-1]network-entity 10.0000.0000.0001.00
[R1-isis-1]is-name R1
[R1-isis-1]quit
[R1]interface GigabitEthernet 0/0
[R1-GigabitEthernet0/0]isis enable
[R1-GigabitEthernet0/0]quit
[R1]interface GigabitEthernet 0/1
[R1-GigabitEthernet0/1]isis enable
[R1-GigabitEthernet0/1]quit
[R1]interface LoopBack 0
[R1-LoopBack0] isis enable
```

按照实验拓扑所示，R2 为 Level-1-2 级别的路由器，并在接口激活 IS-IS；

```
[R2]isis 1
```

```
[R2-isis-1]is-name R2
[R2-isis-1]network-entity 10.0000.0000.0002.00
[R2-isis-1]quit
[R2]interface GigabitEthernet 0/0
[R2-GigabitEthernet0/0]isis enable
[R2-GigabitEthernet0/0]quit
[R2]interface GigabitEthernet 0/1
[R2-GigabitEthernet0/1]isis enable
[R2-GigabitEthernet0/1]quit
```

按照实验拓扑所示，R3 为 Level-1-2 级别的路由器，并在接口激活 IS-IS；

```
[H3C]sysname R3
[R3]isis 1
[R3-isis-1]is-name R3
[R3-isis-1]network-entity 10.0000.0000.0003.00
[R3-isis-1]quit
[R3]interface GigabitEthernet 0/0
[R3-GigabitEthernet0/0]isis enable
[R3-GigabitEthernet0/0]quit
[R3]interface GigabitEthernet 0/1
[R3-GigabitEthernet0/1]isis enable
[R3-GigabitEthernet0/1]quit
```

按照实验拓扑所示，将 R4 设定为 Level-2 级别的路由器，并在接口激活 IS-IS；

```
[H3C]sysname R4
[R4]isis 1
[R4-isis-1]is-level level-2
[R4-isis-1]network-entity 20.0000.0000.0004.00
[R4-isis-1]is-name R4
[R4-isis-1]quit
[R4]interface GigabitEthernet 0/0
[R4-GigabitEthernet0/0]isis enable
[R4-GigabitEthernet0/0]quit
```

步骤 4：验证

R2、R3 的 ATT 置位，R1 收到两条默认路由，形成等价路径：

```
[R1]display isis lsdb
                        Database information for IS-IS(1)
                        --------------------------------
                        Level-1 Link State Database
                        ---------------------------
LSPID              Seq Num      Checksum      Holdtime      Length    ATT/P/OL
-------------------------------------------------------------------------------
R1.00-00*          0x00000015   0x9c8b        1153          115       0/0/0
R2.00-00           0x00000015   0x7c5c        662           99        1/0/0
```

R2.01-00	0x0000000f	0x93e8	580	55	0/0/0
R3.00-00	0x00000015	0x428e	596	99	1/0/0
R3.01-00	0x0000000f	0xb8c0	650	55	0/0/0
R3.02-00	0x0000000f	0xa0d8	553	55	0/0/0

*-Self LSP, +-Self LSP(Extended), ATT-Attached, P-Partition, OL-Overload

[R1]display isis route

Route information for IS-IS(1)

Level-1 IPv4 Forwarding Table

IPv4 Destination	IntCost	ExtCost	ExitInterface	NextHop	Flags
0.0.0.0/0	10	NULL	GE 0/1	10.1.13.3	R/-/-
			GE 0/0	10.1.12.2	
10.1.13.0/24	10	NULL	GE 0/1	Direct	D/L/-
10.1.12.0/24	10	NULL	GE 0/0	Direct	D/L/-
10.1.234.0/24	20	NULL	GE 0/1	10.1.13.3	R/-/-
			GE 0/0	10.1.12.2	
192.168.10.0/24	0	NULL	Loop 0	Direct	D/L/-

Flags: D-Direct, R-Added to Rib, L-Advertised in LSPs, U-Up/Down bit set

R4 收到 R1 的 loopback 0 口业务网段路由。

[R4]display isis route

Route information for IS-IS(1)

Level-2 IPv4 Forwarding Table

IPv4 Destination	IntCost	ExtCost	ExitInterface	NextHop	Flags
10.1.13.0/24	20	NULL	GE 0/0	10.1.234.3	R/-/-
10.1.12.0/24	20	NULL	GE 0/0	10.1.234.2	R/-/-
10.1.234.0/24	10	NULL	GE 0/0	Direct	D/L/-
192.168.10.0/24	20	NULL	GE 0/0	10.1.234.3	R/-/-
			GE 0/0	10.1.234.2	

Flags: D-Direct, R-Added to Rib, L-Advertised in LSPs, U-Up/Down bit set

    R2、R3 两个 ATT 置位的 Level-1-2 的路由器，彼此收到对方发布的默认路由，但是互相抑制，不生效；只有当本端设备 ATT 不再置位时才计算默认路由并生效。

[R2]display isis route level-1

Route information for IS-IS(1)

Level-1 IPv4 Forwarding Table

IPv4 Destination	IntCost	ExtCost	ExitInterface	NextHop	Flags
0.0.0.0/0	10	NULL			

IPv4 Destination	IntCost	ExtCost	ExitInterface	NextHop	Flags
10.1.13.0/24	20	NULL	GE 0/0	10.1.12.1	R/L/-
			GE 0/1	10.1.234.3	
10.1.12.0/24	10	NULL	GE 0/0	Direct	D/L/-
10.1.234.0/24	10	NULL	GE 0/1	Direct	D/L/-
192.168.10.0/24	10	NULL	GE 0/0	10.1.12.1	R/L/-

Flags: D-Direct, R-Added to Rib, L-Advertised in LSPs, U-Up/Down bit set

[R3]display isis route level-1

Route information for IS-IS(1)

Level-1 IPv4 Forwarding Table

IPv4 Destination	IntCost	ExtCost	ExitInterface	NextHop	Flags
0.0.0.0/0	10	NULL			
10.1.13.0/24	10	NULL	GE 0/1	Direct	D/L/-
10.1.12.0/24	20	NULL	GE 0/0	10.1.234.2	R/L/-
			GE 0/1	10.1.13.1	
10.1.234.0/24	10	NULL	GE 0/0	Direct	D/L/-
192.168.10.0/24	10	NULL	GE 0/1	10.1.13.1	R/L/-

Flags: D-Direct, R-Added to Rib, L-Advertised in LSPs, U-Up/Down bit set

步骤 5：配置 R4 在 IS-IS 网络中下发默认路由

```
[R4]isis 1
[R4-isis-1]address-family ipv4
[R4-isis-1-ipv4]default-route-advertise
```

步骤 6：验证

R2 和 R3 收到 R4 下发的默认路由。

[R3]display isis route level-2

Route information for IS-IS(1)

Level-2 IPv4 Forwarding Table

IPv4 Destination	IntCost	ExtCost	ExitInterface	NextHop	Flags
0.0.0.0/0	10	NULL	GE 0/0	10.1.234.4	R/-/-
10.1.13.0/24	10	NULL			D/L/-
10.1.12.0/24	20	NULL			
10.1.234.0/24	10	NULL			D/L/-
192.168.10.0/24	20	NULL			

Flags: D-Direct, R-Added to Rib, L-Advertised in LSPs, U-Up/Down bit set

[R2]display isis route level-2

Route information for IS-IS(1)

Level-2 IPv4 Forwarding Table

IPv4 Destination	IntCost	ExtCost	ExitInterface	NextHop	Flags
0.0.0.0/0	10	NULL	GE 0/1	10.1.234.4	R/-/-
10.1.13.0/24	20	NULL			
10.1.12.0/24	10	NULL			D/L/-
10.1.234.0/24	10	NULL			D/L/-
192.168.10.0/24	20	NULL			
Flags: D-Direct, R-Added to Rib, L-Advertised in LSPs, U-Up/Down bit set					

打开 R4 的抓包，验证 R4 将默认路由明细使用 LSP 进行通告，如图 5-5-2 所示。

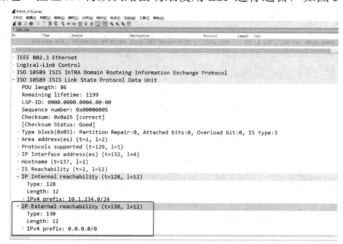

图 5-5-2   R4 的 GE 0/0 口抓包图示

步骤 7：在 R4 和 R5 上配置静态路由使得业务网段能够互通。

```
[R4]ip route-static 0.0.0.0 0 10.1.45.5
[R5]ip route-static 192.168.10.0 24 10.1.45.4
```

步骤 8：验证业务网段互通

```
[R5]ping -c 1 -a 172.16.5.1 192.168.10.1
Ping 192.168.10.1 (192.168.10.1) from 172.16.5.1: 56 data bytes, press CTRL_C    to break
56 bytes from 192.168.10.1: icmp_seq=0 ttl=253 time=2.000 ms
```

5.5.5 思考

通过默认路由访问骨干区域存在什么问题？

5.6 IS-IS 路由泄露

5.6.1 原理概述

非骨干区域使用 Level-1-2 自动产生的默认路由来访问骨干区域，这样的访问方式存在以下缺点：存在次优路径的可能；无法感知明细路由的状态，可能会导致带宽浪费。

1．次优路径的产生

如图 5-6-1 所示，当网络拓扑的开销如图所示时，R1 通过默认路由访问 area 10 区域外的网络时，优选了 R2 的这条路径，显然这条路径的总体开销较大，即为次优路径。

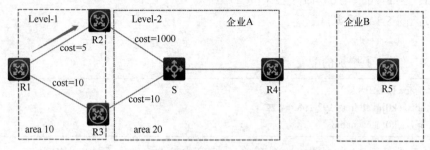

图 5-6-1　次优路径的产生

2．带宽浪费的产生

如图 5-6-2 所示，当 R2 与交换机 S 的链路中断时，R1 通过默认路由访问 area 10 区域外的网络时，优选了 R2 的这条路径，报文会转发到 R2 后查询路由明细，路由明细缺失，则丢弃该报文，导致 R1 与 R2 之间链路带宽的浪费。

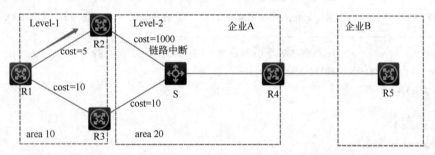

图 5-6-2　带宽浪费的产生

3．IS-IS 协议可以通过路由泄露

将骨干区域的路由明细信息泄露到非骨干区域中，可解决上述问题。

骨干区域的路由泄露到非骨干区域时，会将泄露的路由信息 DU bit 位置位，防止泄露的路由信息再次传回到骨干区域，产生环路。

5.6.2　实验目的

① 理解 IS-IS 网络路由泄露原理。
② 掌握 IS-IS 网络路由泄露配置方法。

5.6.3　实验内容

本实验拓扑结构如图 5-5-1 所示，实验编址如表 5-5-1 所示，实验场景和要求与 5.1 节的实验一致。新增路由泄露需求：在 R4 上配置 Loopback 0 口的 IP 地址为 192.168.4.4/24，并将该路由信息公布到 IS-IS 网络的骨干区域中，在 R2 上将骨干区域 area 20 由信息泄露到非骨干区域 area 10 中，观察理解掌握 IS-IS 网络的路由泄露。

5.6.4 实验步骤

步骤 1：在 R2 的 GE 0/0 口开启抓包

步骤 2：同 5.5 节的实验配置

略。

步骤 3：在 R4 上增加的配置

```
[R4]interface LoopBack 0
[R4-LoopBack0]ip address 192.168.4.4 24
[R4-LoopBack0] isis enable
```

步骤 4：观察在 R2 上配置路由泄露前，R2 产生的 Level-1 级别的 LSP 状态

```
[R2] display isis lsdb lsp-name R2.00-00 verbose level-1
                    Database information for IS-IS(1)
                    ----------------------------------
                      Level-1 Link State Database
                    ---------------------------
LSPID                 Seq Num         Checksum         Holdtime        Length    ATT/P/OL
-----------------------------------------------------------------------------------
R2.00-00*             0x00000007      0x984e           915             99        1/0/0
Source                0000.0000.0002.00
HOST NAME     R2
NLPID         IPv4
Area address 10
IPv4 address 10.1.12.2
IPv4 address 10.1.234.2
NBR   ID
      R2.01                           cost: 10
NBR   ID
      R3.01                           cost: 10
IP-Internal
      10.1.12.0       255.255.255.0   cost: 10
IP-Internal
      10.1.234.0      255.255.255.0   cost: 10
*-Self LSP, +-Self LSP(Extended), ATT-Attached, P-Partition, OL-Overload
```

步骤 5：观察在 R2 上配置路由泄露前，R1 上学习到的 IS-IS 路由信息

```
[R1]display isis route
                    Route information for IS-IS(1)
                    -----------------------------
                    Level-1 IPv4 Forwarding Table
                    -----------------------------
IPv4 Destination    IntCost    ExtCost    ExitInterface    NextHop         Flags
-----------------------------------------------------------------------------------
```

0.0.0.0/0	10	NULL	GE 0/0	10.1.12.2	R/-/-
			GE 0/1	10.1.13.3	
10.1.13.0/24	10	NULL	GE 0/1	Direct	D/L/-
10.1.12.0/24	10	NULL	GE 0/0	Direct	D/L/-
10.1.234.0/24	20	NULL	GE 0/0	10.1.12.2	R/-/-
			GE 0/1	10.1.13.3	
192.168.10.0/24	0	NULL	Loop 0	Direct	D/L/-

Flags: D-Direct, R-Added to Rib, L-Advertised in LSPs, U-Up/Down bit set

步骤 6：在 R2 上配置路由泄露，将骨干区域的路由信息泄露到非骨干区域中

```
[R2]isis 1
[R2-isis-1]address-family ipv4
[R2-isis-1-ipv4]import-route isis level-2 into level-1 ?
filter-policy    Set route filtering policy
tag              Set tag for routes imported into IS-IS
```

注意：进行泄露时可以使用 tag 或 filter-policy 对需要泄露的路由信息进行过滤挑选。

```
[R2-isis-1-ipv4]import-route isis level-2 into level-1
```

步骤 7：观察在 R2 上配置路由泄露后，R2 产生的 Level-1 级别的 LSP 状态

```
[R2]display isis lsdb lsp-name R2.00-00 verbose level-1
                Database information for IS-IS(1)
                ----------------------------------
                Level-1 Link State Database
                -----------------------------

LSPID               Seq Num       Checksum      Holdtime       Length   ATT/P/OL
-------------------------------------------------------------------------------
R2.00-00*           0x00000009    0x69f5        1074           111      1/0/0
Source          0000.0000.0002.00
HOST NAME       R2
NLPID           IPv4
Area address 10
IPv4 address 10.1.12.2
IPv4 address 10.1.234.2
NBR   ID
     R2.01                        cost: 10
NBR   ID
     R3.01                        cost: 10
IP-Internal
     10.1.12.0      255.255.255.0    cost: 10
IP-Internal
     10.1.234.0     255.255.255.0    cost: 10
IP-Internal*
     192.168.4.0    255.255.255.0    cost: 10
*-Self LSP, +-Self LSP(Extended), ATT-Attached, P-Partition, OL-Overload
```

观察发现 R2 的 Level-1 级别的 LSP 中出现了 192.168.4.0/24 网段的路由信息 IP-Internal* 中的*，表示该路由信息属于路由泄露的信息。

步骤 8：观察在 R2 上配置路由泄露后，R1 上学习到的 IS-IS 路由信息

```
[R1]display isis route
                    Route information for IS-IS(1)
                    ------------------------------
                    Level-1 IPv4 Forwarding Table
                    ------------------------------
```

IPv4 Destination	IntCost	ExtCost	ExitInterface	NextHop	Flags
0.0.0.0/0	10	NULL	GE 0/0	10.1.12.2	R/-/-
			GE 0/1	10.1.13.3	
10.1.13.0/24	10	NULL	GE 0/1	Direct	D/L/-
10.1.12.0/24	10	NULL	GE 0/0	Direct	D/L/-
10.1.234.0/24	20	NULL	GE 0/0	10.1.12.2	R/-/-
			GE 0/1	10.1.13.3	
192.168.10.0/24	0	NULL	Loop 0	Direct	D/L/-
192.168.4.0/24	20	NULL	GE 0/0	10.1.12.2	R/-/U

Flags: D-Direct, R-Added to Rib, L-Advertised in LSPs, U-Up/Down bit set

通过观察，可以看见 R1 学到了公布的 R4 的 192.168.4.0/24 路由明细，且在 Flags 字段的描述中出现了 U bit，代表 U bit 位置位，防止泄露的路由信息再次传回到骨干区域，产生环路。

步骤 9：开启 R2 的 GE 0/0 抓包软件，观察 isis.lsp 报文

如图 5-6-3 所示，当 R2 上执行路由泄露之后，R2 发出的报文中携带了 192.168.4.0/24 网段的路由明细，且 Distribution 位的状态为 Down，表明 U bit 位置位，R3 在收到该路由明细时，发现 U bit 位的状态为 Down，则不会将该路由明细传回到骨干区域。

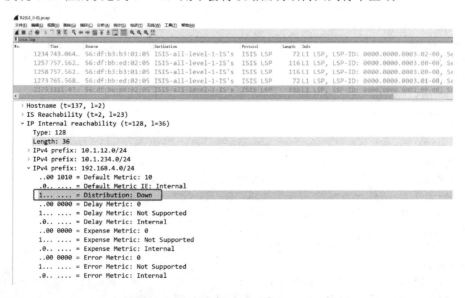

图 5-6-3 IS-IS 路由泄露抓包明细

5.6.5 思考

如本实验拓扑所示，R2、R3 作为 Level-1-2 级别的路由设备在访问 R4 的明细路由时，会存在两条路径，那么 R2、R3 会选择哪一条路径访问 R4 的明细网段？

5.7 IS-IS 路由引入

5.7.1 原理概述

IS-IS 协议规定了窄（narrow）和宽（wide）两种类型的度量值，运行 IS-IS 协议的 H3C 设备默认情况下设定为窄度量值，IS-IS 链路的取值默认范围为 1～16 777 215。

1. 窄宽度量值设备的标识

（1）运行在窄度量值的设备

① 128 号 TLV 描述路由域内 IS-IS 的路由信息。

② 130 号 TLV 描述路由域外的路由信息。

③ 2 号 TLV 描述邻居信息。

（2）运行在宽度量值的设备

① 135 号 TLV 描述 IS-IS 的路由信息。

② 22 号 TLV 描述邻居信息。

若两台运行 IS-IS 协议的设备度量值不统一时，可以建立邻居关系，可以交互 LSDB，但是无法计算出路由信息。

2. IS-IS 协议外部路由引入开销类型（cost-type）

有两种：External 和 Internal，Internal 优于 External。

3. IS-IS 协议外部路由开销（cost）的计算规则

① 当路由设备的 cost-style 为 wide、compatible 或 wide-compatible 时，不考虑引入时是 External 还是 Internal 类型，直接比较 cost 大小，越小越优；

② 当路由设备的 cost-style 为 narrow，narrow-compatible 时，默认引入的 cost=0，默认 cost-type 为 External。当 cost-type 为 External 时，外部路由开销=引入路由 cost 值+64；当 cost-type 为 Internal 时，外部路由开销=引入路由 cost 值。

5.7.2 实验目的

① 理解 IS-IS 网络中开销的计算方法。

② 掌握 IS-IS 网络路由引入的配置方法。

5.7.3 实验内容

本实验拓扑如图 5-7-1 所示，实验编址如表 5-7-1 所示。本实验简单地描述了一个运行 IS-IS 协议的网络场景：在 R1、R2、R3 上运行 IS-IS 协议，R1、R2 属于 area 10，R3 属于 area 20；

R1 为 Level-1 的路由器，R2 为 Level-1-2 的路由器，R3 为 Level-2 的路由器；R1 和 R3 的 Loopback 0 口分别模拟了外部网络，所以该接口不要使能 IS-IS；R1 和 R3 的 Loopback1 口分别模拟了内部网络，需要使能 IS-IS。将 R1 和 R3 的 Loopback 0 口的外部网络引入到 IS-IS 网络中。

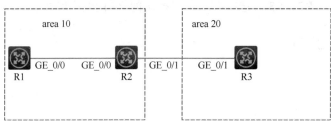

图 5-7-1   IS-IS 路由引入实验拓扑结构

表 5-7-1   实验编址

设备	接口	IP 地址	子网掩码
R1	GE 0/0	10.1.12.1	255.255.255.0
	Loopback 0	10.0.1.1	255.255.255.0
	Loopback 1	192.168.1.1	255.255.255.0
	NET：10.0000.0000.0001.00		
R2	GE 0/0	10.1.12.2	255.255.255.0
	GE 0/1	10.1.23.2	255.255.255.0
	NET：10.0000.0000.0002.00		
R3	GE 0/1	10.1.23.3	255.255.255.0
	Loopback 0	10.0.3.3	255.255.255.0
	Loopback 1	192.168.3.3	255.255.255.0
	NET：20.0000.0000.0003.00		

5.7.4   实验步骤

步骤 1：IS-IS 基本配置

```
[H3C]sysname R1
[R1]isis 1
[R1-isis-1]is-name R1
[R1-isis-1]is-level level-1
[R1-isis-1]network-entity 10.0000.0000.0001.00
[R1-isis-1]quit
[R1]interface GigabitEthernet 0/0
[R1-GigabitEthernet0/0]ip address 10.1.12.1 24
[R1-GigabitEthernet0/0]isis enable
[R1-GigabitEthernet0/0]quit
[R1]interface LoopBack 0
[R1-LoopBack0]ip address 10.0.1.1 24
[R1-LoopBack0]quit
```

```
[R1]interface LoopBack 1
[R1-LoopBack1]ip address 192.168.1.1 24
[R1-LoopBack1]isis enable
[R1-LoopBack1]quit

[H3C]sysname R2
[R2]isis 1
[R2-isis-1]is-name R2
[R2-isis-1]network-entity 10.0000.0000.0002.00
[R2-isis-1]quit
[R2]interface GigabitEthernet 0/0
[R2-GigabitEthernet0/0]ip address 10.1.12.2 24
[R2-GigabitEthernet0/0]isis enable
[R2-GigabitEthernet0/0]quit
[R2]interface GigabitEthernet 0/1
[R2-GigabitEthernet0/1]ip address 10.1.23.2 24
[R2-GigabitEthernet0/1]isis enable
[R2-GigabitEthernet0/1]quit
[R2]interface LoopBack 0
[R2-LoopBack0]ip address 10.0.2.2 24
[R2-LoopBack0]quit

[H3C]sysname R3
[R3]isis 1
[R3-isis-1]is-level level-2
[R3-isis-1]is-name R3
[R3-isis-1]network-entity 20.0000.0000.0003.00
[R3-isis-1]quit
[R3]interface GigabitEthernet 0/1
[R3-GigabitEthernet0/1]ip address 10.1.23.3 24
[R3-GigabitEthernet0/1]isis enable
[R3-GigabitEthernet0/1]quit
[R3]interface LoopBack 0
[R3-LoopBack0]ip address    10.0.3.3 24
[R3-LoopBack0]quit
[R3]interface LoopBack 1
[R3-LoopBack1]ip address    192.168.3.3 24
[R3-LoopBack1]isis enable
[R3-LoopBack1]quit
```

步骤 2：验证 IS-IS 的配置

```
[R2]display isis lsdb
                Database information for IS-IS(1)
                ---------------------------------
                Level-1 Link State Database
```

```
                         ---------------------------
    LSPID              Seq Num     Checksum      Holdtime     Length   ATT/P/OL
    --------------------------------------------------------------------------
    R1.00-00           0x00000037  0x226f        549          75       0/0/0
    R2.00-00*          0x00000040  0x51c8        823          87       1/0/0
    R2.01-00*          0x00000034  0xe95d        759          54       0/0/0
    *-Self LSP, +-Self LSP(Extended), ATT-Attached, P-Partition, OL-Overload
                         Level-2 Link State Database

                         ---------------------------
    LSPID              Seq Num     Checksum      Holdtime     Length   ATT/P/OL
    --------------------------------------------------------------------------
    R2.00-00*          0x00000045  0x5f87        816          95       0/0/0
    R3.00-00           0x00000037  0xfb91        808          67       0/0/0
    R3.01-00           0x00000034  0x53f         855          54       0/0/0
    *-Self LSP, +-Self LSP(Extended), ATT-Attached, P-Partition, OL-Overload
    [R2]display ip routing-table protocol isis
    Summary count : 4
    ISIS Routing table status : <Active>
    Summary count : 2
    Destination/Mask   Proto    Pre Cost       NextHop       Interface
    192.168.1.0/24     IS_L1    15  10         10.1.12.1     GE 0/0
    192.168.3.0/24     IS_L2    15  10         10.1.23.3     GE 0/1
    ISIS Routing table status : <Inactive>
    Summary count : 2
    Destination/Mask   Proto    Pre Cost       NextHop       Interface
    10.1.12.0/24       IS_L1    15  10         0.0.0.0       GE 0/0
    10.1.23.0/24       IS_L1    15  10         0.0.0.0       GE 0/1
```

步骤 3：修改 R1 的度量值为 wide（宽），模拟出现两端设备度量值不一致的场景，观察路由的计算

```
    [R1]isis 1
    [R1-isis-1]cost-style ?
    //查看 H3C 运行 IS-IS 协议可以选定的度量值
    compatible          Set cost style to compatible
    narrow              Set cost style to narrow
    narrow-compatible   Set cost style to narrow-compatible
    wide                Set cost style to wide
    wide-compatible     Set cost style to wide-compatible
    [R1-isis-1]cost-style wide
    [R1-isis-1]%May  15  22:31:16:052  2022  R1  ISIS/5/ISIS_NBR_CHG: IS-IS 1, Level-1  adjacency
    0000.0000.0002 (GigabitEthernet0/0), state changed to DOWN, Reason: circuit data clean.
    %May 15 22:31:16:085 2022 R1 ISIS/5/ISIS_NBR_CHG: IS-IS 1, Level-1  adjacency 0000.0000.0002
    (GigabitEthernet0/0), state changed to UP, Reason: 2way-pass.
```

由上述提示可知，在修改度量值为宽之后，IS-IS 邻居关系中断，但是马上又重新建立；由本节原理概述可知，R1 修改成了宽度量值之后与 R2 默认为窄度量值不一致，R2 不会计算

出 R1 的路由信息 192.168.1.0/24。

```
[R2]display ip routing-table protocol isis
Summary count : 3
ISIS Routing table status : <Active>
Summary count : 1
Destination/Mask      Proto    Pre Cost            NextHop          Interface
192.168.3.0/24        IS_L2    15   10             10.1.23.3        GE 0/1
ISIS Routing table status : <Inactive>
Summary count : 2
Destination/Mask      Proto    Pre Cost            NextHop          Interface
10.1.12.0/24          IS_L1    15   10             0.0.0.0          GE 0/0
10.1.23.0/24          IS_L1    15   10             0.0.0.0          GE 0/1
```

步骤 4：观察完成后，将 R1 的度量值修改回 narrow（窄）

```
[R1]isis 1
[R1-isis-1]cost-style narrow
```

步骤 5：在 R1 引入 Loopback 0 口的网络信息

```
[R1-isis-1-ipv4]import-route direct
```

因为 IS-IS 协议默认情况下是在骨干区域做引入，所以默认的引入级别是 Level-2 的路由，但是由于 R1 是 Level-1 的路由器，因此上述命令不会把 Loopback 0 的网络信息引入到 IS-IS 中，所以 R2 上学习不到 10.0.1.0/24 的引入路由信息。

```
[R2]display isis route ipv4 level-1
                    Route information for IS-IS(1)
                    -------------------------------
                    Level-1 IPv4 Forwarding Table
                    -------------------------------
IPv4 Destination    IntCost    ExtCost    ExitInterface    NextHop      Flags
------------------------------------------------------------------------------
10.1.12.0/24        10         NULL       GE 0/0           Direct       D/L/-
192.168.1.0/24      10         NULL       GE 0/0           10.1.12.1    R/L/-
10.1.23.0/24        10         NULL       GE 0/1           Direct       D/L/-
   Flags: D-Direct, R-Added to Rib, L-Advertised in LSPs, U-Up/Down bit set
```

在 R1 上指明引入的路由信息时在 Level-1 级别：

```
[R1-isis-1-ipv4]import-route direct level-1
```

在 R2 上继续观察是否学习到 10.0.1.0/24 的引入路由信息：

```
[R2]display ip routing-table 10.0.1.1
Summary count : 1
Destination/Mask      Proto    Pre Cost            NextHop          Interface
10.0.1.0/24           IS_L1    15   74             10.1.12.1        GE 0/0
```

步骤 6：验证

观察 narrow 度量值下，默认引入路由的开销计算。

现在 R1 为 narrow 度量值，由原理概述可以知晓，默认情况引入时默认选择 External 方式引入，外部路由 cost=引入路由 cost 值+64，且引入路由 cost= 0，从步骤 5 中 R2 上的路由表信息针对 10.0.1.0/24 的开销为 74 可以得到验证。

观察 narrow 度量值下，将引入方式修改为 Internal，引入路由的开销计算。

修改 R1 上引入方式为 Internal，在 R2 上观察 10.0.1.0/24 的引入开销：

```
[R1-isis-1-ipv4]import-route direct cost-type internal level-1
[R2]display ip routing-table 10.0.1.1 24
Summary count : 1
Destination/Mask    Proto    Pre Cost          NextHop          Interface
10.0.1.0/24         IS_L1    15   10            10.1.12.1        GE 0/0
```

可以验证原理概述中：当 cost-type 为 Internal 时，引入外部路由 cost=引入路由 cost。

步骤 7：修改 R1、R2、R3 的 cost-style 为 wide

```
[R1-isis-1]cost-style wide
[R2-isis-1]cost-style wide
[R3-isis-1]cost-style wide
```

步骤 8：在 R3 上引入 10.0.3.0/24 外部网络

```
[R3]isis 1
[R3-isis-1]address-family ipv4
[R3-isis-1-ipv4]import-route direct
```

步骤 9：观察 wide 度量值下，默认引入路由的开销计算。

在 R2 上观察引入的 10.0.3.0/24 的路由信息：

```
[R2]display ip routing-table 10.0.3.0 24
Summary count : 1
Destination/Mask    Proto    Pre Cost          NextHop          Interface
10.0.3.0/24         IS_L2    15   10            10.1.23.3        GE 0/1
```

可以验证原理概述中关于 wide 度量值下外部路由开销的计算。

5.7.5 思考

如何在 Level-1-2 的路由器上引入外部路由？

5.8 IS-IS 路由过滤

5.8.1 原理概述

运行 IS-IS 的网络，一般会在下面的场景对路由信息进行过滤选择：

① 设备的入方向，使用过滤器对路由表项进行过滤选择；

② 外部路由引入时，使用过滤器对外部路由进行过滤选择；

③ 路由泄露时，使用过滤器对泄露的路由进行过滤选择。

5.8.2　实验目的

① 理解 IS-IS 网络路由过滤的工作原理。
② 掌握 IS-IS 网络路由过滤的应用场景和配置。

5.8.3　实验内容

本实验拓扑结构如图 5-8-1 所示，实验编址如表 5-8-1 所示。本实验模拟了一个网络场景：R1、R2、R3 使用 IS-IS 协议构建了企业 A 的网络，R1 为 Level-1 级别的路由器，R2 为 Level-1-2 级别的路由器，R3 为 Level-2 级别的路由器；企业 B 使用 OSPF 协议组网；企业 A 和企业 B 存在两种业务，A 业务和 B 业务；A 业务以 192.168.XXX.XXX 网段进行标识，B 业务以 172.16.XXX.XXX 进行标识；在 R1、R4 上使用环回口模拟业务网段。

网络需求为：

① 企业间 A 业务能够互连，B 业务不能互通；
② 企业 A 需要大量访问企业 B 中 A 业务 192.168.4.1/32 的服务器，因此需要在 R2 上将该服务器所在网段的路由信息泄露到非骨干区域中。

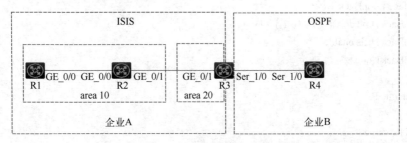

图 5-8-1　IS-IS 路由过滤实验拓扑结构

表 5-8-1　实验编址表

设备	接口	IP 地址	子网掩码
R1	GE 0/0	10.1.12.1	255.255.255.0
	Loopback 0	192.168.1.1	255.255.255.0
	Loopback 1	172.16.1.1	255.255.255.0
	NET：10.0000.0000.0001.00		
R2	GE 0/0	10.1.12.2	255.255.255.0
	GE 0/1	10.1.23.2	255.255.255.0
	NET：10.0000.0000.0002.00		
R3	GE 0/0	10.1.23.3	255.255.255.0
	Ser 1/0	10.1.34.3	255.255.255.0
	NET：30.0000.0000.0003.00		
R4	Ser 1/0	10.1.34.34	255.255.255.0
	Loopback 0	192.168.4.1	255.255.255.0
	Loopback 1	172.16.4.1	255.255.255.0
	Loopback 2	192.168.40.1	255.255.255.0

5.8.4 实验步骤

步骤 1：IP、ISIS、OSPF 协议基础配置

```
[H3C]sysname R1
[R1]isis 1
[R1-isis-1]is-name R1
[R1-isis-1]is-level level-1
[R1-isis-1]network-entity 10.0000.0000.0001.00
[R1-isis-1]quit
[R1]interface GigabitEthernet 0/0
[R1-GigabitEthernet0/0]ip address 10.1.12.1 24
[R1-GigabitEthernet0/0]isis enable
[R1-GigabitEthernet0/0]quit
R1]interface LoopBack 0
[R1-LoopBack0]ip address 192.168.1.1 24
[R1-LoopBack0]isis enable
[R1-LoopBack0]quit
[R1]interface LoopBack 1
[R1-LoopBack1]ip address 172.16.1.1 24
[R1-LoopBack1]isis enable
[R1-LoopBack1]quit

[H3C]sysname R2
[R2]isis 1
[R2-isis-1]is-name R2
[R2-isis-1]network-entity 10.0000.0000.0002.00
[R2-isis-1]quit
[R2]interface GigabitEthernet 0/0
[R2-GigabitEthernet0/0]ip address 10.1.12.2 24
[R2-GigabitEthernet0/0]isis enable
[R2-GigabitEthernet0/0]quit
[R2]interface GigabitEthernet0/1
[R2-GigabitEthernet0/1]ip address 10.1.23.2 24
[R2-GigabitEthernet0/1]isis enable
[R2-GigabitEthernet0/1]quit

[H3C]sysname R3
[R3]isis 1
[R3-isis-1]is-name R3
[R3-isis-1]is-level level-2
[R3-isis-1]network-entity 30.0000.0000.0003.00
[R3-isis-1]quit
[R3]interface GigabitEthernet 0/1
[R3-GigabitEthernet0/1]ip address 10.1.23.3 24
```

```
[R3-GigabitEthernet0/1]isis enable
[R3-GigabitEthernet0/1]quit
[R3]interface Serial 1/0
[R3-Serial1/0]ip address10.1.34.3 24
[R3-Serial1/0]quit
[R3]ospf 1
[R3-ospf-1]area 0
[R3-ospf-1-area-0.0.0.0]network 10.1.34.3 0.0.0.0
[R3-ospf-1-area-0.0.0.0]quit
[R3-ospf-1]quit

[H3C]sysname R4
[R4]interface Serial 1/0
[R4-Serial1/0]ip address 10.1.34.4 24
[R4-Serial1/0]quit
[R4]interface LoopBack 0
[R4-LoopBack0]ip address 192.168.4.1 24
[R4-LoopBack0]quit
[R4]interface LoopBack 1
[R4-LoopBack1]ip address 172.16.4.1 24
[R4-LoopBack1]quit
[R4]interface LoopBack 2
[R4-LoopBack2]ip address 192.168.40.1 24
[R4-LoopBack2]quit
[R4]ospf 1
[R4-ospf-1]area 0
[R4-ospf-1-area-0.0.0.0]network 10.1.34.4 24
[R4-ospf-1-area-0.0.0.0]network 192.168.4.1 0.0.0.0
[R4-ospf-1-area-0.0.0.0]network 172.16.4.1 0.0.0.0
[R4-ospf-1-area-0.0.0.0]network 192.168.40.1 0.0.0.0
[R4-ospf-1-area-0.0.0.0]quit
[R4-ospf-1]quit
```

步骤 2：在 R3 上将 OSPF 的 A 业务网段引入到 IS-IS 网络

```
[R3]acl basic 2000
[R3-acl-ipv4-basic-2000]rule permit source 192.168.4.0 0.0.0.255
[R3-acl-ipv4-basic-2000]rule permit source 192.168.40.0 0.0.0.255
[R3-acl-ipv4-basic-2000]quit
[R3]route-policy oti permit node 10
[R3-route-policy-oti-10]if-match ip address acl 2000
[R3-route-policy-oti-10]quit
[R3]isis 1
[R3-isis-1]address-family ipv4
[R3-isis-1-ipv4]import-route ospf 1 route-policy oti
[R3-isis-1-ipv4]quit
[R3-isis-1]quit
```

步骤 3：在 R2 上验证引入

```
[R2]display ip routing-table protocol isis
Summary count : 6
ISIS Routing table status : <Active>
Summary count : 4
Destination/Mask    Proto    Pre Cost           NextHop         Interface
172.16.1.0/24       IS_L1    15   10            10.1.12.1       GE 0/0
192.168.1.0/24      IS_L1    15   10            10.1.12.1       GE 0/0
192.168.4.1/32      IS_L2    15   74            10.1.23.3       GE 0/1
192.168.40.1/32     IS_L2    15   74            10.1.23.3       GE 0/1
ISIS Routing table status : <Inactive>
Summary count : 2
Destination/Mask    Proto    Pre Cost           NextHop         Interface
10.1.12.0/24        IS_L1    15   10            0.0.0.0         GE 0/0
10.1.23.0/24        IS_L1    15   10            0.0.0.0         GE 0/1
```

步骤 4：在 R3 上将 IS-IS 网络的 A 业务网段引入到 OSPF，实现 A 业务互通

```
[R3]acl basic 2001
[R3-acl-ipv4-basic-2001]rule    permit source 192.168.1.0 0.0.0.255
[R3-acl-ipv4-basic-2001]quit
[R3]route-policy ito permit node 10
[R3-route-policy-ito-10]if-match ip address acl 2001
[R3-route-policy-ito-10]quit
[R3]ospf 1
[R3-ospf-1]import-route isis 1 route-policy ito
[R3-ospf-1]quit
```

步骤 5：在 R4 上验证引入

```
[R4]display ip routing-table protocol ospf
Summary count : 5
OSPF Routing table status : <Active>
Summary count : 1
Destination/Mask    Proto    Pre Cost           NextHop         Interface
192.168.1.0/24      O_ASE2   150 1              10.1.34.3       Ser 1/0
OSPF Routing table status : <Inactive>
Summary count : 4
Destination/Mask    Proto    Pre Cost           NextHop         Interface
10.1.34.0/24        O_INTRA 10   1562          0.0.0.0         Ser 1/0
172.16.4.1/32       O_INTRA 10   0             0.0.0.0         Loop 1
192.168.4.1/32      O_INTRA 10   0             0.0.0.0         Loop 0
192.168.40.1/32     O_INTRA 10   0             0.0.0.0         Loop 2
```

步骤 6：在 R2 上配置 IS-IS 路由泄露，满足网络需求②

```
[R2]acl basic 2000
[R2-acl-ipv4-basic-2000]rule permit source 192.168.4.0 0.0.0.255
```

```
[R2-acl-ipv4-basic-2000]quit
[R2]isis 1
[R2-isis-1]address-family ipv4
[R2-isis-1-ipv4]import-route isis level-2 into level-1 filter-policy 2000
[R2-isis-1-ipv4]quit
[R2-isis-1]quit
```

步骤 7：在 R1 上验证上述配置

```
[R1]display ip routing-table protocol isis
Summary count : 6
ISIS Routing table status : <Active>
Summary count : 3
Destination/Mask    Proto   Pre Cost        NextHop        Interface
0.0.0.0/0           IS_L1   15   10         10.1.12.2      GE 0/0
10.1.23.0/24        IS_L1   15   20         10.1.12.2      GE 0/0
192.168.4.1/32      IS_L1   15   84         10.1.12.2      GE 0/0
ISIS Routing table status : <Inactive>
Summary count : 3
Destination/Mask    Proto   Pre Cost        NextHop        Interface
10.1.12.0/24        IS_L1   15   10         0.0.0.0        GE 0/0
172.16.1.0/24       IS_L1   15   0          0.0.0.0        Loop 1
192.168.1.0/24      IS_L1   15   0          0.0.0.0        Loop 0
```

第6章 组播技术

6.1 VLC 软件配置组播源和组播接收端

6.1.1 原理概述

VLC 软件的全称是 Video LAN Client，VLC media player 是 Video LAN 的一款免费多媒体播放器，支持 Windows 大多数操作系统，支持大多数文件和流媒体格式。在组播的实验中，需要使用 VLC 软件配置组播源和组播接收端，便于组播技术的学习。

6.1.2 实验目的

① 掌握 VLC 软件安装和使用方法。
② 掌握 VLC 软件配置组播源和组播接收端的方法。

6.1.3 实验内容

在 Oracle VM Virtual BOX 软件中安装 VLC 软件，并使用 VLC 软件配置组播源和组播接收端。实验使用到的软件和版本如表 6-1-1 所示，不同软件版本在实验设置的过程中基本相同。

表 6-1-1　实验软件和版本表

软 件 名 称	版　　本
Windows 操作系统	Windows XP 32 位
Oracle VM Virtual BOX	Version 6.0.14 Edition
VLC	3.0.12-win32

6.1.4 实验步骤

步骤 1：在 Oracle VM Virtual BOX 软件中配置两台虚拟主机，安装 Windows XP 32 位操作系统

具体操作步骤略。

步骤 2：配置 Oracle VM Virtual BOX 软件，允许使用拖放的方式将物理机中 VLC 安装软件文档导入虚拟机主机中

具体操作步骤如图 6-1-1 和图 6-1-2 所示。

步骤 3：在两台虚拟主机中安装 VLC 软件

具体步骤略。

步骤 4：在一台虚拟主机中使用 VLC 软件配置主播源

 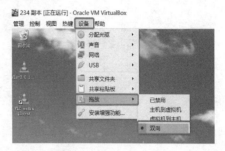

图 6-1-1 配置 Oracle VM VirtualBox 软件（1）　　图 6-1-2 配置 Oracle VM VirtualBox 软件（2）

打开网络串流，如图 6-1-3 所示。

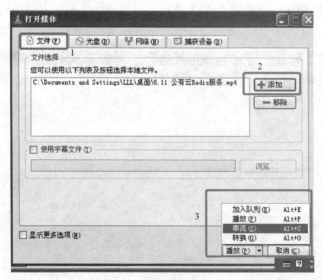

图 6-1-3 打开网络串流

设定组播源播放的文件，如图 6-1-4 所示。

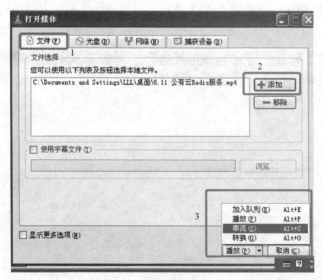

图 6-1-4 设定组播源播放的文件

设定组播源工作在 RTP/MPEG Transport Stream 模式，如图 6-1-5、图 6-1-6 所示。

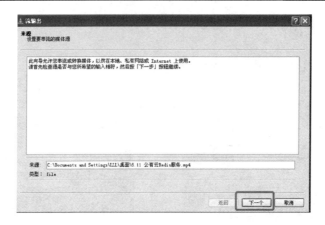

图 6-1-5　设定组播源工作在 RTP/MPEG Transport Stream 模式（1）

图 6-1-6　设定组播源工作在 RTP/MPEG Transport Stream 模式（2）

设定组播源地址和端口，如图 6-1-7 所示。组播源地址和基本端口内容请根据实际组网需求设定。

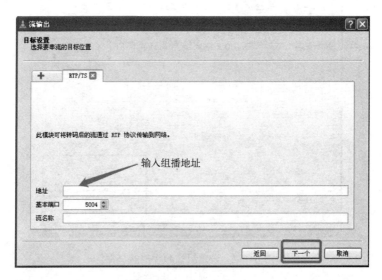

图 6-1-7　设定组播源地址和端口

转码设置，如图 6-1-8 所示；选项设置，如图 6-1-9 所示。

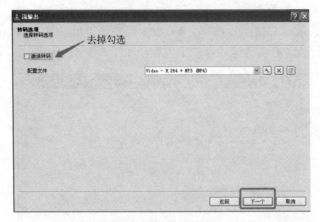

图 6-1-8 转码设置

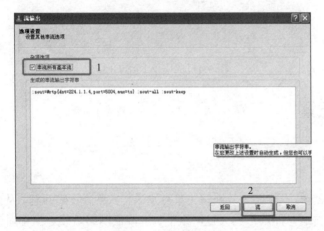

图 6-1-9 选项设置

设定 VLC 循环输出视频内容，如图 6-1-10 所示。

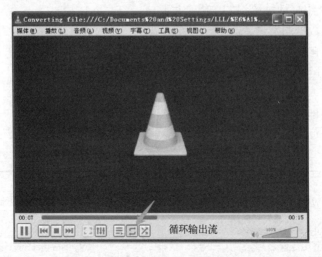

图 6-1-10 设定 VLC 循环输出视频内容

步骤 5：在另一台虚拟主机中使用 VLC 软件配置组播接收端

（1）重复步骤 4（1）操作

（2）设定网络选项，并按照步骤 4（4）设定组播源地址和基本端口的内容，输入网络 URL，使得组播接收端能够接收组播源输出内容，如图 6-1-11 所示。

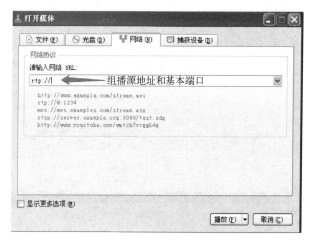

图 6-1-11　输入网络 URL

6.2　IGMP 配置

6.2.1　原理概述

组播（multicast）技术能够有效地解决单点发送、多点接收的问题，从而实现了网络中点到多点的高效数据传送，能够节约大量网络带宽、降低网络负载。组播对带宽和数据交互的实时性要求较高。

1．组播的基本概念

组播组：用 IP 组播地址标识的一组合集。

组播源：组播数据的发送者。

组播成员：所有加入某组播组的主机。

组播路由器：运行了组播协议的设备。

2．组播地址

（1）IPv4 组播地址

IPv4 组播地址如表 6-2-1 所示。

表 6-2-1　IPv4 组播地址的范围及含义

地 址 范 围	含 义
224.0.0.0～224.0.0.255	永久组播地址
224.0.1.0～231.255.255.255 233.0.0.0～238.255.255.255	ASM 组播地址，全网有效
232.0.0.0～232.255.255.255	默认 SSM 组播地址，全网有效
239.0.0.0～239.255.255.255	本地管理组播地址，仅在本地有效

（2）IPv4 组播 MAC 地址

IPv4 组播 MAC 地址的高 24 位为 0x01005e，第 25 位为 0，低 23 位为 IPv4 组播地址的低 23 位。IPv4 组播地址与 MAC 地址的映射关系如图 6-2-1 所示。

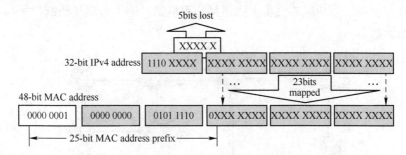

图 6-2-1　IPv4 组播地址与 MAC 地址的映射关系

3．常见的组播协议

① IGMP：路由器与客户端之间运行，V1～V3 版本，常见的是 V1 和 V2 版本。

② PIM：路由设备之间。

4．IGMP（互联网组管理协议）工作机制

路由器每隔 60 s 发送一次组成员查询报文，由 IP 协议封装，SIP 为路由器接口 IP 地址，DIP 为 224.0.0.1，代表链路上的所有路由设备和主机。

报文的 group address 为 0.0.0.0，代表发起所有组播组成员查询。

当成员收到组播组查询报文之后，随机延时一个 0～10 s 的时间，发送成员报告报文，SIP 为成员自身接口 IP 地址，DIP 为组播组 IP 地址，group address 为主机所属的组播组地址。

路由器收到成员报告报文之后，将创建（*.G）表项，并将收到该成员报告的接口作为（*.G）表项的下游接口，便于以后该路由器收到该组播报文，则复制一份，并发送给成员。

5．离组机制

（1）IGMPV1 离组机制

IGMPV1 没有设定离组机制，成员离组不会发送任何通知。如果该组所有成员都离开，则路由器在 2*60+10=130(s)内如果没有收到任何成员报告报文，则认为该组没有成员，将（*.G）表项的下游接口删除，并停止发送该组的组播报文，但是在这个 130 s 间隔之内，组播报文还是继续发送。

（2）IGMPV2 离组机制

IGMPV2 增加了两种报文——特定组查询报文和离组报文；两种机制——离组机制和查询器选举机制。

① 当主机离开某个组时，会发送离组报文。SIP 为主机的 IP 地址，DIP 为 224.0.0.2（代表链路上的所有路由器），group address 为离组的组播地址。

② 路由器收到离组报文后，发送指定组查询报文，SIP 为路由器的 IP 地址，DIP 为主机离组的组地址，group address 为主机离组的组地址。

③ 指定组查询报文默认为 1 s，连续发送 2 次，如果在没有收到该组成员的报告，则认为该组没有成员，删除（*.G）表项，停止流量转发。

（3）IGMPV3 离组机制

IGMPV3 为了匹配 SSM 模型而构建的协议，较为复杂。

6．IGMP Snooping 工作机制

它是运行在支持二层功能的设备上的组播约束机制，用于管理和控制组播组。工作原理如图 6-2-2 所示。

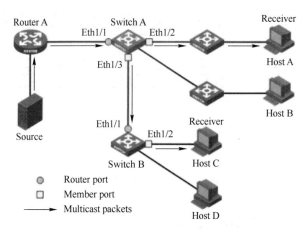

图 6-2-2　IGMP Snooping 工作机制

路由器端口：能收到组播查询报文的端口就是路由器端口，如 SA 的 Eth1/1。

成员端口：收到某组播流量的端口成为成员端口，如 SA 的 Eth1/2。

当主机发送成员报告的时候，将向所属 VLAN 中的路由器接口发送，注意不是泛洪，路由器设备收到报告之后，从其中提取出加入到哪个组播组地址；当不存在该表项记录，则创建表项记录；当存在该表项记录，则刷新表项老化时间。

启用 Snooping 之后，由于上段所述机制，是将报告直接转发到路由设备端口，所以，其他同组成员不知道 HostA 发送了成员报告，所以会各自发送成员报告，不受成员抑制机制的影响。

当交换机收到离组报文后，不能立即删除组播转发表项，因为该端口可能下挂的是一台交换机，存在成员抑制的可能性，所以路由器应当向该端口发送成员查询报文，确认是否还存在成员，确定后再进行删除。

6.2.2　实验目的

① 理解 IGMP 的基本工作原理和场景。

② 掌握 IGMP 配置的方法。

6.2.3　实验内容

本实验拓扑结构如图 6-2-3 所示，实验编址如表 6-2-2 所示。本实验模拟了一个简单的网络场景：Host_1 作为组播源，采用 224.1.1.4 作为组播地址，使用 VLC 播放输出视频；R1 运行 PIM 协议，S1 运行 IGMP Snooping 协议，Host_2 作为成员，使用 VLC 播放器接收 224.1.1.4 的视频。

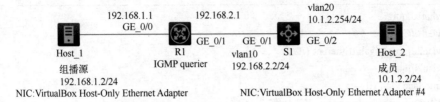

图 6-2-3 IGMP 基本配置实验拓扑结构

表 6-2-2 实验编址表

设备	接口	VLAN ID	IP 地址	子网掩码
R1	GE 0/0		192.168.1.1	255.255.255.0
	GE 0/1		192.168.2.1	255.255.255.0
S1	GE 0/1	10	192.168.2.2	255.255.255.0
	GE 0/2	20	10.1.2.254	255.255.255.0
Host_1			192.168.1.2	255.255.255.0
Host_2			10.1.2.1	255.255.255.0

6.2.4 实验步骤

步骤 1：VLC 的配置

见 6.1 节的实验。

步骤 2：开启 R1 的组播

```
[R1]multicast routing
[R1-mrib]quit
```

步骤 3：在组播源侧配置 PIM 协议

```
[R1]interface GigabitEthernet 0/0
[R1-GigabitEthernet0/0]ip address 192.168.1.1 24
[R1-GigabitEthernet0/0]pim dm
[R1-GigabitEthernet0/0]quit
```

步骤 4：在交换机接入侧配置 IGMP 协议，默认版本为 V2

```
[R1]interface GigabitEthernet 0/1
[R1-GigabitEthernet0/1]ip address 192.168.2.1 24
[R1-GigabitEthernet0/1]igmp enable
[R1-GigabitEthernet0/1]quit
```

步骤 5：配置静态路由，使得路由可达

```
[R1]ip route-static 10.1.2.0 24 192.168.2.2
```

步骤 6：S1 的 IP 配置

```
[S1]vlan 10
[S1-vlan10]port GigabitEthernet 1/0/1
```

```
[S1-vlan10]quit
[S1]vlan 20
[S1-vlan20]port GigabitEthernet 1/0/2
[S1-vlan20]quit
[S1]interface vlan 10
[S1-Vlan-interface10]ip address 192.168.2.2 24
[S1-Vlan-interface10]quit
[S1]interface vlan 20
[S1-Vlan-interface20]ip address 10.1.2.254 24
[S1-Vlan-interface20]quit
```

步骤 7：S1 配置静态路由，使得路由可达

```
[S1] ip route-static 0.0.0.0 0 192.168.2.1
```

步骤 8：S1 配置 IGMP-Snooping

```
[S1]igmp-snooping
[S1-igmp-snooping]quit
```

步骤 9：针对 VLAN 使能 IGMP Snooping

```
[S1]vlan 10
[S1-vlan10]igmp-snooping enable
[S1-vlan10]quit
[S1]vlan 20
[S1-vlan20]igmp-snooping enable
[S1-vlan20]quit
```

步骤 10：配置 VLAN 10 为组播 VLAN，VLAN 20 为组播 VLAN 的子 VLAN

```
[S1]multicast-vlan 10
[S1-mvlan-10]subvlan 20
[S1-mvlan-10]quit
```

步骤 11：模拟组播组成员加入

按照 VLC 配置文档接收端设定的提示，在 Host_2 主机运行的 VLC 软件，并配置 Host_2 加入到组播组 224.1.1.4，模拟组播组成员加入。

步骤 12：验证

在 S1 上查看二层组播信息：

```
[S1]display igmp-snooping group
Total 2 entries.
VLAN 20: Total 2 entries.
  (0.0.0.0, 224.1.1.4)
Host slots (0 in total):
Host ports (1 in total):
  GE1/0/2                              (00:02:36)
  (0.0.0.0, 239.255.255.250)
```

```
Host slots (0 in total):
Host ports (1 in total):
   GE1/0/2                                    (00:02:35)
```

在 R1 上查看组播路由表内容：

```
[R1]display multicast routing-table
Total 1 entries
00001. (192.168.1.2, 224.1.1.4)
    Uptime: 00:39:53
    Upstream Interface: GigabitEthernet0/0
    List of 1 downstream interfaces
        1: GigabitEthernet0/1
```

在 R1 上查看 PIM 的路由表：

```
[R1]display pim    routing-table
Total 2 (*, G) entries; 1 (S, G) entries
(*, 224.1.1.4)
    Protocol: pim-dm, Flag: WC
    UpTime: 00:07:03
    Upstream interface: NULL
        Upstream neighbor: NULL
        RPF prime neighbor: NULL
    Downstream interface information:
    Total number of downstream interfaces: 1
        1: GigabitEthernet0/1
            Protocol: igmp, UpTime: 00:07:03, Expires: -
(192.168.1.2, 224.1.1.4)
    Protocol: pim-dm, Flag: LOC ACT
    UpTime: 00:40:22
    Upstream interface: GigabitEthernet0/0
        Upstream neighbor: NULL
        RPF prime neighbor: NULL
    Downstream interface information:
    Total number of downstream interfaces: 1
        1: GigabitEthernet0/1
            Protocol: pim-dm, UpTime: 00:07:03, Expires: -
(*, 239.255.255.250)
    Protocol: pim-dm, Flag: WC
    UpTime: 00:46:35
    Upstream interface: NULL
        Upstream neighbor: NULL
        RPF prime neighbor: NULL
    Downstream interface information:
    Total number of downstream interfaces: 1
        1: GigabitEthernet0/1
            Protocol: igmp, UpTime: 00:46:35, Expires: -
```

步骤 13：在 S1 的 GE 0/1 口上开启抓包软件，关闭 Host_2 VLC 软件，使得主机离开组播组 224.1.1.4，观察 IGMPV2 版本的离组机制报文，如图 6-2-4 所示。

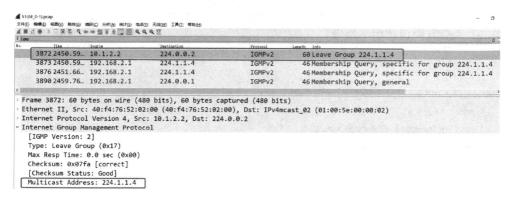

图 6-2-4 IGMPV2 版本离组报文

Host_2 主机发送离组报文，路由器接口连续发送两个查询报文，查询组播组 224.1.1.4 是否还有成员，没有成员报告则删除（*, 224.1.1.4）表项，停止流量转发。

步骤 14：在 R1 上查看 PIM 路由表，(*, 224.1.1.4)表项删除

```
[R1]display pim routing-table
  Total 1 (*, G) entries; 1 (S, G) entries
(192.168.1.2, 224.1.1.4)
Protocol: pim-dm, Flag: LOC ACT
UpTime: 00:56:39
Upstream interface: GigabitEthernet0/0
    Upstream neighbor: NULL
    RPF prime neighbor: NULL
Downstream interface information: None
  (*, 239.255.255.250)
Protocol: pim-dm, Flag: WC
UpTime: 01:02:52
Upstream interface: NULL
    Upstream neighbor: NULL
    RPF prime neighbor: NULL
Downstream interface information:
Total number of downstream interfaces: 1
    1: GigabitEthernet0/1
        Protocol: igmp, UpTime: 01:02:52, Expires: -
```

6.2.5 思考

239.255.255.250 组播地址有何用途？

6.3　PIM-DM 配置

6.3.1　原理概述

1. PIM 协议

PIM 是 protocol independent multicast（协议无关组播）的英文简称，表示可以利用单播静态路由或者任意单播路由协议（包括 RIP、OSPF、IS-IS、BGP 等）所生成的单播路由表为 IP 组播提供路由。组播路由与所采用的单播路由协议无关，只要能够通过单播路由协议产生相应的组播路由表项即可。

2. PIM-DM 协议

PIM-DM 属于密集模式的组播路由协议，使用推（push）模式传送组播数据，通过周期性扩散—剪枝构建和维护单向无环路 SPT 树，通常适用于组播组成员相对比较密集的小型网络。

3. PIM-DM 工作机制

（1）邻居发现

路由器通过周期性地向本网段的所有 PIM 路由器（224.0.0.13）以组播方式发送 PIM Hello 报文，建立邻居关系；每隔 30 秒发送一次，TTL 值=1，表明无法跨链路建立邻居，105 秒内没有收到邻居的 hello 报文，则认为邻居失效。

（2）构建 SP 树

SPT 树是指以组播源为根，组播成员为叶子的组播分发树。

PIM 组播路由表使用（S,G）表来描述 SPT 树，S 代表组播源的地址，G 代表组播组地址；（S,G）表项有且只有一个上游接口，也称为 RPF 接口（反向路径检测接口），用于接收该（S,G）的组播流量；（S,G）可以有一个或是多个下游接口，用于发送（S,G）组播流量；下游接口不可能成为上游接口。

（3）扩散

将组播数据网络传播，使用 RPF 进行检测，通过 RPF 检测才将数据进行推送。

① RPF 检测机制：当设备收到组播数据时，提取组播数据源地址，与设备本地路由表进行检测，只有去往数据源地址和接口向匹配时，才将组播数据朝接口推送，并创建（S,G）表项，否则丢弃该组播流量。

② 如果路由设备存在等价的路径，则使用下一跳接口地址大的作为 RPF 接口。RPF 接口上的 PIM 邻居，称为 RPF 邻居。

③ 通过 RPF 检测的接口成为组播转发表项的上游接口。

④ 从上游 RPF 接口接收到的组播流量将从 PIM 邻居和存在直连组播成员的接口进行传递扩散。

（4）剪枝

当路由器发现本端不存在任何下游接口时，在 RPF 接口上向上游路由设备发送剪枝请求报文（prune message），目的地址为 224.0.0.13，请求上游设备删除其作为下游接口的（S,G）表项中的内容。

① 上游路由器收到剪枝报文之后，如果剪枝报文中携带的 RPF 邻居地址是本端接口 IP，则将本端接收剪枝报文的接口从组播（S,G）表项中的下游接口删除。

② 剪枝完成后，如果下游接口不为空，则剪枝完成。

③ 若下游接口为 null，则剪枝继续向上游的 RPF 接口进行剪枝动作。

（5）嫁接

当被剪枝的节点上出现了组播组的成员时，为了减少该节点恢复成转发状态所需的时间，PIM-DM 使用嫁接机制主动恢复其对组播数据的转发。

① 需要恢复接收组播数据的节点向其上游节点发送嫁接报文（graft message）以申请重新加入到 SPT 中。

② 当上游节点收到该报文后，恢复该下游节点的转发状态，并向其回应一个嫁接应答报文（graft-ack message）以进行确认。

③ 如果发送嫁接报文的下游节点没有收到来自其上游节点的嫁接应答报文，将重新发送嫁接报文直到被确认为止。

（6）断言

当网段上有多个组播路由器时，需要引入断言机制，断言报文发送给该网段上所有的 PIM 路由器（组播 IP 为 224.0.0.13）避免组播流量的重复接收导致主机出现问题。图 6-3-1 描述了一个需要断言的网络场景。

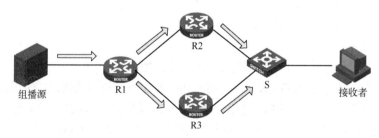

图 6-3-1 断言机制

① R2 与 R3 需要断言，避免接收者收到重复的组播流量。

② 断言报文携带的内容：到达组播源的路由协议的优先级、到达组播源路由的开销值、R2—R3 网段的接口 IP 地址。

③ 断言：到达组播源的路由协议的优先级高者胜出、到达组播源路由的开销值小者胜出、R2—R3 网段接口 IP 地址大者胜出。

④ 假设 R3 胜出，R2 作为败者会发出剪枝请求，R3 和接收者可以收到该请求，若接收者还继续接收流量，则会发出 Join 报文，R3 在 3 s 内收到 Join 报文则保留下游接口，若没有收到，则在（S,G）表项中删除下游接口信息。

（7）状态刷新

默认情况下，开启 PIM-DM 的设备会开启状态刷新机制，第一跳的路由器（即离组播源最近的那台路由设备）会每隔 60 s 周期性地向下游接口发送 DIP 为 224.0.0.13 的 PIM 刷新报文，报文中包含（S,G）信息，下游设备收到该信息后，会刷新（S,G）老化时间和剪枝超时定时器。

6.3.2 实验目的

① 理解 PIM-DM 的基本工作原理和场景。
② 掌握 PIM-DM 配置的方法。

6.3.3 实验内容

本实验拓扑结构如图 6-3-2 所示,实验编址如表 6-3-1 所示。本实验模拟了一个简单的网络场景:Host_1 使用 VLC 模拟组播源,并使用组播地址 224.1.1.4 向网络发送视频,Host_2 和 Host_3 作为组播接收者。所有路由器都运行 OSPF 协议组网,区域为 0。管理员配置 PIM-DM,从而实现组播视频的传递。

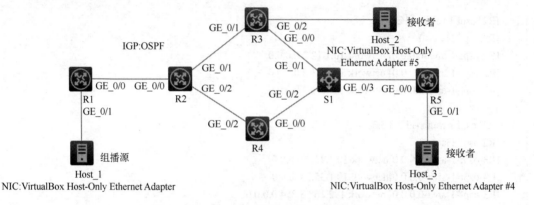

图 6-3-2 PIM-DM 基本配置实验拓扑结构

表 6-3-1 实验编址表

设备	接口	IP 地址	子网掩码
R1	GE 0/0	10.1.12.1	255.255.255.0
	GE 0/1	192.168.1.254	255.255.255.0
R2	GE 0/0	10.1.12.2	255.255.255.0
	GE 0/1	10.1.23.2	255.255.255.0
	GE 0/2	10.1.24.2	255.255.255.0
R3	GE 0/0	10.1.35.3	255.255.255.0
	GE 0/1	10.1.23.3	255.255.255.0
	GE 0/2	192.168.3.254	255.255.255.0
R4	GE 0/0	10.1.35.4	255.255.255.0
	GE 0/2	10.1.24.4	255.255.255.0
R5	GE 0/0	10.1.35.5	255.255.255.0
	GE 0/1	192.168.5.254	255.255.255.0
Host_1		192.168.1.1	255.255.255.0
Host_2		192.168.3.1	255.255.255.0
Host_3		192.168.5.1	255.255.255.0

6.3.4　实验步骤

步骤 1：开启除连接 Host 主机之外所有设备接口的抓包

步骤 2：VLC 的配置

见 6.1 节的实验。

步骤 3：IP 地址配置（略）

步骤 4：OSPF 配置

```
[R1]ospf 1 router-id 1.1.1.1
[R1-ospf-1]area 0
[R1-ospf-1-area-0.0.0.0]network 10.1.12.1 0.0.0.0
[R1-ospf-1-area-0.0.0.0]network 192.168.1.254 0.0.0.0

[R2] ospf 1 router-id 2.2.2.2
[R2-ospf-1]area 0
[R2-ospf-1-area-0.0.0.0] network 10.1.12.2 0.0.0.0
[R2-ospf-1-area-0.0.0.0] network 10.1.23.2 0.0.0.0
[R2-ospf-1-area-0.0.0.0] network 10.1.24.2 0.0.0.0

[R3] ospf 1 router-id 3.3.3.3
[R3-ospf-1]area 0
[R3-ospf-1-area-0.0.0.0]network 10.1.23.3 0.0.0.0
[R3-ospf-1-area-0.0.0.0]network 10.1.35.3 0.0.0.0
[R3-ospf-1-area-0.0.0.0] network 192.168.3.254 0.0.0.0

[R4]ospf 1 router-id 4.4.4.4
[R4-ospf-1]area 0
[R4-ospf-1-area-0.0.0.0] network 10.1.24.4 0.0.0.0
[R4-ospf-1-area-0.0.0.0] network 10.1.35.4 0.0.0.0

[R5]ospf 1 router-id 5.5.5.5
[R5-ospf-1]area 0
[R5-ospf-1-area-0.0.0.0] network 10.1.35.5 0.0.0.0
[R5-ospf-1-area-0.0.0.0] network 192.168.5.254 0.0.0.0
```

步骤 5：配置 PIM-DM

在所有路由器上开启组播功能，并在所有路由器接口下使能 PIM-DM：

```
[R1]multicast routing
[R1-mrib]quit
[R1]interface GigabitEthernet 0/0
[R1-GigabitEthernet0/0] pim dm
[R1-GigabitEthernet0/0]quit
[R1]interface GigabitEthernet 0/1
[R1-GigabitEthernet0/1] pim dm
```

```
[R2]multicast routing
[R2-mrib]quit
[R2]interface GigabitEthernet 0/0
[R2-GigabitEthernet0/0]pim dm
[R2-GigabitEthernet0/0]quit
[R2]interface GigabitEthernet 0/1
[R2-GigabitEthernet0/1]pim dm
[R2-GigabitEthernet0/1]quit
[R2]interface GigabitEthernet 0/2
[R2-GigabitEthernet0/2]pim dm

[R3]multicast routing
[R3-mrib]quit
[R3]interface GigabitEthernet 0/0
[R3-GigabitEthernet0/0]pim dm
[R3-GigabitEthernet0/0]quit
[R3]interface GigabitEthernet 0/1
[R3-GigabitEthernet0/1]pim dm
[R3-GigabitEthernet0/1]quit
[R3]interface GigabitEthernet 0/2
[R3-GigabitEthernet0/2]pim dm

[R4]multicast routing
[R4-mrib]quit
[R4]interface GigabitEthernet 0/0
[R4-GigabitEthernet0/0]pim dm
[R4-GigabitEthernet0/0]quit
[R4]interface GigabitEthernet 0/2
[R4-GigabitEthernet0/2]pim dm

[R5]multicast routing
[R5-mrib]quit
[R5]interface GigabitEthernet 0/0
[R5-GigabitEthernet0/0]pim dm
[R5-GigabitEthernet0/0]quit
[R5]interface GigabitEthernet 0/1
[R5-GigabitEthernet0/1]pim dm
```

步骤 6：在连接接收者的 Host 主机的路由器接口使能 IGMP

```
[R3]interface GigabitEthernet 0/2
[R3-GigabitEthernet0/2] igmp enable

[R5]interface GigabitEthernet 0/1
[R5-GigabitEthernet0/1] igmp enable
```

步骤 7：PIM 配置验证

以 R4 为例，该设备应当有 3 个 PIM 邻居，即 R2、R3、R5。

```
[R4]display pim neighbor
Total Number of Neighbors = 3
   Neighbor        Interface            Uptime    Expires   DR-Priority Mode
10.1.35.3          GE 0/0               11:38:49 00:01:37 1              P
10.1.35.5          GE 0/0               11:38:46 00:01:18 1              P
10.1.24.2          GE 0/2               11:39:50 00:01:26 1              P
```

由上述信息可知，默认情况下路由器 PIM 的 DR 优先级数值为 1。

步骤 8：按照 VLC 配置文档提示，设置组播源运行的 VLC 软件，发送组播流量；设置接收者 VLC 软件，并配置加入组播组：224.1.1.4

步骤 9：验证

以 R1 和 R5 为例，其余略。

```
[R1]display pim routing-table 224.1.1.4
Total 0 (*, G) entries; 4 (S, G) entries
Total matched 0 (*, G) entries; 1 (S, G) entries
(192.168.1.2, 224.1.1.4)
  Protocol: pim-dm, Flag: LOC ACT              //LOC 代表第一跳路由器
  UpTime: 00:01:45
  Upstream interface: GigabitEthernet0/1       //上游接口
      Upstream neighbor: NULL
      RPF prime neighbor: NULL
  Downstream interface information:
  Total number of downstream interfaces: 1     //下游接口
      1: GigabitEthernet0/0
          Protocol: pim-dm, UpTime: 00:01:45, Expires: -

[R5]display pim routing-table 224.1.1.4
Total 2 (*, G) entries; 4 (S, G) entries
Total matched 1 (*, G) entries; 1 (S, G) entries
(*, 224.1.1.4)
  Protocol: pim-dm, Flag: WC
  UpTime: 00:02:33
  Upstream interface: NULL
      Upstream neighbor: NULL
      RPF prime neighbor: NULL
  Downstream interface information:
  Total number of downstream interfaces: 1
      1: GigabitEthernet0/1
          Protocol: igmp, UpTime: 00:02:33, Expires: -
(192.168.1.2, 224.1.1.4)
  Protocol: pim-dm, Flag:
  UpTime: 00:01:17
  Upstream interface: GigabitEthernet0/0
      Upstream neighbor: 10.1.35.4
      RPF prime neighbor: 10.1.35.4
  Downstream interface information:
```

```
Total number of downstream interfaces: 1
    1: GigabitEthernet0/1
        Protocol: pim-dm, UpTime: 00:01:17, Expires: -
```

验证 R5 的 RPF 接口信息：

```
[R5]display multicast rpf-info 192.168.1.2
  RPF information about source 192.168.1.2:
RPF interface: GigabitEthernet0/0, RPF neighbor: 10.1.35.4
Referenced route/mask: 192.168.1.0/24
Referenced route type: igp
Route selection rule: preference-preferred
Load splitting rule: disable
```

步骤 10：使用抓包软件，观察断言过程，掌握并验证断言机制

R3 与 R4 需要断言，避免接收者 R5 收到重复的组播流量，R5 的 GE 0/0 口发送断言报文，如图 6-3-3 所示。

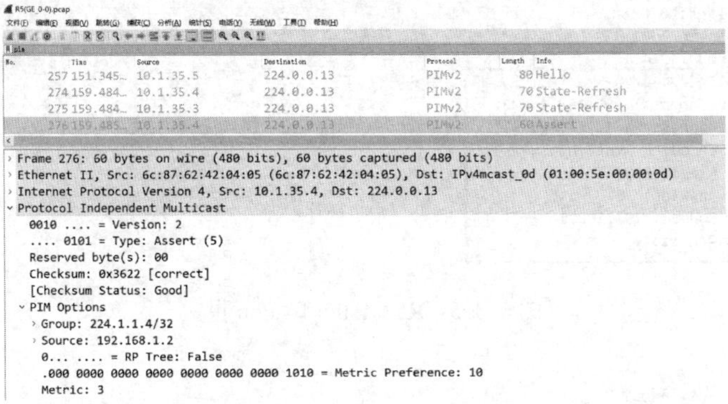

图 6-3-3　R5 GE 0/0 口断言报文

R3 失败后，向 R3、R4、R5 连接的网段发出剪枝行为，如图 6-3-4 所示。

图 6-3-4　R5 GE 0/0 口剪枝报文

R4 和 R5 在收到 R3 发出的剪枝行为后，R5 发送 Jion 报文表明 R5 下还存在组播成员，R4 不会进行剪枝，如图 6-3-5 所示。

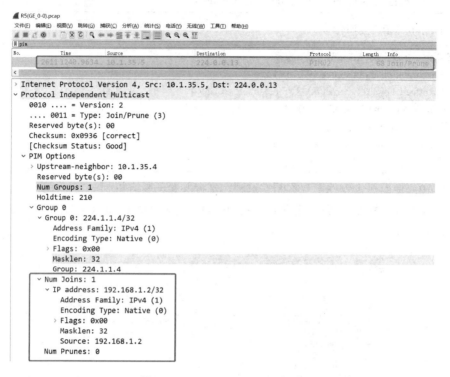

图 6-3-5　R5 GE 0/0 口 Jion 报文

6.3.5　思考

为什么在关闭 Host_2 和 Host_3 的 VLC 软件后，网络中已经不存在组播接收者，而路由器上还存在 192.168.1.2 224.1.1.4 的表项信息，且不会老化？

6.4　PIM-SM 配置

6.4.1　原理概述

1. PIM-SM 原理

PIM-SM 实现组播转发的核心任务就是构造并维护 RPT（rendezvous point tree，共享树或汇集树），RPT 选择 PIM 域中某台路由器作为公用的根节点 RP（rendezvous point，汇集点），组播数据通过 RP 沿着 RPT 转发给接收者。

连接接收者的路由器向某组播组对应的 RP 发送加入报文（Join），该报文被逐跳送达 RP，所经过的路径就形成了 RPT 的分支。

如图 6-4-1 所示，组播源如果要向某组播组发送组播数据，首先由组播端 DR（designated router，指定路由器）负责向 RP 进行注册，把注册报文（Register）通过单播方式发送给 RP，该报文到达 RP 后触发建立 SPT。之后组播源把组播数据沿着 SPT 发向 RP，当组播数据到达 RP 后，被复制并沿着 RPT 发送给接收者。

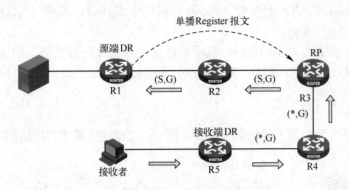

图 6-4-1　PIM-SM

2. 构建 PIM-SM RPT 树的前提条件

① （S,G）一定要事先知道 Source 的地址，以及去往 Source 的路由；

② （*,G）一定要事先知道 RP 的地址，以及去往 RP 的路由。

3. DR 选举

源端 DR：负责发送 Register 报文或者 Register-stop 报文以构建 SPT 树；Register 报文在组播源存活的情况下，每隔 60 s 发送一次，用于告知 RP 组播源存活。

成员端 DR：负责发送 Join 报文构建 RPT 树。

4. RP

静态 RP：管理员需要在全网中，使用命令静态指定 RP。

动态 RP：使用 BSR 协议选举 RP。BSR 工作机制如下：

① 管理员手动配置 C-BSR 路由器，可以是一台或多台。

② 在所有的 C-BSR 路由器上选举出 BSR。

③ 如果 BSR 失效，其他 C-BSR 重新选举 BSR；如果只有一台 C-BSR，那么它就是 BSR。

④ 管理员在 PIM 的路由器上设定 C-RP。

⑤ C-RP 向 BSR 发送单播 Advertisement 报文源地址为 C-RP 竞选地址，目的地址为 BSR 地址。

⑥ 通过比较 Advertisement 报文，动态选出 RP。

5. （*,G）表项

（*,G）表项是由收到成员报告报文或（*,G）Join 报文而被创建的。

（*,G）表项上游接口是由 RP 地址进行 RPF 检测得到的。

（*,G）表项下游接口是由收到（*,G）Join 报文或是直连成员接口得到的。

（*,G）表项下游接口收到（*,G）表项剪枝报文或收到最后成员的 Leave 报文时而被删除，当（*,G）表项下游接口为 Null 时，向 RP 的 RPF 接口发送（*,G）表项剪枝报文。

6. （S,G）表项

（S,G）表项是收到（S,G）的 Join/Prune 报文，或者是 RP 收到 Register 报文，或是进行 SPT 切换时创建的。

（S,G）表项上游接口是由组播源地址进行 RPF 检测得到的。

（S,G）表项下游接口是由收到（S,G）Join 报文或是直连成员接口得到的。当创建一个新的（S,G）表项时，RP 上没有（S,G）表项的下游接口，使用（*,G）的接口来进行转发。

（S,G）表项下游接口收到（S,G）表项剪枝报文或是收到最后成员的 Leave 报文时而被删除，当（S,G）表项下游接口为 Null 时，朝 RP 的 RPF 接口发送（S,G）表项剪枝报文。

7．SPT 切换

最后一跳设备发起，用于优化组播路径。图 6-4-2 描述了需要切换的网络场景。

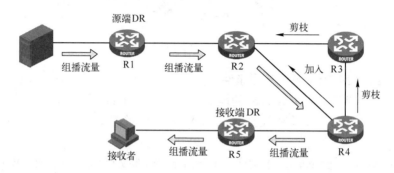

图 6-4-2　PIM-SM SPT 切换

当最后一跳 R5 收到 RPT 树的组播流量之后，可以通过组播流量得知组播源地址，则默认发起 SPT 切换，希望构建 R5—R1 路径的优化。

不管是否存在优化路径，最后一跳都要尝试进行 SPT 的切换优化。

最后一跳根据组播源的地址进行 RPF 检测，并向组播源 RPF 接口上邻居发送（S,G）的 Join 报文，逐跳构建 SPT 树。

当去往组播源地址和去往 RP 的地址的 RPF 接口不一致时，路由器 R4 沿着去往组播源 R4—R2 的链路发送（S,G）的 join 报文，沿着 R4—R3—R2 的方向发送（S,G）的剪枝报文，完成流量切换。

6.4.2　实验目的

① 理解 PIM-SM 的基本工作原理和场景。
② 掌握 PIM-SM 配置的方法。

6.4.3　实验内容

本实验拓扑结构如图 6-4-3 所示，实验编址如表 6-4-1 所示。本实验模拟了一个简单的网络场景：Host_1 使用 VLC 模拟组播源，并使用组播地址 224.1.1.4 向网络发送视频，Host_2 作为组播接收者。所有路由器都运行 OSPF 协议组网，区域为 0。管理员配置 PIM-SM，从而实现组播视频的传递。

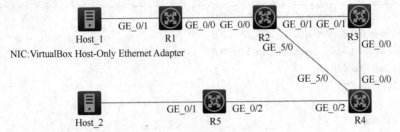

Host_1
NIC:VirtualBox Host-Only Ethernet Adapter

Host_2
NIC:VirtualBox Host-Only Ethernet Adapter #4

图 6-4-3 PIM-SM 基本配置实验拓扑结构

表 6-4-1 实验编址表

设备	接口	IP 地址	子网掩码
R1	GE 0/0	10.1.12.1	255.255.255.0
	GE 0/1	192.168.1.254	255.255.255.0
R2	GE 0/0	10.1.12.2	255.255.255.0
	GE 0/1	10.1.23.2	255.255.255.0
	GE 5/0	10.1.24.2	255.255.255.0
R3	GE 0/0	10.1.34.3	255.255.255.0
	GE 0/1	10.1.23.3	255.255.255.0
	Loopback 0	3.3.3.3	255.255.255.255
R4	GE 0/0	10.1.34.4	255.255.255.0
	GE 0/2	10.1.45.4	255.255.255.0
	GE 5/0	10.1.24.4	255.255.255.0
R5	GE 0/1	192.168.5.254	255.255.255.0
	GE 0/2	10.1.45.5	255.255.255.0
Host_1		192.168.1.1	255.255.255.0
Host_2		192.168.5.1	255.255.255.0

6.4.4 实验步骤

步骤 1：VLC 的配置
见 6.1 节的实验。
步骤 2：IP 地址配置
略。
步骤 3：OSPF 配置

```
[R1]ospf 1 router-id 1.1.1.1
[R1-ospf-1]area 0
[R1-ospf-1-area-0.0.0.0]network 10.1.12.1 0.0.0.0
[R1-ospf-1-area-0.0.0.0]network 192.168.1.254 0.0.0.0
[R1-ospf-1-area-0.0.0.0]quit
[R1-ospf-1]quit

[R2]ospf 1 router-id 2.2.2.2
[R2-ospf-1]area 0
```

```
[R2-ospf-1-area-0.0.0.0]network 10.1.12.2 0.0.0.0
[R2-ospf-1-area-0.0.0.0]network 10.1.23.2 0.0.0.0
[R2-ospf-1-area-0.0.0.0]network 10.1.24.2 0.0.0.0
[R2-ospf-1-area-0.0.0.0]quit
[R2-ospf-1]quit

[R3]ospf 1 router-id 3.3.3.3
[R3-ospf-1]area 0
[R3-ospf-1-area-0.0.0.0]network 10.1.34.3 0.0.0.0
[R3-ospf-1-area-0.0.0.0]network 10.1.23.3 0.0.0.0
[R3-ospf-1-area-0.0.0.0]network 3.3.3.3 0.0.0.0
[R3-ospf-1-area-0.0.0.0]quit
[R3-ospf-1]quit

[R4]ospf 1 router-id    4.4.4.4
[R4-ospf-1]area 0
[R4-ospf-1-area-0.0.0.0]network 10.1.34.4 0.0.0.0
[R4-ospf-1-area-0.0.0.0]network 10.1.45.4 0.0.0.0
[R4-ospf-1-area-0.0.0.0]network 10.1.24.4 0.0.0.0
[R4-ospf-1-area-0.0.0.0]quit
[R4-ospf-1]quit

[R5]ospf 1 router-id 5.5.5.5
[R5-ospf-1]area 0
[R5-ospf-1-area-0.0.0.0]network 10.1.45.5 0.0.0.0
[R5-ospf-1-area-0.0.0.0]network 192.168.5.254 0.0.0.0
[R5-ospf-1-area-0.0.0.0]quit
[R5-ospf-1]quit
```

步骤 4：关闭 R2 的 GE 5/0 口

```
[R2]interface GigabitEthernet 5/0
[R2-GigabitEthernet5/0]shutdown
[R2-GigabitEthernet5/0]quit
```

步骤 5：配置 PIM-SM

```
[R1]multicast routing
[R1-mrib]quit
[R1]interface GigabitEthernet 0/1
[R1-GigabitEthernet0/1]pim sm
[R1-GigabitEthernet0/1]quit
[R1]interface GigabitEthernet 0/0
[R1-GigabitEthernet0/0]pim sm
[R1-GigabitEthernet0/0]quit

[R2]multicast routing
[R2-mrib]quit
```

```
[R2]interface GigabitEthernet 0/0
[R2-GigabitEthernet0/0]pim sm
[R2-GigabitEthernet0/0]quit
[R2]interface GigabitEthernet 0/1
[R2-GigabitEthernet0/1]pim sm
[R2-GigabitEthernet0/1]quit
[R2]interface GigabitEthernet 5/0
[R2-GigabitEthernet5/0]pim sm
[R2-GigabitEthernet5/0]quit


[R3]multicast routing
[R3-mrib]quit
[R3]interface GigabitEthernet 0/0
[R3-GigabitEthernet0/0]pim sm
[R3-GigabitEthernet0/0]quit
[R3]interface GigabitEthernet 0/1
[R3-GigabitEthernet0/1]pim sm
[R3-GigabitEthernet0/1]quit


[R4]multicast routing
[R4-mrib]quit
[R4]interface GigabitEthernet 0/0
[R4-GigabitEthernet0/0]pim sm
[R4-GigabitEthernet0/0]quit
[R4]interface GigabitEthernet 0/2
[R4-GigabitEthernet0/2]pim sm
[R4-GigabitEthernet0/2]quit
[R4]interface GigabitEthernet 5/0
[R4-GigabitEthernet5/0]pim sm
[R4-GigabitEthernet5/0]quit


[R5]multicast routing
[R5-mrib]quit
[R5]interface GigabitEthernet 0/1
[R5-GigabitEthernet0/1]pim sm
[R5-GigabitEthernet0/1]igmp enable
[R5-GigabitEthernet0/1]quit
[R5]interface GigabitEthernet 0/2
[R5-GigabitEthernet0/2]pim sm
[R5-GigabitEthernet0/2]quit
```

步骤 6：各路由器配置静态 RP

```
[R1]pim
[R1-pim]static-rp 3.3.3.3
[R1-pim]quit
```

```
[R2]pim
[R2-pim]static-rp 3.3.3.3
[R2-pim]quit

[R3]pim
[R3-pim]static-rp 3.3.3.3
[R3-pim]quit

[R4]pim
[R4-pim]static-rp 3.3.3.3
[R4-pim]quit

[R5]pim
[R5-pim]static-rp 3.3.3.3
[R5-pim]quit
```

步骤 7：以 R3 为例，验证静态 RP 的配置，验证 R3 学习到的 PIM 组播路由表项

```
[R3]display pim rp-info
Static RP information:
    RP address                ACL    Mode     Preferred
    3.3.3.3                   ----   pim-sm   No
[R3]display pim routing-table 224.1.1.4
Total 2 (*, G) entries; 3 (S, G) entries
Total matched 1 (*, G) entries; 1 (S, G) entries
(*, 224.1.1.4)
RP: 3.3.3.3 (local)
Protocol: pim-sm, Flag: WC
UpTime: 00:20:10
Upstream interface: Register-Tunnel0
     Upstream neighbor: NULL
     RPF prime neighbor: NULL
Downstream interface information:
Total number of downstream interfaces: 1
     1: GigabitEthernet0/0
         Protocol: pim-sm, UpTime: 00:20:10, Expires: 00:03:20
(192.168.1.2, 224.1.1.4)
RP: 3.3.3.3 (local)
Protocol: pim-sm, Flag: 2MSDP SWT ACT
UpTime: 00:20:33
Upstream interface: Register-Tunnel0
     Upstream neighbor: NULL
     RPF prime neighbor: NULL
Downstream interface information:
Total number of downstream interfaces: 1
     1: GigabitEthernet0/0
         Protocol: pim-sm, UpTime: 00:20:10, Expires: 00:02:59
```

步骤 8：在 R1 的 GE 0/0 打开抓包软件，验证 R1 发送的单播 Register 报文，如图 6-4-4
所示。

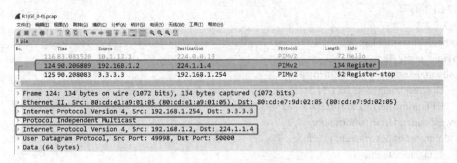

图 6-4-4 查看发送的单播 Register 报文

步骤 9：开启 R2 的 GE 5/0 口，在 R4 上观察 SPT 切换

开启前，R4 的 PIM 路由表为：

```
[R4]display pim routing-table 224.1.1.4
Total 2 (*, G) entries; 3 (S, G) entries
Total matched 1 (*, G) entries; 1 (S, G) entries
(*, 224.1.1.4)
 RP: 3.3.3.3
 Protocol: pim-sm, Flag: WC
 UpTime: 00:32:18
 Upstream interface: GigabitEthernet0/0
      Upstream neighbor: 10.1.34.3
      RPF prime neighbor: 10.1.34.3
 Downstream interface information:
 Total number of downstream interfaces: 1
      1: GigabitEthernet0/2
            Protocol: pim-sm, UpTime: 00:32:18, Expires: 00:03:12
(192.168.1.2, 224.1.1.4)
 RP: 3.3.3.3
 Protocol: pim-sm, Flag: SPT ACT
 UpTime: 00:31:39
 Upstream interface: GigabitEthernet0/0
      Upstream neighbor: 10.1.34.3
      RPF prime neighbor: 10.1.34.3
 Downstream interface information:
 Total number of downstream interfaces: 1
      1: GigabitEthernet0/2
            Protocol: pim-sm, UpTime: 00:31:39, Expires: 00:02:52
```

开启 R2 的 GE5/0 口：

```
[R2-GigabitEthernet5/0]undo shutdown
```

开启后，R4 的 PIM 路由表经过 SPT 切换，变为 R4 的 PIM 路由表：

```
[R4]display pim routing-table 224.1.1.4
```

```
Total 2 (*, G) entries; 3 (S, G) entries
Total matched 1 (*, G) entries; 1 (S, G) entries
(*, 224.1.1.4)
 RP: 3.3.3.3
 Protocol: pim-sm, Flag: WC
 UpTime: 00:32:48
 Upstream interface: GigabitEthernet0/0
      Upstream neighbor: 10.1.34.3
      RPF prime neighbor: 10.1.34.3
 Downstream interface information:
 Total number of downstream interfaces: 1
      1: GigabitEthernet0/2
          Protocol: pim-sm, UpTime: 00:32:48, Expires: 00:02:42

(192.168.1.2, 224.1.1.4)
 RP: 3.3.3.3
 Protocol: pim-sm, Flag: RPT SPT ACT
 UpTime: 00:32:09
 Upstream interface: GigabitEthernet5/0
      Upstream neighbor: 10.1.24.2
      RPF prime neighbor: 10.1.24.2
 Downstream interface information:
 Total number of downstream interfaces: 1
      1: GigabitEthernet0/2
          Protocol: pim-sm, UpTime: 00:32:09, Expires: 00:03:22
```

步骤 10：使用 BSR 协议动态配置 RP

删除 R1—R5 上关于静态 RP 的配置命令，以 R1 为例，删除静态命令如下，其余四台请参考下面命令删除：

```
[R1]pim
[R1-pim]undo static-rp 3.3.3.3
[R1-pim]quit:
```

在 R3 的 Loopback 0 口上使能 PIM-SM 协议：

```
[R3]interface LoopBack 0
[R3-LoopBack0]pim sm
[R3-LoopBack0]quit
```

配置 R3 的 C-BSR 和 C-RP：

```
[R3]pim
[R3-pim] c-bsr 3.3.3.3
[R3-pim] c-rp 3.3.3.3
[R3-pim]quit
```

步骤 11：在 R2 上验证动态 RP 的配置

```
[R2]display pim rp-info
```

BSR RP information:
Scope: non-scoped
 Group/MaskLen: 224.0.0.0/4

RP address	Priority	HoldTime	Uptime	Expires
3.3.3.3	192	180	00:00:41	00:02:52

步骤 12：在 R3 的 GE 0/0 口开启抓包软件，观察 R3 的自举报文如图 6-4-5 所示

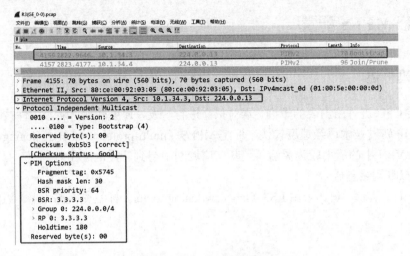

图 6-4-5　抓取的自举报文

6.4.5　思考

PIM-SM 使用"拉"方式传递组播流量，为什么还需要断言机制？

第7章　MPLS 技术

7.1　静态 MPLS 配置

7.1.1　原理概述

IP 需要 CPU 进行路由表的查询，再对报文进行转发，速度较慢；随着硬件技术和缓存技术的发展，IP 转发技术已经速度较快，但是 MPLS（multi-protocol label switching，多协议标签交换）在 VPN 中的应用较为灵活，使其在广域网中得到广泛的应用。

1．MPLS 网络基础

如图 7-1-1 所示，是一个由 LSR（label switching router，标签交换路由器）组成的 MPLS网络。

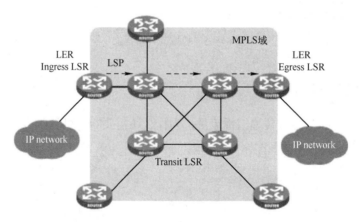

图 7-1-1　MPLS 网络

LSR（标签交换路由器）：是具有标签分发能力和标签交换能力的设备，是 MPLS 网络中的基本元素。

LER（label edge router，标签边缘路由器）：是位于 MPLS 网络边缘、连接其他网络的标签交换路由器。

MPLS 域：由 LSR 构成的网络称为 MPLS 域。

2．MPLS 网络数据传递

如图 7-1-1 所示，IP 报文进入 MPLS 网络时，Ingress LSR 分析 IP 报文内容并且为这些IP 报文添加合适的标签，所有 MPLS 网络中的 LSR 根据标签转发数据。当该 IP 报文离开 MPLS网络时，标签由 Egress LSR 弹出。

IP 报文在 MPLS 网络中经过的路径称为标签交换路径（label switch path，LSP）。LSP 是单向的，与数据流保持一致；LSP 只有一个入节点（ingress）和出节点（egress），可以拥有多个中间节点（transit）。

3．MPLS 体系结构基础

MPLS 体系由控制平面和转发平面组成，如图 7-1-2 所示。

RIB（路由信息表）：由 IP 路由表形成，用于选择路由。

LDP（标签分发协议）：负责标签分配，标签转发表建立、标签交换路径建立、拆除等工作。

LIB（标签信息表）：由 LDP 协议产生，用于管理标签信息。

FIB（转发信息表）：从 RIB 提取必要的路由信息生成，负责 IP 报文转发。

LFIB（标签转发信息表）：简称标签转发表，由 LDP 协议在 LSR 上建立，负责带 MPLS 标签报文的转发。

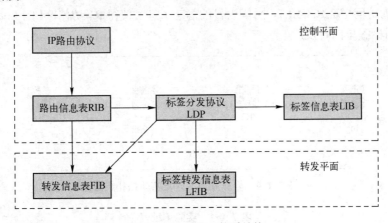

图 7-1-2　MPLS 体系结构

4．FEC

MPLS 将具有相同特征的报文归为一类，称为转发等价类（FEC）；FEC 可以是 SIP、DIP、源端口、目的端口、VPN 等。

5．MPLS 标签

MPLS 标签的封装结构如图 7-1-3 所示。

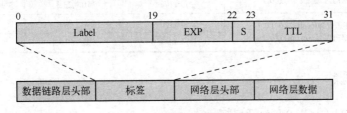

图 7-1-3　标签的封装结构

Label（标签）：20 bit，用于标记一个 FEC，只在本地有效。

EXP（实验位）：3 bit，当标签数值为 0、1、2 时，适用于 QOS 使用；而不需要 QOS 时，若数值为 3，代表标签经过的设备为倒数第二跳节点，需将标签弹出，减轻出节点负担。

S（栈底标识位）：1 bit，当 S=1 时，代表最底层标签；S=0 代表存在多层次嵌套标签。

TTL：8 bit，与 IP 的 TTL 功能一样。

7.1.2 实验目的

① 理解 MPLS 基础知识。
② 掌握静态 MPLS 配置方法。

7.1.3 实验内容

本实验拓扑结构如图 7-1-4 所示,实验编址如表 7-1-1 所示。本实验模拟了一个网络场景: R1、R2、R3、R4 以 OSPF 组建网络,R1、R4 使用 Loopback 0 口模拟一条业务网段,在 OSPF 协议中公布。现在以 R1 为 Ingress LSR,R2、R3 为 Transit LSR,R4 为 Egress LSR,创建一条 FEC 为访问 192.168.4.1/24 网段为目的静态 LSP;使得 R1 访问 R4 的 Loopback 0 业务网段时,使用标签单向转发。

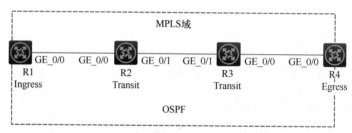

图 7-1-4　静态 MPLS 配置实验拓扑结构

表 7-1-1　实验编址表

设备	协议 ID	接口	IP 地址	子网掩码
R1	OSPF router-id: 10.0.0.1 MPLS lsr-id: 10.0.0.1	GE 0/0	10.1.12.1	255.255.255.0
		Loopback 0	192.168.1.1	255.255.255.0
R2	OSPF router-id: 10.0.0.2 MPLS lsr-id: 10.0.0.2	GE 0/0	10.1.12.2	255.255.255.0
		GE 0/1	10.1.23.2	255.255.255.0
R3	OSPF router-id: 10.0.0.3 MPLS lsr-id: 10.0.0.3	GE 0/0	10.1.34.3	255.255.255.0
		GE 0/1	10.1.23.3	255.255.255.0
R4	OSPF router-id: 10.0.0.4 MPLS lsr-id: 10.0.0.4	GE 0/0	10.1.34.4	255.255.255.0
		Loopback 0	192.168.4.1	255.255.255.0

7.1.4 实验步骤

步骤 1:在 R1 的 GE 0/0 口开启抓包
步骤 2:IP、OSPF 协议基础配置

```
[H3C]sysname R1
[R1]interface GigabitEthernet 0/0
[R1-GigabitEthernet0/0]ip address 10.1.12.1 24
[R1-GigabitEthernet0/0]quit
[R1]interface LoopBack 0
```

```
[R1-LoopBack0]ip address 192.168.1.1 24
[R1-LoopBack0]quit
[R1]ospf 1 router-id 10.0.0.1
[R1-ospf-1]area 0
[R1-ospf-1-area-0.0.0.0]network 10.1.12.1 0.0.0.0
[R1-ospf-1-area-0.0.0.0]network 192.168.1.1 0.0.0.0
[R1-ospf-1-area-0.0.0.0]quit
[R1-ospf-1]quit

[H3C]sysname R2
[R2]interface GigabitEthernet 0/0
[R2-GigabitEthernet0/0]ip address 10.1.12.2 24
[R2-GigabitEthernet0/0]quit
[R2]interface GigabitEthernet 0/1
[R2-GigabitEthernet0/1]ip address 10.1.23.2 24
[R2-GigabitEthernet0/1]quit
[R2]ospf 1 router-id 10.0.0.2
[R2-ospf-1]area 0
[R2-ospf-1-area-0.0.0.0]network 10.1.12.2 0.0.0.0
[R2-ospf-1-area-0.0.0.0]network 10.1.23.2 0.0.0.0
[R2-ospf-1-area-0.0.0.0]quit
[R2-ospf-1]quit

[H3C]sysname R3
[R3]interface GigabitEthernet 0/1
[R3-GigabitEthernet0/1]ip address 10.1.23.3 24
[R3-GigabitEthernet0/1]quit
[R3]interface GigabitEthernet 0/0
[R3-GigabitEthernet0/0]ip address 10.1.34.3 24
[R3-GigabitEthernet0/0]quit
[R3]ospf 1 router-id 10.0.0.3
[R3-ospf-1]area 0
[R3-ospf-1-area-0.0.0.0]network 10.1.23.3 0.0.0.0
[R3-ospf-1-area-0.0.0.0]network 10.1.34.3 0.0.0.0
[R3-ospf-1-area-0.0.0.0]quit
[R3-ospf-1]quit

[H3C]sysname R4
[R4]interface GigabitEthernet 0/0
[R4-GigabitEthernet0/0]ip address 10.1.34.4 24
[R4-GigabitEthernet0/0]quit
[R4]interface LoopBack 0
[R4-LoopBack0]ip address 192.168.4.1 24
[R4-LoopBack0]quit
[R4]ospf 1 router-id 10.0.0.4
[R4-ospf-1]area 0
```

```
[R4-ospf-1-area-0.0.0.0]network 10.1.34.4 0.0.0.0
[R4-ospf-1-area-0.0.0.0]network 192.168.4.1 0.0.0.0
[R4-ospf-1-area-0.0.0.0]quit
[R4-ospf-1]quit
```

步骤 3：在 MPLS 域内设备和接口启用 MPLS

```
[R1]mpls lsr-id 10.0.0.1
[R1]interface GigabitEthernet 0/0
[R1-GigabitEthernet0/0]mpls enable
[R1-GigabitEthernet0/0]quit

[R2]mpls lsr-id 10.0.0.2
[R2]interface GigabitEthernet 0/0
[R2-GigabitEthernet0/0]mpls enable
[R2-GigabitEthernet0/0]quit
[R2]interface GigabitEthernet 0/1
[R2-GigabitEthernet0/1]mpls enable
[R2-GigabitEthernet0/1]quit

[R3]mpls lsr-id 10.0.0.3
[R3]interface GigabitEthernet 0/0
[R3-GigabitEthernet0/0]mpls enable
[R3-GigabitEthernet0/0]quit
[R3]interface GigabitEthernet 0/1
[R3-GigabitEthernet0/1]mpls enable
[R3-GigabitEthernet0/1]quit

[R4]mpls lsr-id 10.0.0.4
[R4]interface GigabitEthernet 0/0
[R4-GigabitEthernet0/0]mpls enable
[R4-GigabitEthernet0/0]quit
```

步骤 4：查询 R1 的路由表，并依据路由表显示的 192.168.4.1/32 的信息，创建静态 LSP

```
[R1]display ip routing-table 192.168.4.1
Summary count : 1
Destination/Mask      Proto     Pre Cost        NextHop            Interface
192.168.4.1/32        O_INTRA 10    3           10.1.12.2          GE 0/0
[R1]static-lsp ingress test destination 192.168.4.1 32 nexthop 10.1.12.2 out-label 100
//输入上述命令时，请配合命令提示符号 "?" 来了解下一个命令的功能
//通过上述命令在 R1 上创建了一条目的地址为 192.168.4.1/32 的 FEC
//out-label 为 100
[R1]display mpls static-lsp
Total: 1
Name        FEC             In/Out Label    Nexthop/Out Interface    State
test        192.168.4.1/32  NULL/100        10.1.12.2                Up
```

步骤 5：R2 作为 R1 的下游设备，在配置静态 LSP 时，需要依据上游设备的 out-label 确定本端的 in-label；

```
[R2]static-lsp transit test in-label 100 nexthop 10.1.23.3 out-label 102
[R2]display mpls static-lsp
Total: 1

Name      FEC      In/Out Label Nexthop/Out Interface      State
test      -/-          100/102          10.1.23.3             Up
```

R2 作为 Transit LSR 并不知道 FEC 是什么，那么进行转发的依据只有 in/out label。

步骤 6：R3 作为 R2 的下游设备，配置静态 LSP 时，需要依据上游设备的 out-label 确定本端的 in-label；

```
[R3]static-lsp transit test in-label 102 nexthop 10.1.34.4 out-label 103
```

步骤 7：R4 作为 R3 的下游设备，且作为 Egress LSR，在配置静态 LSP 时，需要依据上游设备的 out-label 确定本端的 in-label；并配置目的网段信息

```
[R4]static-lsp egress test in-label 103 destination 192.168.4.1 32
```

步骤 8：这样一条从 R1 访问 R4 业务网段 192.168.4.1/32 的 LSP 创建完成，使用 ping 命令模拟 R1、R4 业务网段互访

```
[R1]ping -a 192.168.1.1 192.168.4.1
```

步骤 9：验证静态 LSP 配置

调用 R1 的 GE 0/0 抓包软件，对业务流量报文进行抓包分析，如图 7-1-5 所示。

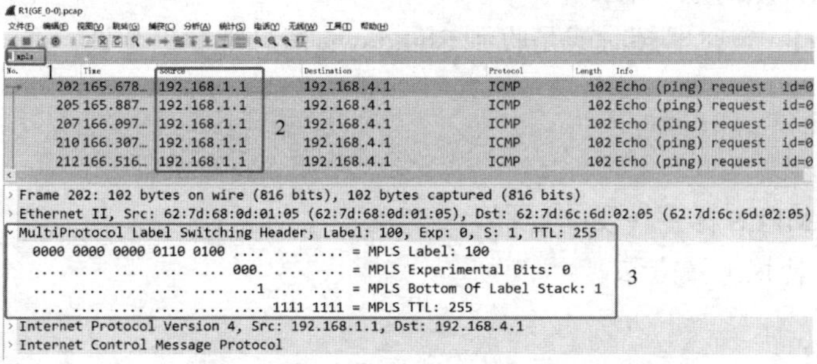

图 7-1-5　R1 的 GE 0/0 口 MPLS 抓包分析图

图中，标注 1 的位置输入 mpls；

从图中标注 2 的位置显示的内容可知，只有 R1 发往 R4 的 192.168.4.1/32 网段的 ICMP 报文进入了标签转发，而 R4 回复 R1 的 ICMP 报文没有进入标签转发，因为只创建了 R1—R4 的 192.168.4.1/32 的单向 LSP。

从图中标注 3 的位置可以看见标签的具体信息，可对照图 7-1-3 描述的内容理解各字段的含义。

7.1.5　思考

OSPF 学习到的 192.168.4.0/24 的路由信息为 192.168.4.1/32，能否在创建静态 LSP 时，将目的地址写成 192.168.4.0/24 网段？

```
[R1]static-lsp ingress test destination 192.168.4.1 24 nexthop 10.1.12.2 out-label 100
```

7.2 LDP 配置

7.2.1 原理概述

LDP 是标签发布协议的一种，用来动态建立 LSP。

1. LDP 协议基础知识

LDP 会话：建立在 TCP 连接之上，用于在 LSR 之间交换标签映射、标签释放、差错通知等消息。

LDP 对等体：是指相互之间存在 LDP 会话，并通过 LDP 会话交换标签－FEC 映射关系的两个 LSR。

2. LDP 协议工作机制

发现阶段：所有希望建立 LDP 会话的 LSR 都周期性地发送 Hello 消息，通告自己的存在。通过 Hello 消息，LSR 可以自动发现它的 LDP 对等体。

会话建立：建立传输层连接，即在 LSR 之间建立 TCP 连接；对 LSR 之间的会话进行初始化，协商会话中涉及的各种参数，如 LDP 版本、标签发布方式、Keepalive 定时器值等。

会话维护：会话建立后，LDP 对等体之间通过不断地发送 Hello 消息和 Keepalive 消息来维护这个会话。

LSP 建立与维护：LDP 通过发送标签请求和标签映射消息，在 LDP 对等体之间通告 FEC 和标签的绑定关系，从而建立 LSP。

会话撤销：Hello 定时器超时或是收到 Shutdown 消息则撤销会话。

7.2.2 实验目的

① 观察理解 MPLS 标签转发的过程。
② 掌握 LDP 协议配置方法。

7.2.3 实验内容

本实验拓扑结构如图 7-2-1 所示，实验编址如表 7-2-1 所示。本实验模拟了一个网络场景：R1、R2、R3、R4 以 OSPF 组建网络，R1、R4 上直连了一台主机，模拟业务网段，在 OSPF 协议中公布；现在使用 LDP 协议为路由分配标签，使得 PC1 访问 PC2 业务网段时，使用标签双向转发。

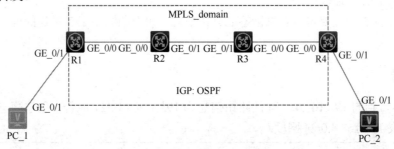

图 7-2-1　LDP 配置实验拓扑结构

表 7-2-1　实验编址表

设备	协议 ID	接口	IP 地址	子网掩码
R1	OSPF router-id：10.0.0.1 MPLS lsr-id：10.0.0.1	GE 0/0	10.1.12.1	255.255.255.0
		GE 0/1	192.168.1.254	255.255.255.0
		Loopback 0	10.0.0.1	255.255.255.255
R2	OSPF router-id：10.0.0.2 MPLS lsr-id：10.0.0.2	GE 0/0	10.1.12.2	255.255.255.0
		GE 0/1	10.1.23.2	255.255.255.0
		Loopback 0	10.0.0.2	255.255.255.255
R3	OSPF router-id：10.0.0.3 MPLS lsr-id：10.0.0.3	GE 0/0	10.1.34.3	255.255.255.0
		GE 0/1	10.1.23.3	255.255.255.0
		Loopback 0	10.0.0.3	255.255.255.255
R4	OSPF router-id：10.0.0.4 MPLS lsr-id：10.0.0.4	GE 0/0	10.1.34.4	255.255.255.0
		GE 0/1	192.168.4.254	255.255.255.0
		Loopback 0	10.0.0.4	255.255.255.255
PC1			192.168.1.1	255.255.255.0
PC2			192.168.4.1	255.255.255.0

7.2.4　实验步骤

步骤 1：在 R1 的 GE 0/0 口开启抓包

步骤 2：IP、OSPF 协议基础配置

```
[H3C]sysname R1
[R1]interface GigabitEthernet 0/0
[R1-GigabitEthernet0/0]ip address 10.1.12.1 24
[R1-GigabitEthernet0/0]quit
[R1]interface GigabitEthernet 0/1
[R1-GigabitEthernet0/1] ip address 192.168.1.254 24
[R1-GigabitEthernet0/1]quit
[R1]interface LoopBack 0
[R1-LoopBack0]ip address 10.0.0.1 32
[R1-LoopBack0]quit
[R1]ospf 1 router-id 10.0.0.1
[R1-ospf-1]area 0
[R1-ospf-1-area-0.0.0.0]network 10.0.0.1 0.0.0.0
[R1-ospf-1-area-0.0.0.0]network 10.1.12.1 0.0.0.0
[R1-ospf-1-area-0.0.0.0]network 192.168.1.254 0.0.0.0
[R1-ospf-1-area-0.0.0.0]quit
[R1-ospf-1]quit

[H3C]sysname R2
[R2]interface GigabitEthernet 0/0
[R2-GigabitEthernet0/0]ip address 10.1.12.2 24
[R2-GigabitEthernet0/0]quit
```

```
[R2]interface GigabitEthernet 0/1
[R2-GigabitEthernet0/1]ip address 10.1.23.2 24
[R2-GigabitEthernet0/1]quit
[R2]interface LoopBack 0
[R2-LoopBack0] ip address 10.0.0.2 32
[R2-LoopBack0]quit
[R2]ospf 1 router-id 10.0.0.2
[R2-ospf-1]area 0
[R2-ospf-1-area-0.0.0.0] network 10.0.0.2 0.0.0.0
[R2-ospf-1-area-0.0.0.0]network 10.1.12.2 0.0.0.0
[R2-ospf-1-area-0.0.0.0]network 10.1.23.2 0.0.0.0
[R2-ospf-1-area-0.0.0.0]quit
[R2-ospf-1]quit

[H3C]sysname R3
[R3]interface GigabitEthernet 0/1
[R3-GigabitEthernet0/1]ip address 10.1.23.3 24
[R3-GigabitEthernet0/1]quit
[R3]interface GigabitEthernet 0/0
[R3-GigabitEthernet0/0]ip address 10.1.34.3 24
[R3-GigabitEthernet0/0]quit
[R3]interface LoopBack 0
[R3-LoopBack0] ip address 10.0.0.3 32
[R3-LoopBack0]quit
[R3]ospf 1 router-id 10.0.0.3
[R3-ospf-1]area 0
[R3-ospf-1-area-0.0.0.0]network 10.0.0.3 0.0.0.0
[R3-ospf-1-area-0.0.0.0]network 10.1.23.3 0.0.0.0
[R3-ospf-1-area-0.0.0.0]network 10.1.34.3 0.0.0.0
[R3-ospf-1-area-0.0.0.0]quit
[R3-ospf-1]quit

[H3C]sysname R4
[R4]interface GigabitEthernet 0/0
[R4-GigabitEthernet0/0]ip address 10.1.34.4 24
[R4-GigabitEthernet0/0]quit
[R4]interface GigabitEthernet 0/1
[R4-GigabitEthernet0/1]ip address 192.168.4.254 24
[R4-GigabitEthernet0/1]quit
[R4]interface LoopBack 0
[R4-LoopBack0]ip address 10.0.0.4 32
[R4-LoopBack0]quit
[R4]ospf 1 router-id 10.0.0.4
[R4-ospf-1]area 0
[R4-ospf-1-area-0.0.0.0]network 10.0.0.4 0.0.0.0
[R4-ospf-1-area-0.0.0.0]network 10.1.34.4 0.0.0.0
[R4-ospf-1-area-0.0.0.0]network 192.168.4.254 0.0.0.0
[R4-ospf-1-area-0.0.0.0]quit
```

[R4-ospf-1]quit

步骤 3：在 MPLS 域内设备和接口启用 MPLS，并启用 LDP 协议

```
[R1]mpls lsr-id 10.0.0.1
[R1]mpls ldp
[R1-ldp]quit
[R1]interface GigabitEthernet 0/0
[R1-GigabitEthernet0/0]mpls enable
[R1-GigabitEthernet0/0]mpls ldp enable
[R1-GigabitEthernet0/0]quit

[R2]mpls lsr-id 10.0.0.2
[R2]mpls ldp
[R2-ldp]quit
[R2]interface GigabitEthernet 0/0
[R2-GigabitEthernet0/0]mpls enable
[R2-GigabitEthernet0/0] mpls ldp enable
[R2-GigabitEthernet0/0]quit
[R2]interface GigabitEthernet 0/1
[R2-GigabitEthernet0/1]mpls enable
[R2-GigabitEthernet0/1]mpls ldp enable
[R2-GigabitEthernet0/1]quit

[R3]mpls lsr-id 10.0.0.3
[R3]mpls ldp
[R3-ldp]quit
[R3]interface GigabitEthernet 0/0
[R3-GigabitEthernet0/0]mpls enable
[R3-GigabitEthernet0/0]mpls ldp enable
[R3-GigabitEthernet0/0]quit
[R3]interface GigabitEthernet 0/1
[R3-GigabitEthernet0/1]mpls enable
[R3-GigabitEthernet0/1]mpls ldp enable
[R3-GigabitEthernet0/1]quit

[R4]mpls lsr-id 10.0.0.4
[R4]mpls ldp
[R4-ldp]quit
[R4]interface GigabitEthernet 0/0
[R4-GigabitEthernet0/0]mpls enable
[R4-GigabitEthernet0/0]mpls ldp enable
[R4-GigabitEthernet0/0]quit
```

步骤 4：验证

```
[R1]display mpls lsp
FEC                        Proto      In/Out Label      Interface/Out NHLFE
```

10.0.0.1/32	LDP	3/-	-
10.0.0.2/32	LDP	1151/3	GE 0/0
10.0.0.2/32	LDP	-/3	GE 0/0
10.0.0.3/32	LDP	1150/1150	GE 0/0
10.0.0.3/32	LDP	-/1150	GE 0/0
10.0.0.4/32	LDP	1149/1149	GE 0/0
10.0.0.4/32	LDP	-/1149	GE 0/0
10.1.12.2	Local	-/-	GE 0/0

[R2]display mpls lsp

FEC	Proto	In/Out Label	Interface/Out NHLFE
10.0.0.1/32	LDP	1151/3	GE 0/0
10.0.0.1/32	LDP	-/3	GE 0/0
10.0.0.2/32	LDP	3/-	-
10.0.0.3/32	LDP	1150/3	GE 0/1
10.0.0.3/32	LDP	-/3	GE 0/1
10.0.0.4/32	LDP	1149/1149	GE 0/1
10.0.0.4/32	LDP	-/1149	GE 0/1
10.1.12.1	Local	-/-	GE 0/0
10.1.23.3	Local	-/-	GE 0/1

[R3]display mpls lsp

FEC	Proto	In/Out Label	Interface/Out NHLFE
10.0.0.1/32	LDP	1151/1151	GE 0/1
10.0.0.1/32	LDP	-/1151	GE 0/1
10.0.0.2/32	LDP	1150/3	GE 0/1
10.0.0.2/32	LDP	-/3	GE 0/1
10.0.0.3/32	LDP	3/-	-
10.0.0.4/32	LDP	1149/3	GE 0/0
10.0.0.4/32	LDP	-/3	GE 0/0
10.1.34.4	Local	-/-	GE 0/0
10.1.23.2	Local	-/-	GE 0/1

[R4-ldp]display mpls lsp

FEC	Proto	In/Out Label	Interface/Out NHLFE
10.0.0.1/32	LDP	1151/1151	GE 0/0
10.0.0.1/32	LDP	-/1151	GE 0/0
10.0.0.2/32	LDP	1150/1150	GE 0/0
10.0.0.2/32	LDP	-/1150	GE 0/0
10.0.0.3/32	LDP	1149/3	GE 0/0
10.0.0.3/32	LDP	-/3	GE 0/0
10.0.0.4/32	LDP	3/-	-
10.1.34.3	Local	-/-	GE 0/0

注意： 在上述验证的过程中，In/Out Label 字段分配的标签值是随机产生的，与本实验给定出来的结果存在差异，请知悉。

通过上述结果不难发现，LDP 协议只为 32 位的主机路由分配了 LSP，并没有为 PC1 和 PC2 的业务网段分配标签，那么 PC1 业务网段访问 PC2 的业务网段还是使用 IP 转发。

步骤 5：更改 LSP 触发规则，为所有网段进行标签分配

```
[R1]mpls ldp
[R1-ldp]lsp-trigger all
[R1-ldp]quit


[R2]mpls ldp
[R2-ldp]lsp-trigger all
[R2-ldp]quit


[R3]mpls ldp
[R3-ldp]lsp-trigger all
[R3-ldp]quit


[R4]mpls ldp
[R4-ldp]lsp-trigger all
[R4-ldp]quit
```

步骤 6：在 PC1 上使用 ping 命令，测试与 PC2 的连通性，触发业务互访流量

```
[H3C]ping 192.168.4.1
```

步骤 7：验证 LDP 配置

调用 R1 的 GE 0/0 抓包软件，对业务流量报文进行抓包分析，如图 7-2-2 所示。

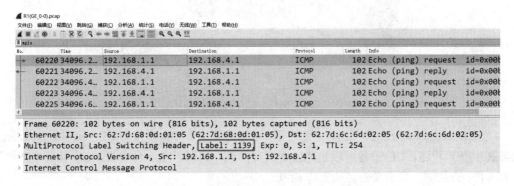

图 7-2-2　R1 的 GE 0/0 口 MPLS 抓包分析图

由图 7-2-2 中方框处标注的信息可知，R1 上 FEC 为 192.168.4.0/24 的标签值。

[R1]display mpls lsp 192.168.4.0 24			
FEC	Proto	In/Out Label	Interface/Out NHLFE
192.168.4.0/24	LDP	1139/1139	GE 0/0
192.168.4.0/24	LDP	-/1139	GE 0/0

与图 7-2-2 方框处标识一致。再次强调：标签数值是随机分配的，读者做实验时会出现数值不一样的情况。

7.2.5　思考

随着硬件的发展，使用 IP 传递报文也很快捷，本节实验并没有体现出标签转发的独特之处，那么为何还要使用标签转发？

7.3　BGP MPLS VPN

7.3.1　原理概述

MPLS 协议运行在数链层和网络层之间，对比隧道技术不难发现，MPLS 具有隧道的功能。

BGP/MPLS VPN 也称为 MPLS L3 VPN，主要部署在运行商网络之中，利用 MPLS 隧道的功能实现 VPN 的需求。

如图 7-3-1 所示，在 MPLS L3 VPN 网络中，路由器被分为以下三种。

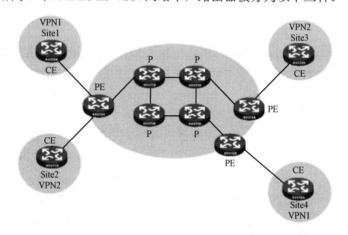

图 7-3-1　MPLS L3 VPN 组网图示

① CE（customer edge）设备：用户网络边缘设备，有接口直接与 SP（service provider，服务提供商）相连。CE 设备可以是路由器或交换机，也可以是一台主机。CE 设备"感知"不到 VPN 的存在，也不需要必须支持 MPLS。

② PE（provider edge）设备：服务提供商网络的边缘设备，与用户的 CE 设备直接相连。在 MPLS 网络中，对 VPN 的所有处理都发生在 PE 上。

③ P（provider）设备：服务提供商网络中的骨干设备，不与 CE 设备直接相连。P 设备只需要具备基本 MPLS 转发能力。

在传统的网络中，BGP 只能维护一张路由表，无法为地址重叠的客户提供服务，在 MPLS L3 VPN 中，使用了 VRF 技术，在 PE 设备上，通过将连接 CE 设备的接口与 VPN 实例进行绑定，区分不同客户的需求，每个 VPN 实例单独维护一张路由表，从而实现为地址重叠客户提供服务；

每个 PE 设备通过 VPN 实例的 RD（route distinguisher，路由区分符）和 RT（route target，

路由标签）来区分选择是否接收对端传来的路由信息。

PE 与 CE 设备之间通常使用 EBGP 来实现互联，也可以使用 IGP 协议来实现这一目的。

7.3.2　实验目的

① 理解数据在 MPLS L3 VPN 中转发过程，理解 MPLS L3 VPN 网络中设备的功能。
② 掌握 MPLS L3 VPN 配置方法。

7.3.3　实验内容

本实验拓扑结构如图 7-3-2 所示，实验编址如表 7-3-1 所示。本实验模拟了一个 MPLS L3 VPN 的网络场景：R1、R2、R3 组成了 MPLS 域网络，使用 ISIS 协议作为 IGP，并运行了 BGP/MPLS VPN；R4、R6 属于公司 A，R5、R7 属于公司 B，公司 A 与公司 B 的业务网络相同。现在要求相同公司的网络能够进行通信，不同公司的网络不能进行通信。

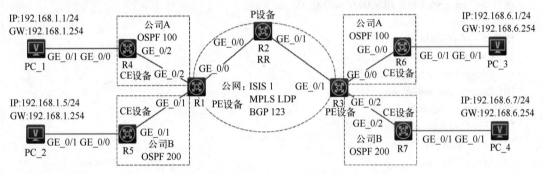

图 7-3-2　MPLS L3 VPN 基本配置实验拓扑结构

表 7-3-1　实验编址表

设备	协议 ID	接口	IP 地址	子网掩码
R1	ospf 100 vpn-instance A1 router-id 1.1.1.1 ospf 200 vpn-instance B1 router-id 1.1.1.1 MPLS lsr-id：1.1.1.1 network-entity 10.0000.0000.0001.00	GE 0/0	10.1.12.1	255.255.255.0
		GE 0/1	10.1.15.1	255.255.255.0
		GE 0/2	10.1.14.1	255.255.255.0
		Loopback 0	1.1.1.1	255.255.255.255
R2	MPLS lsr-id：2.2.2.2 network-entity 20.0000.0000.0002.00	GE 0/0	10.1.12.2	255.255.255.0
		GE 0/1	10.1.23.2	255.255.255.0
		Loopback 0	2.2.2.2	255.255.255.255
R3	MPLS lsr-id：3.3.3.3 network-entity 30.0000.0000.0003.00	GE 0/0	10.1.36.3	255.255.255.0
		GE 0/1	10.1.23.3	255.255.255.0
		GE 0/2	10.1.37.3	255.255.255.0
		Loopback 0	3.3.3.3	255.255.255.255
R4	OSPF 100 router-id 4.4.4.4	GE 0/0	192.168.1.254	255.255.255.0
		GE 0/2	10.1.14.4	255.255.255.0
R5	OSPF 200 router-id 5.5.5.5	GE 0/1	10.1.15.5	255.255.255.0
		GE 0/0	192.168.1.254	255.255.255.0

续表

设备	协议 ID	接口	IP 地址	子网掩码
R6	OSPF 100 router-id 6.6.6.6	GE 0/0	10.1.36.6	255.255.255.0
		GE 0/1	192.168.6.254	255.255.255.0
R7	OSPF 200 router-id 7.7.7.7	GE 0/1	192.168.6.254	255.255.255.0
		GE 0/2	10.1.37.7	255.255.255.0

7.3.4 实验步骤

步骤 1：MPLS 域的 IS-IS 网络配置

```
[H3C]sysname R1
[R1]isis 1
[R1-isis-1]is-name R1
[R1-isis-1]is-level level-2
[R1-isis-1]network-entity 10.0000.0000.0001.00
[R1-isis-1]quit
[R1]interface GigabitEthernet 0/0
[R1-GigabitEthernet0/0]ip address 10.1.12.1 24
[R1-GigabitEthernet0/0]isis enable
[R1-GigabitEthernet0/0]quit
[R1]interface LoopBack 0
[R1-LoopBack0]ip address 1.1.1.1 32
[R1-LoopBack0]isis enable
[R1-LoopBack0]quit

[H3C]sysname R2
[R2]isis 1
[R2-isis-1]is-name R2
[R2-isis-1]is-level level-2
[R2-isis-1]network-entity 20.0000.0000.0002.00
[R2-isis-1]quit
[R2]interface GigabitEthernet 0/0
[R2-GigabitEthernet0/0]ip address 10.1.12.2 24
[R2-GigabitEthernet0/0]isis enable
[R2-GigabitEthernet0/0]quit
[R2]interface GigabitEthernet 0/1
[R2-GigabitEthernet0/1]ip address 10.1.23.2 24
[R2-GigabitEthernet0/1]isis enable
[R2-GigabitEthernet0/1]quit
[R2]interface LoopBack 0
[R2-LoopBack0]ip address 2.2.2.2 32
[R2-LoopBack0]isis enable
[R2-LoopBack0]quit

[H3C]sysname R3
```

```
[R3]isis 1
[R3-isis-1]is-name R3
[R3-isis-1]is-level level-2
[R3-isis-1]network-entity 30.0000.0000.0003.00
[R3-isis-1]quit
[R3]interface GigabitEthernet 0/1
[R3-GigabitEthernet0/1]ip address 10.1.23.3 24
[R3-GigabitEthernet0/1]isis enable
[R3-GigabitEthernet0/1]quit
[R3]interface LoopBack 0
[R3-LoopBack0]ip address 3.3.3.3 32
[R3-LoopBack0]isis   enable
[R3-LoopBack0]quit
```

步骤 2：在 R1 上验证 IS-IS 学习到的路由信息

```
[R1]display ip routing-table protocol isis
Summary count : 5
ISIS Routing table status : <Active>
Summary count : 3
Destination/Mask     Proto    Pre Cost        NextHop          Interface
2.2.2.2/32           IS_L2    15   10         10.1.12.2        GE 0/0
3.3.3.3/32           IS_L2    15   20         10.1.12.2        GE 0/0
10.1.23.0/24         IS_L2    15   20         10.1.12.2        GE 0/0
ISIS Routing table status : <Inactive>
Summary count : 2
Destination/Mask     Proto    Pre Cost        NextHop          Interface
1.1.1.1/32           IS_L2    15   0          0.0.0.0          Loop 0
10.1.12.0/24         IS_L2    15   10         0.0.0.0          GE 0/0
```

步骤 3：MPLS 域的 MPLS 配置

```
[R1]mpls lsr-id 1.1.1.1
[R1]mpls ldp
[R1-ldp]quit
[R1]interface GigabitEthernet 0/0
[R1-GigabitEthernet0/0]mpls enable
[R1-GigabitEthernet0/0]mpls ldp enable
[R1-GigabitEthernet0/0]quit

[R2]mpls lsr-id 2.2.2.2
[R2]mpls ldp
[R2-ldp]quit
[R2]interface GigabitEthernet 0/01
[R2-GigabitEthernet0/1]mpls enable
[R2-GigabitEthernet0/1]mpls ldp enable
[R2-GigabitEthernet0/1]quit
[R2]interface GigabitEthernet 0/0
```

```
[R2-GigabitEthernet0/0]mpls enable
[R2-GigabitEthernet0/0]mpls ldp enable
[R2-GigabitEthernet0/0]quit

[R3]mpls lsr-id 3.3.3.3
[R3]mpls ldp
[R3-ldp]quit
[R3]interface GigabitEthernet 0/1
[R3-GigabitEthernet0/1]mpls enable
[R3-GigabitEthernet0/1]mpls ldp enable
[R3-GigabitEthernet0/1]quit
```

步骤 4：在 R1 上验证 MPLS 的 LSP 信息

```
[R1]display mpls    lsp
FEC                    Proto        In/Out Label    Interface/Out NHLFE
1.1.1.1/32             LDP          3/-             -
2.2.2.2/32             LDP          1151/3          GE 0/0
2.2.2.2/32             LDP          -/3             GE 0/0
3.3.3.3/32             LDP          1150/1150       GE 0/0
3.3.3.3/32             LDP          -/1150          GE 0/0
10.1.12.2              Local        -/-             GE 0/0
```

步骤 5：MPLS 域的 BGP 配置

```
[R1]bgp 123
[R1-bgp-default]peer 2.2.2.2 as 123
[R1-bgp-default]peer 2.2.2.2 connect-interface LoopBack 0
[R1-bgp-default]address-family ipv4
[R1-bgp-default-ipv4]peer 2.2.2.2 enable
[R1-bgp-default-ipv4]quit
[R1-bgp-default]address-family vpnv4
[R1-bgp-default-vpnv4]peer 2.2.2.2 enable
[R1-bgp-default-vpnv4]quit
[R1-bgp-default]quit

[R2]bgp 123
[R2-bgp-default]peer 1.1.1.1 as 123
[R2-bgp-default]peer 1.1.1.1 connect-interface LoopBack 0
[R2-bgp-default]peer 3.3.3.3 as 123
[R2-bgp-default]peer 3.3.3.3 connect-interface LoopBack 0
[R2-bgp-default]address-family ipv4
[R2-bgp-default-ipv4]peer 1.1.1.1 enable
[R2-bgp-default-ipv4]peer 3.3.3.3 enable
[R2-bgp-default-ipv4]peer 1.1.1.1 reflect-client
[R2-bgp-default-ipv4]peer    3.3.3.3 reflect-client
[R2-bgp-default-ipv4]quit
[R2-bgp-default]address-family vpnv4
```

```
[R2-bgp-default-vpnv4]peer 1.1.1.1 enable
[R2-bgp-default-vpnv4]peer 1.1.1.1 reflect-client
[R2-bgp-default-vpnv4]peer 3.3.3.3 enable
[R2-bgp-default-vpnv4]peer 3.3.3.3 reflect-client
[R2-bgp-default]quit


[R3]bgp 123
[R3-bgp-default]peer 2.2.2.2 as 123
[R3-bgp-default]peer 2.2.2.2 connect-interface LoopBack 0
[R3-bgp-default]address-family ipv4
[R3-bgp-default-ipv4]peer 2.2.2.2 enable
[R3-bgp-default-ipv4]quit
[R3-bgp-default]address-family vpnv4
[R3-bgp-default-vpnv4]peer 2.2.2.2 enable
[R3-bgp-default-vpnv4]quit
[R3-bgp-default]quit
```

步骤 6：在 R2 上验证 BGP vpnv4 地址簇下邻居关系建立的情况

```
[R2]display bgp peer vpnv4
BGP local router ID: 2.2.2.2
Local AS number: 123
Total number of peers: 2          Peers in established state: 2
* - Dynamically created peer
Peer        AS      MsgRcvd   MsgSent OutQ PrefRcv Up/Down    State
1.1.1.1     123     201       211     0            2 03:11:25 Established
3.3.3.3     123     253       228     0            2 03:11:09 Established
```

步骤 7：配置公司 A 的 PE 设备和 CE 设备间的 VPN 实例、OSPF 协议

```
[R1]ip vpn-instance A1
[R1-vpn-instance-A1]route-distinguisher 1:1
[R1-vpn-instance-A1]vpn-target 1:100 both
[R1-vpn-instance-A1]quit
[R1]interface GigabitEthernet 0/2
[R1-GigabitEthernet0/2]ip binding vpn-instance A1
Some configurations on the interface are removed.
//将 VPN 实例与接口进行绑定后，原有的配置将被清除
[R1-GigabitEthernet0/2]ip address 10.1.14.1 24
[R1-GigabitEthernet0/2]quit
[R1]interface GigabitEthernet 0/1
[R1-GigabitEthernet0/1]ip address 10.1.15.1 24
[R1-GigabitEthernet0/1]quit
[R1]ospf 100 vpn-instance A1 router-id 1.1.1.1
[R1-ospf-100]area 0
[R1-ospf-100-area-0.0.0.0]net 10.1.14.1 0.0.0.0
[R1-ospf-100-area-0.0.0.0]quit
[R1-ospf-100]quit
```

```
[H3C]sysname R4
[R4]interface GigabitEthernet 0/2
[R4-GigabitEthernet0/2]ip address 10.1.14.4 24
[R4-GigabitEthernet0/2]quit
[R4]interface GigabitEthernet 0/0
[R4-GigabitEthernet0/0]ip address 192.168.1.254 24
[R4-GigabitEthernet0/0]quit
[R4]ospf 100 router-id 4.4.4.4
[R4-ospf-100]area 0
[R4-ospf-100-area-0.0.0.0]network 10.1.14.4 0.0.0.0
[R4-ospf-100-area-0.0.0.0]network 192.168.1.254 0.0.0.0
[R4-ospf-100-area-0.0.0.0]quit
[R4-ospf-100]quit


[R3]ip vpn-instance A2
[R3-vpn-instance-A2]route-distinguisher 1:2
[R3-vpn-instance-A2]vpn-target 1:100 both
[R3-vpn-instance-A2]quit
[R3]interface GigabitEthernet 0/0
[R3-GigabitEthernet0/0]ip binding vpn-instance A2
Some configurations on the interface are removed.
[R3-GigabitEthernet0/0]quit
[R3]ospf vpn-instance A2 router-id 3.3.3.3 100
[R3-ospf-100]area 0
[R3-ospf-100-area-0.0.0.0]network 10.1.36.3 0.0.0.0
[R3-ospf-100-area-0.0.0.0]quit
[R3-ospf-100]quit


[H3C]sysname R6
[R6]interface GigabitEthernet 0/0
[R6-GigabitEthernet0/0]ip address 10.1.36.6 24
[R6-GigabitEthernet0/0]quit
[R6]interface GigabitEthernet 0/1
[R6-GigabitEthernet0/1]ip address 192.168.6.254 24
[R6-GigabitEthernet0/1]quit
[R6]ospf 100 router-id 6.6.6.6
[R6-ospf-100]area 0
[R6-ospf-100-area-0.0.0.0]network 10.1.36.6 0.0.0.0
[R6-ospf-100-area-0.0.0.0]network 192.168.6.254 0.0.0.0
[R6-ospf-100-area-0.0.0.0]quit
[R6-ospf-100]quit
```

步骤 8：配置公司 B 的 PE 设备和 CE 设备间的 VPN 实例、OSPF 协议

```
[R1]ip vpn-instance B1
[R1-vpn-instance-B1]route-distinguisher 2:1
```

```
[R1-vpn-instance-B1]vpn-target 2:100 both
[R1-vpn-instance-B1]quit
[R1]interface GigabitEthernet 0/1
[R1-GigabitEthernet0/1]ip binding vpn-instance B1
[R1-GigabitEthernet0/1]ip address 10.1.15.1 24
[R1-GigabitEthernet0/1]quit
[R1]ospf 200 vpn-instance B1 router-id 1.1.1.1
[R1-ospf-200]area 0
[R1-ospf-200-area-0.0.0.0]network 10.1.15.1 0.0.0.0
[R1-ospf-200-area-0.0.0.0]quit
[R1-ospf-200]quit


[H3C]sysname R5
[R5]interface GigabitEthernet 0/1
[R5-GigabitEthernet0/1]ip address 10.1.15.5 24
[R5-GigabitEthernet0/1]quit
[R5]interface GigabitEthernet 0/0
[R5-GigabitEthernet0/0]ip address 192.168.1.254 24
[R5-GigabitEthernet0/0]quit
[R5]ospf 200 router-id 5.5.5.5
[R5-ospf-200]area 0
[R5-ospf-200-area-0.0.0.0]network 10.1.15.5 0.0.0.0
[R5-ospf-200-area-0.0.0.0]network 192.168.1.254 0.0.0.0
[R5-ospf-200-area-0.0.0.0]quit
[R5-ospf-200]quit


[R3]ip vpn-instance B2
[R3-vpn-instance-B2]route-distinguisher 2:2
[R3-vpn-instance-B2]vpn-target 2:100 both
[R3-vpn-instance-B2]quit
[R3]interface GigabitEthernet 0/2
[R3-GigabitEthernet0/2]ip binding vpn-instance B2
Some configurations on the interface are removed.
[R3-GigabitEthernet0/2]ip address 10.1.37.3 24
[R3-GigabitEthernet0/2]quit
[R3]ospf 200 vpn-instance B2 router-id 3.3.3.3
[R3-ospf-200]area 0
[R3-ospf-200-area-0.0.0.0]network 10.1.37.3 0.0.0.0
[R3-ospf-200-area-0.0.0.0]quit
[R3-ospf-200]quit


[H3C]sysname R7
[R7]interface GigabitEthernet 0/2
[R7-GigabitEthernet0/2]ip address 10.1.37.7 24
[R7-GigabitEthernet0/2]quit
[R7]interface GigabitEthernet 0/1
```

```
[R7-GigabitEthernet0/1]ip address 192.168.6.254 24
[R7-GigabitEthernet0/1]quit
[R7]ospf 200 router-id 7.7.7.7
[R7-ospf-200]area 0
[R7-ospf-200-area-0.0.0.0]network 10.1.37.7 0.0.0.0
[R7-ospf-200-area-0.0.0.0]network 192.168.6.254 0.0.0.0
[R7-ospf-200-area-0.0.0.0]quit
[R7-ospf-200]quit
```

步骤 9：在 PE 设备上将 OSPF 与 BGP 互相引入，达到公司间网络互连的目的

```
[R1]ospf 100 vpn-instance A1
[R1-ospf-100]import-route bgp 123
[R1-ospf-100]quit
[R1]bgp 123
[R1-bgp-default]ip vpn-instance A1
[R1-bgp-default-A1]address-family ipv4
[R1-bgp-default-ipv4-A1]import-route ospf 100
[R1-bgp-default-ipv4-A1]quit
[R1-bgp-default-A1]quit
[R1-bgp-default]quit


[R3]ospf 100 vpn-instance A2
[R3-ospf-100]import-route bgp 123
[R3-ospf-100]quit
[R3]bgp 123
[R3-bgp-default]ip vpn-instance A2
[R3-bgp-default-A2]address-family ipv4
[R3-bgp-default-ipv4-A2]import-route ospf 100
[R3-bgp-default-ipv4-A2]quit
[R3-bgp-default-A2]quit
[R3-bgp-default]quit


[R1]ospf 200 vpn-instance B1
[R1-ospf-200]import-route bgp 123
[R1-ospf-200]quit
[R1]bgp 123
[R1-bgp-default]ip vpn-instance B1
[R1-bgp-default-B1]address-family ipv4
[R1-bgp-default-ipv4-B1]import-route ospf 200
[R1-bgp-default-ipv4-B1]quit
[R1-bgp-default-B1]quit
[R1-bgp-default]quit


[R3]ospf 200 vpn-instance B2
[R3-ospf-200]import-route bgp 123
[R3-ospf-200]quit
```

```
[R3]bgp 123
[R3-bgp-default]ip vpn-instance B2
[R3-bgp-default-B2]address-family ipv4
[R3-bgp-default-ipv4-B2]import-route ospf 200
[R3-bgp-default-ipv4-B2]quit
[R3-bgp-default-B2]quit
[R3-bgp-default]quit
```

步骤 10：在 R1 上验证 BGP VPNv4 的路由表

```
[R1]dis bgp routing-table vpnv4
  BGP local router ID is 1.1.1.1
Status codes: * - valid, > - best, d - dampened, h - history
             s - suppressed, S - stale, i - internal, e - external
             a - additional-path
   Origin: i - IGP, e - EGP, ? - incomplete
Route distinguisher: 1:1(A1)
Total number of routes: 1
Network              NextHop         MED        LocPrf      PrefVal Path/Ogn
* >    192.168.1.0   10.1.14.4        3                      32768    ?


Route distinguisher: 2:1(B1)
Total number of routes: 1
Network              NextHop         MED        LocPrf      PrefVal Path/Ogn
* >    192.168.1.0   10.1.15.5        3                      32768    ?
```

发现并没有学习到对端 PE 的 BGP VPNV4 的路由信息。

注意：在具有 RR 场景的 MPLS L3 VPN 的网络配置中，若 RR 设备端没有 VPN 业务的接入，默认的情况下，vpn-target 的 VPN 路由信息的传递是关闭的，需要开启。

```
[R2]bgp 123
[R2-bgp-default]address-family vpnv4
[R2-bgp-default-vpnv4]undo policy vpn-target
```

再次验证：

```
[R1]dis bgp routing-table vpnv4
  BGP local router ID is 1.1.1.1
  Status codes: * - valid, > - best, d - dampened, h - history
               s - suppressed, S - stale, i - internal, e - external
               a - additional-path
     Origin: i - IGP, e - EGP, ? - incomplete
Total number of routes from all PEs: 2
Route distinguisher: 1:1(A1)
Total number of routes: 2
Network              NextHop         MED        LocPrf      PrefVal Path/Ogn
* >    192.168.1.0   10.1.14.4        3                      32768    ?
```

Network	NextHop	MED	LocPrf	PrefVal Path/Ogn
* >i 192.168.6.0	3.3.3.3	3	100	0 ?

Route distinguisher: 1:2
Total number of routes: 1

Network	NextHop	MED	LocPrf	PrefVal Path/Ogn
* >i 192.168.6.0	3.3.3.3	3	100	0 ?

Route distinguisher: 2:1(B1)
Total number of routes: 2

Network	NextHop	MED	LocPrf	PrefVal Path/Ogn
* > 192.168.1.0	10.1.15.5	3		32768 ?
* >i 192.168.6.0	3.3.3.3	3	100	0 ?

Route distinguisher: 2:2
Total number of routes: 1

Network	NextHop	MED	LocPrf	PrefVal Path/Ogn
* >i 192.168.6.0	3.3.3.3	3	100	0 ?

[R4]display ip routing-table protocol ospf
Summary count : 3
OSPF Routing table status : <Active>
Summary count : 1

Destination/Mask	Proto	Pre Cost	NextHop	Interface
192.168.6.0/24	O_INTER 10	4	10.1.14.1	GE 0/2

OSPF Routing table status : <Inactive>
Summary count : 2

Destination/Mask	Proto	Pre Cost	NextHop	Interface
10.1.14.0/24	O_INTRA 10	1	0.0.0.0	GE 0/2
192.168.1.0/24	O_INTRA 10	1	0.0.0.0	GE 0/0

[R5]display ip routing-table protocol ospf
Summary count : 3
OSPF Routing table status : <Active>
Summary count : 1

Destination/Mask	Proto	Pre Cost	NextHop	Interface
192.168.6.0/24	O_INTER 10	4	10.1.15.1	GE 0/1

OSPF Routing table status : <Inactive>
Summary count : 2

Destination/Mask	Proto	Pre Cost	NextHop	Interface
10.1.15.0/24	O_INTRA 10	1	0.0.0.0	GE 0/1
192.168.1.0/24	O_INTRA 10	1	0.0.0.0	GE 0/0

步骤 11：验证相同公司的网络能够进行通信
PC_1 与 PC_3 使用 ping 命令测试通信：

<H3C>ping -c 1 192.168.6.1
Ping 192.168.6.1 (192.168.6.1): 56 data bytes, press CTRL_C to break
56 bytes from 192.168.6.1: icmp_seq=0 ttl=251 time=7.000 ms
--- Ping statistics for 192.168.6.1 ---
1 packet(s) transmitted, 1 packet(s) received, 0.0% packet loss

```
round-trip min/avg/max/std-dev = 7.000/7.000/7.000/0.000 ms
```

PC_2 与 PC_4 使用 ping 命令测试通信：

```
<H3C>ping -c 1 192.168.6.7
Ping 192.168.6.7 (192.168.6.7): 56 data bytes, press CTRL_C to break
56 bytes from 192.168.6.7: icmp_seq=0 ttl=251 time=7.000 ms
--- Ping statistics for 192.168.6.7 ---
1 packet(s) transmitted, 1 packet(s) received, 0.0% packet loss
round-trip min/avg/max/std-dev = 7.000/7.000/7.000/0.000 ms
```

步骤 12：验证不同公司的网络不能进行通信

PC_2 与 PC_3 使用 ping 命令测试通信：

```
<H3C>ping -c 1 192.168.6.1
Ping 192.168.6.1 (192.168.6.1): 56 data bytes, press CTRL_C to break
Request time out
--- Ping statistics for 192.168.6.1 ---
1 packet(s) transmitted, 0 packet(s) received, 100.0% packet loss
```

PC_2 与 PC_1 使用 ping 命令测试通信：

```
<H3C>ping -c 1 192.168.1.1
Ping 192.168.1.1 (192.168.1.1): 56 data bytes, press CTRL_C to break
Request time out
--- Ping statistics for 192.168.1.1 ---
1 packet(s) transmitted, 0 packet(s) received, 100.0% packet loss
```

7.3.5　思考

在 CE 设备上如何保证公司内部网络既能够使用 NAT 访问公网，也能够访问公司分部内部网络？

第 8 章　VPN 技术

8.1　GRE VPN

8.1.1　原理概述

GRE（generic routing encapsulation，通用路由封装）协议用于对某些网络层协议（如 IP 和 IPX）的数据报文进行封装，使这些被封装的数据报文能够在另一个网络层协议（如 IP）中传输。GRE 是 Tunnel（隧道）技术的一种，属于第三层隧道协议。

GRE 隧道是一个虚拟的点到点的连接，为封装的数据报文提供了一条传输通路，GRE 隧道的两端分别对数据报进行封装及解封装。

GRE 隧道可以封装单播或组播报文，进行数据传输。

GRE 协议不能对数据进行加密，因此常常配合 IPsec 使用。

下面以图 8-1-1 所示的网络为例说明 X 协议的报文穿越 IP 网络在 GRE 隧道中传输的过程。

图 8-1-1　GRE 隧道图示

1．加封装过程

① Device A 连接 Group 1 的接口收到 X 协议报文后，首先交由 X 协议处理；

② X 协议检查报文头中的目的地址域以确定如何路由此包；

③ 若报文的目的地址要经过 Tunnel 才能到达，则设备将此报文发给 Tunnel 接口；

④ Tunnel 接口收到此报文后进行 GRE 封装，再封装 IP 报文头，设备根据此 IP 包的目的地址及路由表对报文进行转发，从相应的网络接口发送出去。

2．解封装过程

① Device B 从 Tunnel 接口收到 IP 报文，检查目的地址；

② 如果目的地是本路由器，且 IP 报文头中的协议号为 47（表示封装的报文为 GRE 报文），则 Device B 剥掉此报文的 IP 报头，交给 GRE 协议处理；

③ GRE 协议完成相应的处理后，剥掉 GRE 报头，再交由 X 协议对此数据报进行后续的转发处理。

8.1.2　实验目的

① 理解数据在 GRE VPN 中转发过程。

② 掌握 GRE VPN 配置方法。

8.1.3　实验内容

本实验拓扑结构如图 8-1-2 所示,实验编址如表 8-1-1 所示。本实验模拟了一个 GRE VPN 的网络场景:R2、R3 使用 IS-IS 协议组网,模拟公网场景;公司 A 和分部使用 OSPF 协议组网,现需求为:在保证内网主机能够访问公网的情况下,两个公司的业务能够互通。

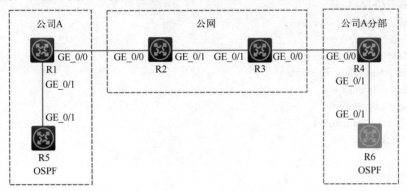

图 8-1-2　GRE VPN 基本配置实验拓扑结构

表 8-1-1　实验编址表

设备	协议 ID	接口	IP 地址	子网掩码
R1	OSPF RouterID:1.1.1.1	GE 0/0	100.1.12.1	255.255.255.252
		GE 0/1	10.1.15.1	255.255.255.0
		Tun0	10.1.14.1	255.255.255.252
R2	Level-2 network-entity 20.0000.0000.0002.00	GE 0/0	100.1.12.2	255.255.255.252
		GE 0/1	100.1.23.1	255.255.255.252
		Loopback 0	2.2.2.2	255.255.255.255
R3	Level-2 network-entity 30.0000.0000.0003.00	GE 0/0	100.1.34.1	255.255.255.252
		GE 0/1	100.1.23.2	255.255.255.252
		Loopback 0	3.3.3.3	255.255.255.255
R4	OSPF RouterID:4.4.4.4	GE 0/0	100.1.34.2	255.255.255.252
		GE 0/1	10.1.46.4	255.255.255.0
		Tun0	10.1.14.2	255.255.255.252
R5	OSPF RouterID:5.5.5.5	GE 0/1	10.1.15.5	255.255.255.0
		Loopback 0	192.168.5.1	255.255.255.0
		Loopback 1	192.168.4.1	255.255.255.0
R6	OSPF RouterID:6.6.6.6	GE 0/1	10.1.46.6	255.255.255.0
		Loopback 0	192.168.6.1	255.255.255.0

8.1.4　实验步骤

步骤 1:在 R1 的 GE 0/0 口开启抓包
步骤 2:IP 地址配置(略)

公网的 IS-IS 网络配置:

```
[H3C]sysname R2
[R2]isis 1
[R2-isis-1] is-level level-2
[R2-isis-1] is-name R2
[R2-isis-1] network-entity 20.0000.0000.0002.00
[R2-isis-1]quit
[R2]interface GigabitEthernet 0/0
[R2-GigabitEthernet0/0] isis enable 1
[R2-GigabitEthernet0/0]quit
[R2]interface GigabitEthernet 0/1
[R2-GigabitEthernet0/1] isis enable 1
[R2-GigabitEthernet0/1]quit
[R2]interface LoopBack 0
[R2-LoopBack0] isis enable 1
[R2-LoopBack0]quit

[H3C]sysname R3
[R3]isis 1
[R3-isis-1]is-name R3
[R3-isis-1]is-level level-2
[R3-isis-1]network-entity 30.0000.0000.0003.00
[R3-isis-1]quit
[R3]interface GigabitEthernet 0/0
[R3-GigabitEthernet0/0]isis enable
[R3-GigabitEthernet0/0]quit
[R3]interface GigabitEthernet 0/1
[R3-GigabitEthernet0/1]isis enable
[R3-GigabitEthernet0/1]quit
[R3]interface LoopBack 0
[R3-LoopBack0] isis enable 1
[R3-LoopBack0]quit
```

步骤 3: 在 R1 上验证 IS-IS 学习到的路由信息

```
[R2]display ip routing-table protocol isis
Summary count : 5
ISIS Routing table status : <Active>
Summary count : 2
Destination/Mask    Proto    Pre Cost    NextHop        Interface
3.3.3.3/32          IS_L2    15   10     100.1.23.2     GE 0/1
100.1.34.0/30       IS_L2    15   20     100.1.23.2     GE 0/1
ISIS Routing table status : <Inactive>
Summary count : 3
Destination/Mask    Proto    Pre Cost    NextHop        Interface
2.2.2.2/32          IS_L2    15   0      0.0.0.0        Loop 0
100.1.12.0/30       IS_L2    15   10     0.0.0.0        GE 0/0
100.1.23.0/30       IS_L2    15   10     0.0.0.0        GE 0/1
```

步骤 4：公司 A 和分部的 OSPF 配置

```
[H3C]sysname R1
[R1]ospf 1 router-id 1.1.1.1
[R1-ospf-1]area 0
[R1-ospf-1-area-0.0.0.0] network 10.1.15.1 0.0.0.0
[R1-ospf-1-area-0.0.0.0]quit
[R1-ospf-1]quit


[H3C]sysname R5
[R5]ospf 1 router-id 5.5.5.5
[R5-ospf-1]area 0
[R5-ospf-1-area-0.0.0.0] network 10.1.15.5 0.0.0.0
[R5-ospf-1-area-0.0.0.0] network 192.168.4.1 0.0.0.0
[R5-ospf-1-area-0.0.0.0] network 192.168.5.1 0.0.0.0
[R5-ospf-1-area-0.0.0.0]quit
[R5-ospf-1]quit


[H3C]sysname R4
[R4]ospf 1 router-id 4.4.4.4
[R4-ospf-1]area 0
[R4-ospf-1-area-0.0.0.0] network 10.1.46.4 0.0.0.0
[R4-ospf-1-area-0.0.0.0]quit
[R4-ospf-1]quit


[H3C]sysname R6
[R6]ospf 1 router-id 6.6.6.6
[R6-ospf-1]area 0
[R6-ospf-1-area-0.0.0.0] network 10.1.46.6 0.0.0.0
[R6-ospf-1-area-0.0.0.0] network 192.168.6.1 0.0.0.0
[R6-ospf-1-area-0.0.0.0]quit
[R6-ospf-1]quit
```

步骤 5：在 R1 和 R4 上配置默认路由访问公网业务

```
[R1] ip route-static 0.0.0.0 0 100.1.12.2
[R1]ospf 1
[R1-ospf-1] default-route-advertise


[R4] ip route-static 0.0.0.0 0 100.1.34.1
[R4]ospf 1
[R4-ospf-1] default-route-advertise
```

步骤 6：在 R5 和 R6 上验证默认路由的学习情况

```
[R5]display ip routing-table 0.0.0.0
Summary count : 2
Destination/Mask    Proto    Pre Cost        NextHop         Interface
```

| 0.0.0.0/0 | O_ASE2 | 150 | 1 | 10.1.15.1 | GE 0/1 |
| 0.0.0.0/32 | Direct | 0 | 0 | 127.0.0.1 | InLoop 0 |

```
[R6]display ip routing-table 0.0.0.0
Summary count : 2
```

Destination/Mask	Proto	Pre	Cost	NextHop	Interface
0.0.0.0/0	O_ASE2	150	1	10.1.46.4	GE 0/1
0.0.0.0/32	Direct	0	0	127.0.0.1	InLoop 0

步骤 7：在 R1 和 R4 上配置 NAT，使得公司 A 的业务能够访问公网业务

```
[R1]acl basic 2000
[R1-acl-ipv4-basic-2000]rule permit source 192.168.5.0 0.0.0.255
[R1-acl-ipv4-basic-2000]rule permit source 192.168.4.0 0.0.0.255
[R1-acl-ipv4-basic-2000]quit
[R1]interface GigabitEthernet 0/0
[R1-GigabitEthernet0/0]nat outbound 2000
[R1-GigabitEthernet0/0]quit

[R4]acl basic 2000
[R4-acl-ipv4-basic-2000] rule permit source 192.168.6.0 0.0.0.255
[R4-acl-ipv4-basic-2000]quit
[R4]interface GigabitEthernet 0/0
[R4-GigabitEthernet0/0] nat outbound 2000
[R4-GigabitEthernet0/0]quit
```

步骤 8：在 R5 和 R6 使用 ping 命令访问公网 3.3.3.3 主机 IP 地址，验证 NAT 的情况

```
<R5>ping -c 1 -a 192.168.4.1 3.3.3.3
Ping 3.3.3.3 (3.3.3.3) from 192.168.4.1: 56 data bytes, press CTRL_C to break
56 bytes from 3.3.3.3: icmp_seq=0 ttl=253 time=4.000 ms
[R1]display nat session
Slot 0:
Initiator:
Source     IP/port: 192.168.4.1/245
Destination IP/port: 3.3.3.3/2048
DS-Lite tunnel peer: -
VPN instance/VLAN ID/Inline ID: -/-/-
Protocol: ICMP(1)
Inbound interface: GigabitEthernet0/1
Total sessions found: 1

<R6>ping -c 1 -a 192.168.6.1 3.3.3.3
Ping 3.3.3.3 (3.3.3.3) from 192.168.6.1: 56 data bytes, press CTRL_C to break
56 bytes from 3.3.3.3: icmp_seq=0 ttl=254 time=2.000 ms
[R4]display nat session
Slot 0:
Initiator:
```

```
Source        IP/port: 192.168.6.1/244
Destination IP/port: 3.3.3.3/2048
DS-Lite tunnel peer: -
VPN instance/VLAN ID/Inline ID: -/-/-
Protocol: ICMP(1)
Inbound interface: GigabitEthernet0/1
Total sessions found: 1
```

步骤 9：在 R1 和 R4 上 GRE 隧道，并配置 OSPF 协议，使得公司 A 和分部的业务互通

```
[R1]interface Tunnel 0 mode gre
[R1-Tunnel0] ip address 10.1.14.1 30
[R1-Tunnel0] source 100.1.12.1
[R1-Tunnel0] destination 100.1.34.2
[R1-Tunnel0]quit
[R1]ospf 1
[R1-ospf-1]area 0
[R1-ospf-1-area-0.0.0.0] network 10.1.14.1 0.0.0.0
[R1-ospf-1-area-0.0.0.0]quit

[R4]interface Tunnel 0 mode gre
[R4-Tunnel0] ip address 10.1.14.2 30
[R4-Tunnel0] source 100.1.34.2
[R4-Tunnel0] destination 100.1.12.1
[R4-Tunnel0]quit
[R4]ospf 1
[R4-ospf-1]area 0
[R4-ospf-1-area-0.0.0.0]network 10.1.14.2 0.0.0.0
[R4-ospf-1-area-0.0.0.0]quit
```

步骤 10：在 R5 和 R6 上观察 OSPF 的 LSDB，验证公司和分部的内网路由学习情况

```
[R5]display ospf lsdb
        OSPF Process 1 with Router ID 5.5.5.5
            Link State Database
                Area: 0.0.0.0
Type      LinkState ID   AdvRouter     Age   Len   Sequence    Metric
Router    5.5.5.5        5.5.5.5       736   60    8000000A    0
Router    1.1.1.1        1.1.1.1       704   60    8000000B    0
Router    6.6.6.6        6.6.6.6       752   48    8000000A    0
Router    4.4.4.4        4.4.4.4       708   60    8000000A    0
Network   10.1.46.6      6.6.6.6       752   32    80000007    0
Network   10.1.15.5      5.5.5.5       736   32    80000006    0
            AS External Database
Type      LinkState ID   AdvRouter     Age   Len   Sequence    Metric
External  0.0.0.0        4.4.4.4       756   36    80000006    1
```

External	0.0.0.0	1.1.1.1	755	36	80000008	1

```
[R6]display ospf lsdb
        OSPF Process 1 with Router ID 6.6.6.6
            Link State Database
                Area: 0.0.0.0
```

Type	LinkState ID	AdvRouter	Age	Len	Sequence	Metric
Router	5.5.5.5	5.5.5.5	777	60	8000000A	0
Router	1.1.1.1	1.1.1.1	743	60	8000000B	0
Router	6.6.6.6	6.6.6.6	786	48	8000000A	0
Router	4.4.4.4	4.4.4.4	745	60	8000000A	0
Network	10.1.46.6	6.6.6.6	786	32	80000007	0
Network	10.1.15.5	5.5.5.5	777	32	80000006	0

```
                AS External Database
```

Type	LinkState ID	AdvRouter	Age	Len	Sequence	Metric
External	0.0.0.0	1.1.1.1	794	36	80000008	1
External	0.0.0.0	4.4.4.4	793	36	80000006	1

8.1.5　思考

分析数据流量从 R5 的 192.168.4.1/24 访问 R6 的 192.168.6.1/24 的数据封装过程。

8.2　IPsec VPN

8.2.1　原理概述

IPsec（IP security）是 IETF 制定的三层隧道加密协议，在 IP 层提供了数据机密性、数据完整性、数据来源认证、防重放的安全服务；IPsec 在两个端点之间提供安全通信，端点被称为 IPsec 对等体。

1．IPsec 体系结构

IPsec 协议不是一个单独的协议，它给出了应用于 IP 层上网络数据安全的一整套体系结构，包括网络认证协议 AH（authentication header，认证头）、ESP（encapsulating security payload，封装安全载荷）、IKE（Internet key exchange，因特网密钥交换）和用于网络认证及加密的一些算法等。

AH 与 ESP 协议提供安全服务，IKE 协议用于密钥交换。

AH 只能进行身份认证、数据完整性认证。

EPS 可以进行身份认证、数据完整性认证和数据加密。

身份认证：用于核验身份，主要使用 MD5、SHA-1 算法。

数据加密：对数据进行加密，防止传输过程中被窃听，主要使用 DES、3DES、AES 算法。

2．SA 基础知识

SA（security association，安全联盟）是 IPsec 的基础，也是 IPsec 的本质。SA 是通信对等体间对某些要素的约定。

SA 是单向的，在两个对等体之间的双向通信，最少需要两个 SA 来分别对两个方向的数据流进行安全保护。

SA 可以由手工或是 IKE 自动协商生成。

3．IKE 工作机制

IKE 为 IPsec 进行密钥协商并建立 SA 需要经历两个阶段。

第一阶段，通信各方彼此间建立了一个已通过身份认证和安全保护的通道，即建立一个 ISAKMP SA。第一阶段有主模式（main mode）和野蛮模式（aggressive mode）两种 IKE 交换方法。IKE 的主模式适用于两设备的公网 IP 是固定的静态 IP 地址，野蛮模式适用于公网 IP 是动态的，如外网线路使用 ADSL 拨号，其获得的公网 IP 不是固定的情况，也适用于存在 NAT 设备的情况下，即防火墙以旁路模式或桥模式放于内网，与分部设备建立 VPN 时需要穿过其他出口设备。

第二阶段，用第一阶段建立的安全隧道为 IPsec 协商安全服务，即为 IPsec 协商具体的 SA，建立用于最终的 IP 数据安全传输的 IPsec SA。

4．IPsec 配置思路

通过配置访问控制列表，用于匹配需要保护的数据流。

通过配置安全提议，指定安全协议、认证算法和加密算法、封装模式等。

通过配置安全策略，将要保护的数据流和安全提议进行关联（即定义对何种数据流实施何种保护），并指定 SA 的协商方式、对等体 IP 地址（即保护路径的起/终点）、所需要的密钥和 SA 的生存周期等。

最后在设备接口上应用安全策略即可完成 IPsec 隧道的配置。

8.2.2　实验 1：IKE 主模式自动协商 SA 的 IPsec VPN 配置

1．实验目的

① 理解 IPsec VPN 基础知识和配置思路。

② 掌握 IKE 主模式协商 SA 的 IPsec VPN 配置过程。

2．实验内容

本实验拓扑结构如图 8-2-1 所示，实验编址如表 8-2-1 所示。本实验模拟了一个 IPsec VPN 的网络场景：R1 作为公司 A 的出口路由器，使用 Loopback 0 口模拟了一个服务器 A；R3 作为公司 B 的出口路由器，使用 Loopback 0 口模拟了一个服务器 B；现在要求服务器 A 和服务器 B 进行信息传递时使用 IPsec VPN 进行传输加密，保证信息的安全有效；公司 A 和公司 B 上配置默认路由，使得 R1 和 R3 的公网路由可达。

图 8-2-1　IKE 主模式自动协商 SA 的 IPsec VPN 实验拓扑结构

表 8-2-1 实验编址表

设备	接口	IP 地址	子网掩码
R1	GE 0/0	100.1.12.1	255.255.255.252
	Loopback 0	192.168.1.1	255.255.255.255
R2	GE 0/0	100.1.12.2	255.255.255.252
	GE 0/1	100.1.23.1	255.255.255.252
R3	GE 0/1	100.1.23.2	255.255.255.252
	Loopback 0	192.168.3.1	255.255.255.255

3. 实验步骤

步骤 1：IP 地址配置

略。

步骤 2：R1、R3 上配置默认路由

```
[R1]ip route-static 0.0.0.0 0 100.1.12.2
[R3]ip route-static 0.0.0.0 0 100.1.23.1
```

步骤 3：R1 的 IPsec 配置

配置访问控制列表：

```
[R1]acl advanced 3000
[R1-acl-ipv4-adv-3000]rule permit ip source 192.168.1.1 0 destination        192.168.3.1 0
[R1-acl-ipv4-adv-3000]quit
```

配置安全提议：

```
[R1]ipsec transform-set 1
[R1-ipsec-transform-set-1]esp authentication-algorithm md5
[R1-ipsec-transform-set-1]esp encryption-algorithm 3des-cbc
[R1-ipsec-transform-set-1]quit
```

预配置 IKE 共享密码：

```
[R1]ike keychain 1
[R1-ike-keychain-1]pre-shared-key address 100.1.23.2 key simple h3c
[R1-ike-keychain-1]quit
```

配置 IKE 协商文件：

```
[R1]ike profile 1
[R1-ike-profile-1]keychain 1
[R1-ike-profile-1]local-identity address 100.1.12.1
[R1-ike-profile-1]match remote identity address 100.1.23.2
[R1-ike-profile-1]quit
```

配置 IPsec 安全策略：

```
[R1]ipsec policy 1 10 isakmp
[R1-ipsec-policy-isakmp-1-10]transform-set 1
[R1-ipsec-policy-isakmp-1-10]security acl 3000
```

```
[R1-ipsec-policy-isakmp-1-10]ike-profile 1
[R1-ipsec-policy-isakmp-1-10]remote-address 100.1.23.2
[R1-ipsec-policy-isakmp-1-10]quit
```

将 IPsec 安全策略应用于接口：

```
[R1]interface GigabitEthernet 0/0
[R1-GigabitEthernet0/0]ipsec apply policy 1
[R1-GigabitEthernet0/0]quit
```

步骤 4：R3 的 IPsec 配置

配置访问控制列表：

```
[R3]acl advanced 3000
[R3-acl-ipv4-adv-3000]rule permit ip source 192.168.3.1 0 destination  192.168.1.1 0
[R3-acl-ipv4-adv-3000]quit
```

配置安全提议：

```
[R3]ipsec transform-set 1
[R3-ipsec-transform-set-1]esp encryption-algorithm 3des-cbc
[R3-ipsec-transform-set-1]esp authentication-algorithm md5
[R3-ipsec-transform-set-1]quit
```

预配置 IKE 共享密码：

```
[R3]ike keychain 1
[R3-ike-keychain-1]pre-shared-key address 100.1.12.1 key simple h3c
[R3-ike-keychain-1]quit
```

配置 IKE 协商文件：

```
[R3]ike profile 1
[R3-ike-profile-1]keychain 1
[R3-ike-profile-1]local-identity address 100.1.23.2
[R3-ike-profile-1]match remote identity address 100.1.12.1
[R3-ike-profile-1]quit
```

配置 IPsec 安全策略：

```
[R3]ipsec policy 1 10 isakmp
[R3-ipsec-policy-isakmp-1-10]transform-set 1
[R3-ipsec-policy-isakmp-1-10]security acl 3000
[R3-ipsec-policy-isakmp-1-10]ike-profile 1
[R3-ipsec-policy-isakmp-1-10]remote-address 100.1.12.1
[R3-ipsec-policy-isakmp-1-10]quit
```

将 IPsec 安全策略应用于接口：

```
[R3]interface GigabitEthernet 0/1
[R3-GigabitEthernet0/1]ipsec apply policy 1
[R3-GigabitEthernet0/1]quit
```

步骤 5：在 R3 上使用 ping 命令验证服务器 B 与服务器 A 通信

```
[R3]ping -a 192.168.3.1 192.168.1.1
Ping 192.168.1.1 (192.168.1.1) from 192.168.3.1: 56 data bytes, press CTRL_C to break
Request time out
56 bytes from 192.168.1.1: icmp_seq=1 ttl=255 time=2.000 ms
56 bytes from 192.168.1.1: icmp_seq=2 ttl=255 time=3.000 ms
56 bytes from 192.168.1.1: icmp_seq=3 ttl=255 time=2.000 ms
56 bytes from 192.168.1.1: icmp_seq=4 ttl=255 time=4.000 ms
--- Ping statistics for 192.168.1.1 ---
5 packet(s) transmitted, 4 packet(s) received, 20.0% packet loss
```

从 ping 命令的结果可以知道，因为 IKE 协商需要时间，导致第一个数据报文超时，后续 IKE 协商完毕，IPsec VPN 建立后，数据转发正常。

步骤 6：观察 IKE SA 信息

```
  [R3]display ike sa      //查看 IKE 的 SA 信息
   Connection-ID    Remote                 Flag          DOI
   ------------------------------------------------------------------
   1                100.1.12.1             RD            IPsec
   Flags:
   RD--READY RL--REPLACED FD-FADING RK-REKEY
```

步骤 7：观察 IPsec SA 信息

```
[R3]display ipsec sa     //查看 IPsec SA 的信息
   -------------------------------
   Interface: GigabitEthernet0/1
   -------------------------------

   -------------------------------
   Psec policy: 1
   Sequence number: 10
   Mode: ISAKMP
   -------------------------------
   Tunnel id: 0
   Encapsulation mode: tunnel
   Perfect Forward Secrecy:
   Inside VPN:
   Extended Sequence Numbers enable: N
   Traffic Flow Confidentiality enable: N
   Path MTU: 1444
   Tunnel:
       local   address: 100.1.23.2
       remote address: 100.1.12.1
   Flow:
       sour addr: 192.168.3.1/255.255.255.255   port: 0   protocol: ip
       dest addr: 192.168.1.1/255.255.255.255   port: 0   protocol: ip

   [Inbound ESP SAs]
```

```
        SPI: 939873729 (0x380555c1)
        Connection ID: 4294967296
        Transform set: ESP-ENCRYPT-3DES-CBC ESP-AUTH-MD5
        SA duration (kilobytes/sec): 1843200/3600
        SA remaining duration (kilobytes/sec): 1843199/3563
        Max received sequence-number: 4
        Anti-replay check enable: Y
        Anti-replay window size: 64
        UDP encapsulation used for NAT traversal: N
        Status: Active
   [Outbound ESP SAs]
        SPI: 3038331067 (0xb51940bb)
        Connection ID: 4294967297
        Transform set: ESP-ENCRYPT-3DES-CBC ESP-AUTH-MD5
        SA duration (kilobytes/sec): 1843200/3600
        SA remaining duration (kilobytes/sec): 1843199/3563
        Max sent sequence-number: 4
        UDP encapsulation used for NAT traversal: N
        Status: Active
```

8.2.3　实验 2　IKE 野蛮模式协商 SA 的 IPsec VPN 配置

1. 实验目的

① 理解 IPsec VPN 基础知识和配置思路。

② 掌握 IKE 野蛮模式协商 SA 的 IPsec VPN 配置过程。

2. 实验内容

本实验拓扑结构如图 8-2-2 所示,实验编址如表 8-2-2 所示。本实验模拟了一个 IPsec VPN 的网络场景:S1 模拟公网网络,并作为 DHCP 服务器向 R2 的互连接口提供 DHCP 服务;R1 作为公司 A 的出口路由器,使用 Loopback 0 口模拟了一个服务器 A;R2 作为公司 B 的出口路由器,外网接口 IP 通过 DHCP 服务获得,使用 Loopback 0 口模拟了一个服务器 B;现在要求服务器 A 和服务器 B 进行信息传递时使用 IPSEC VPN 进行传输加密,保证信息的安全有效。公司 A 和公司 B 上配置默认路由,使得 R1 和 R2 的公网路由可达。

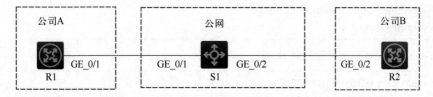

图 8-2-2　IKE 野蛮模式自动协商 SA 的 IPsec VPN 实验拓扑结构

表 8-2-2　实验编址表

设备	接口	VLAN	IP 地址	子网掩码
R1	GE 0/1	N/A	100.1.12.1	255.255.255.0
	Loopback 0	N/A	192.168.1.1	255.255.255.255

设备	接口	VLAN	IP 地址	子网掩码
S1	GE 0/1	vlanif 10	100.1.12.254	255.255.255.0
	GE 0/2	vlanif 20	100.1.23.254	255.255.255.0
R2	GE 0/2	N/A	ip address dhcp-alloc	
	Loopback 0	N/A	192.168.2.1	255.255.255.255

3. 实验步骤

步骤 1: IP 地址配置

略。

步骤 2: S1 的配置

```
[H3C]sysname S1
[S1]vlan 10
[S1-vlan10]port GigabitEthernet 1/0/1
[S1-vlan10]quit
[S1]vlan 20
[S1-vlan20]port GigabitEthernet 1/0/2
[S1-vlan20]quit
[S1]interface vlan 10
[S1-Vlan-interface10]ip address 100.1.12.254 24
[S1-Vlan-interface10]quit
[S1]interface vlan 20
[S1-Vlan-interface20]ip address 100.1.23.254 24
[S1-Vlan-interface20]quit
[S1]dhcp server ip-pool pool20
[S1-dhcp-pool-pool20]network 100.1.23.0 24
[S1-dhcp-pool-pool20]gateway-list 100.1.23.254
[S1-dhcp-pool-pool20]quit
[S1]dhcp server forbidden-ip 100.1.23.254
[S1]dhcp enable
```

步骤 3: 设置 R2 的 GE 0/2 口通过 DHCP 获取 IP 地址

```
[R2]interface GigabitEthernet 0/2
[R2-GigabitEthernet0/2]ip address dhcp-alloc
[R2-GigabitEthernet0/2]quit
```

步骤 4: R1 和 R2 上配置默认路由

```
[R1]ip route-static 0.0.0.0 0 100.1.12.254
[R2]ip route-static 0.0.0.0 0 100.1.23.254
```

步骤 5: R1 的 IPsec 配置

```
[R1]ike identity fqdn r1
[R1]ipsec transform-set 1
[R1-ipsec-transform-set-1]esp authentication-algorithm md5
[R1-ipsec-transform-set-1]esp encryption-algorithm 3des-cbc
```

```
[R1-ipsec-transform-set-1]quit
[R1]ike keychain 1
[R1-ike-keychain-1]pre-shared-key hostname r2 ke simple h3c
```
//由于对端采用动态 IP 地址，因此使用在 fqdn 中声明的主机名进行匹配
```
[R1-ike-keychain-1]quit
[R1]ike profile 1
[R1-ike-profile-1]keychain 1
[R1-ike-profile-1]exchange-mode aggressive
```
//设定 IKE 协商模式为野蛮模式
```
[R1-ike-profile-1]match remote identity fqdn r2
[R1-ike-profile-1]quit
[R1]ipsec policy-template tm1 1
```
//策略模板的配置
```
[R1-ipsec-policy-template-tm1-1]transform-set 1
[R1-ipsec-policy-template-tm1-1]ike-profile 1
[R1-ipsec-policy-template-tm1-1]quit
[R1]ipsec policy 1 10 isakmp template tm1
```
//将策略模板与策略绑定
```
[R1]interface GigabitEthernet 0/1
[R1-GigabitEthernet0/1]ipsec apply policy 1
[R1-GigabitEthernet0/1]quit
```

步骤 6：R2 的 IPsec 配置

```
[R2]ike identity fqdn r2
[R2]acl advanced 3000
[R2-acl-ipv4-adv-3000]rule permit ip source 192.168.2.1 0 destination  192.168.1.1 0
[R2-acl-ipv4-adv-3000]quit
[R2]ipsec transform-set 1
[R2-ipsec-transform-set-1]esp authentication-algorithm md5
[R2-ipsec-transform-set-1]esp encryption-algorithm 3des-cbc
[R2-ipsec-transform-set-1]quit
[R2]ike keychain 1
[R2-ike-keychain-1]pre-shared-key address 100.1.12.1 key simple h3c
[R2-ike-keychain-1]quit
[R2]ike profile 1
[R2-ike-profile-1]keychain 1
[R2-ike-profile-1]exchange-mode aggressive
[R2-ike-profile-1]match remote identity fqdn r1
[R2-ike-profile-1]quit
[R2]ipsec policy 1 10 isakmp
[R2-ipsec-policy-isakmp-1-10]transform-set 1
[R2-ipsec-policy-isakmp-1-10]security acl 3000
[R2-ipsec-policy-isakmp-1-10]remote-address 100.1.12.1
[R2-ipsec-policy-isakmp-1-10]ike-profile 1
[R2-ipsec-policy-isakmp-1-10]quit
[R2]interface GigabitEthernet 0/2
```

```
[R2-GigabitEthernet0/2]ipsec apply policy 1
[R2-GigabitEthernet0/2]quit
```

步骤 7：在 R2 上使用 ping 命令验证服务器 B 与服务器 A 通信情况

```
[R2]ping -a 192.168.2.1 192.168.1.1
Ping 192.168.1.1 (192.168.1.1) from 192.168.2.1: 56 data bytes, press CTRL_C      to break
Request time out
56 bytes from 192.168.1.1: icmp_seq=1 ttl=255 time=3.237 ms
56 bytes from 192.168.1.1: icmp_seq=2 ttl=255 time=2.845 ms
56 bytes from 192.168.1.1: icmp_seq=3 ttl=255 time=3.072 ms
56 bytes from 192.168.1.1: icmp_seq=4 ttl=255 time=3.269 ms
--- Ping statistics for 192.168.1.1 ---
5 packet(s) transmitted, 4 packet(s) received, 20.0% packet loss

SPI: 1992233208 (0x76bf10f8)
Connection ID: 4294967297
```

8.2.4　思考

IPsec VPN 能否传递组播流量？

8.3　GRE over IPsec VPN 配置

8.3.1　原理概述

　　GRE 支持多种网络层协议。GRE 采用虚拟的 Tunnel 接口，因而可以支持组播和广播，并支持路由协议；但是 GRE VPN 不能确定数据的机密性、完整性，也不能确认数据来源。

　　IPsec VPN 针对 IP 数据流设计，协议机制决定了难以支持组播或是路由协议。

　　可以将两者结合应用，通过隧道嵌套的方式，实现数据传输安全的保护。具体的嵌套方式，需要根据实际的需求来设定。

　　GRE over IPsec VPN 是将 GRE 流量作为私网流量进行加密，GRE 隧道的建立以及隧道中传输的流量都会被加密；而 IPsec over GRE VPN 是在 GRE 隧道建立的基础之上，进行私网数据的加密，与普通的 IPsec 相比，区别仅仅是私网流量从哪转发就从哪进行加密。

　　实际工作中，可根据网络情况选择使用 VPN 类型。表 8-3-1 是配置隧道嵌套式 VPN 的过程中需要注意的事项。

表 8-3-1　配置隧道嵌套式 VPN 的注意事项

VPN 类型	GRE over IPsec	IPsec over GRE
感兴趣流（ACL 定义）	GRE（或隧道源目地址）	内网数据流
IKE 中指定的远程地址（remote-address）	对端公网口地址	对端 Tunnel 口地址
应用端口	公网接口（物理口）	GRE Tunnel 接口

8.3.2　实验目的

① 理解数据在 GRE over IPsec VPN 中转发过程。
② 掌握 GRE over IPsec VPN 配置方法。

8.3.3　实验内容

本实验是 8.1 节实验 GRE VPN 的后续，实验拓扑结构如图 8-1-2 所示，实验编址如表 8-1-1 所示。

本实验新增项目需求为：为了保证企业 A 与分部的私网业务通信安全，现在需要配置 IPsec VPN 保证数据的安全。

8.3.4　实验步骤

步骤 1：IP 地址、OSPF 协议、GRE VPN 配置
见 8.1 节的实验配置。
步骤 2：R1 上的 IPsec VPN 的配置

```
[R1]ike keychain 1
[R1-ike-keychain-1]pre-shared-key address 100.1.34.2 key simple h3c
[R1-ike-keychain-1]quit
[R1]ike profile 1
[R1-ike-profile-1] keychain 1
[R1-ike-profile-1] local-identity address 100.1.12.1
[R1-ike-profile-1] match remote identity address 100.1.34.2
[R1-ike-profile-1] quit
[R1]ipsec transform-set 1
[R1-ipsec-transform-set-1] esp encryption-algorithm 3des-cbc
[R1-ipsec-transform-set-1] esp authentication-algorithm md5
[R1-ipsec-transform-set-1]quit
[R1]acl advanced 3000
[R1-acl-ipv4-adv-3000] rule permit ip source 100.1.12.1 0 destination    100.1.34.2 0
[R1-acl-ipv4-adv-3000]quit
[R1]ipsec policy 1 10 isakmp
[R1-ipsec-policy-isakmp-1-10] transform-set 1
[R1-ipsec-policy-isakmp-1-10] security acl 3000
[R1-ipsec-policy-isakmp-1-10] remote-address 100.1.34.2
[R1-ipsec-policy-isakmp-1-10] ike-profile 1
[R1-ipsec-policy-isakmp-1-10]quit
[R1]interface GigabitEthernet 0/0
[R1-GigabitEthernet0/0] ipsec apply policy 1
[R1-GigabitEthernet0/0]quit
```

步骤 3：R4 上的 IPsec VPN 的配置

```
[R4]ike keychain 1
```

```
[R4-ike-keychain-1] pre-shared-key address 100.1.12.1 key simple h3c
[R4-ike-keychain-1]quit
[R4]ike profile 1
[R4-ike-profile-1] keychain 1
[R4-ike-profile-1] local-identity address 100.1.34.2
[R4-ike-profile-1] match remote identity address 100.1.12.1
[R4-ike-profile-1]quit
[R4]ipsec transform-set 1
[R4-ipsec-transform-set-1] esp encryption-algorithm 3des-cbc
[R4-ipsec-transform-set-1] esp authentication-algorithm md5
[R4-ipsec-transform-set-1]quit
[R4]acl advanced 3000
[R4-acl-ipv4-adv-3000] rule permit ip source 100.1.34.2 0 destination   100.1.12.1 0
[R4-acl-ipv4-adv-3000]quit
[R4]ipsec policy 1 10 isakmp
[R4-ipsec-policy-isakmp-1-10] transform-set 1
[R4-ipsec-policy-isakmp-1-10] security acl 3000
[R4-ipsec-policy-isakmp-1-10] remote-address 100.1.12.1
[R4-ipsec-policy-isakmp-1-10] ike-profile 1
[R4-ipsec-policy-isakmp-1-10]quit
[R4]interface GigabitEthernet 0/0
[R4-GigabitEthernet0/0] ipsec apply policy 1
[R4-GigabitEthernet0/0]quit:
```

步骤 4：查看 SA 协商情况

```
[R4]display ike sa
Connection-ID      Remote               Flag          DOI
--------------------------------------------------------------------
2                  100.1.12.1           RD            IPsec
Flags:
RD--READY RL--REPLACED FD-FADING RK-REKEY


[R4]display ipsec sa
-------------------------------
Interface: GigabitEthernet0/0
-------------------------------

-------------------------------
IPsec policy: 1
Sequence number: 10
Mode: ISAKMP

-------------------------------
Tunnel id: 0
Encapsulation mode: tunnel
Perfect Forward Secrecy:
Inside VPN:
Extended Sequence Numbers enable: N
```

```
Traffic Flow Confidentiality enable: N
Path MTU: 1444
Tunnel:
    local   address: 100.1.34.2
    remote address: 100.1.12.1
Flow:
    sour addr: 100.1.34.2/255.255.255.255   port: 0   protocol: ip
    dest addr: 100.1.12.1/255.255.255.255   port: 0   protocol: ip

[Inbound ESP SAs]
   SPI: 2910315221 (0xad77e2d5)
   Connection ID: 12884901888
   Transform set: ESP-ENCRYPT-3DES-CBC ESP-AUTH-MD5
   SA duration (kilobytes/sec): 1843200/3600
   SA remaining duration (kilobytes/sec): 1843191/2790
   Max received sequence-number: 90
   Anti-replay check enable: Y
   Anti-replay window size: 64
   UDP encapsulation used for NAT traversal: N
   Status: Active

[Outbound ESP SAs]
   SPI: 3137421267 (0xbb013fd3)
   Connection ID: 4294967297
   Transform set: ESP-ENCRYPT-3DES-CBC ESP-AUTH-MD5
   SA duration (kilobytes/sec): 1843200/3600
   SA remaining duration (kilobytes/sec): 1843190/2790
   Max sent sequence-number: 94
   UDP encapsulation used for NAT traversal: N
   Status: Active
```

8.3.5　思考

如果需要使用环回口作为 GRE VPN 的源目地址，IPsec VPN 配置过程中 ACL 应当如何匹配？

8.4　IPsec over GRE VPN 配置

8.4.1　实验目的

① 理解数据在 IPsec over GRE VPN 中转发过程。
② 掌握 IPsec over GRE VPN 配置方法。

8.4.2　实验内容

本实验是 8.1 节实验 GRE VPN 的后续，实验拓扑结构如图 8-1-2 所示，实验编址如

表 8-1-1 所示。

　　本实验新增项目需求为：企业 A 的内网服务器 192.168.5.1/32 与分部 192.168.6.1/32 服务器有重要数据进行交换，需要使用 IPsec VPN 进行加密传输，保证数据的安全，其余私网互通数据流量无需加密处理。

8.4.3　实验步骤

步骤 1：IP 地址、OSPF 协议、GRE VPN 配置见 8.1 节的实验

步骤 2：R1 上的 IPsec VPN 的配置

```
[R1]ike keychain 1
[R1-ike-keychain-1]pre-shared-key address 10.1.14.2 key simple h3c
[R1-ike-keychain-1]quit
[R1]ike profile 1
[R1-ike-profile-1]keychain 1
[R1-ike-profile-1]local-identity address 10.1.14.1
[R1-ike-profile-1] match remote identity address 10.1.14.2
[R1-ike-profile-1]quit
[R1]ipsec transform-set 1
[R1-ipsec-transform-set-1] esp encryption-algorithm 3des-cbc
[R1-ipsec-transform-set-1] esp authentication-algorithm md5
[R1-ipsec-transform-set-1]quit
[R1]acl advanced 3000
[R1-acl-ipv4-adv-3000] rule permit ip source 192.168.5.1 0 destination        192.168.6.1 0
[R1-acl-ipv4-adv-3000]quit
[R1]ipsec policy 1 10 isakmp
[R1-ipsec-policy-isakmp-1-10] transform-set 1
[R1-ipsec-policy-isakmp-1-10] security acl 3000
[R1-ipsec-policy-isakmp-1-10] remote-address 10.1.14.2
[R1-ipsec-policy-isakmp-1-10] ike-profile 1
[R1-ipsec-policy-isakmp-1-10]quit
[R1]interface Tunnel 0
[R1-Tunnel0] ipsec apply policy 1
[R1-Tunnel0] quit
```

步骤 3：R4 上的 IPsec VPN 的配置

```
[R4]ike keychain 1
[R4-ike-keychain-1] pre-shared-key address 10.1.14.1 key simple h3c
[R4-ike-keychain-1]quit
[R4]ike profile 1
[R4-ike-profile-1] keychain 1
[R4-ike-profile-1] local-identity address 10.1.14.2
[R4-ike-profile-1] match remote identity address 10.1.14.1
[R4-ike-profile-1]quit
[R4]ipsec transform-set 1
[R4-ipsec-transform-set-1] esp encryption-algorithm 3des-cbc
```

```
[R4-ipsec-transform-set-1] esp authentication-algorithm md5
[R4-ipsec-transform-set-1]quit
[R4]acl advanced 3000
[R4-acl-ipv4-adv-3000] rule permit ip source 192.168.6.1 0 destination          192.168.5.1 0
[R4-acl-ipv4-adv-3000]quit
[R4]ipsec policy 1 10 isakmp
[R4-ipsec-policy-isakmp-1-10] transform-set 1
[R4-ipsec-policy-isakmp-1-10] security acl 3000
[R4-ipsec-policy-isakmp-1-10] remote-address 10.1.14.1
[R4-ipsec-policy-isakmp-1-10] ike-profile 1
[R4-ipsec-policy-isakmp-1-10] quit
[R4]interface Tunnel 0
[R4-Tunnel0] ipsec apply policy 1
[R4-Tunnel0]quit:
```

步骤 4：在 R5 上验证使用源地址 192.168.4.1/32 ping 192.168.6.1/32 不能触发 SA 协商

```
[R5]ping -c 1 -a 192.168.4.1 192.168.6.1
Ping 192.168.6.1 (192.168.6.1) from 192.168.4.1: 56 data bytes, press CTRL_C    to break
56 bytes from 192.168.6.1: icmp_seq=0 ttl=253 time=6.000 ms
--- Ping statistics for 192.168.6.1 ---
1 packet(s) transmitted, 1 packet(s) received, 0.0% packet loss

[R1]display ike sa
Connection-ID    Remote                Flag            DOI
      ------------------------------------------------------------------
[R1]display ipsec sa
```

步骤 5：在 R5 上使用源地址 192.168.5.1/32 ping 192.168.6.1/32 触发 IPsec VPN 加密
传输

```
[R5]ping    -a 192.168.5.1 192.168.6.1
Ping 192.168.6.1 (192.168.6.1) from 192.168.5.1: 56 data bytes, press CTRL_C    to break
Request time out
56 bytes from 192.168.6.1: icmp_seq=1 ttl=253 time=7.000 ms
56 bytes from 192.168.6.1: icmp_seq=2 ttl=253 time=6.000 ms
56 bytes from 192.168.6.1: icmp_seq=3 ttl=253 time=6.000 ms
56 bytes from 192.168.6.1: icmp_seq=4 ttl=253 time=5.000 ms
--- Ping statistics for 192.168.6.1 ---
5 packet(s) transmitted, 4 packet(s) received, 20.0% packet loss

[R1]display ike sa
Connection-ID    Remote                Flag            DOI
      ------------------------------------------------------------------
1                10.1.14.2             RD              IPsec
Flags:
RD--READY RL--REPLACED FD-FADING RK-REKEY
[R1]display ipsec sa
```

```
------------------------------
Interface: Tunnel0
------------------------------
------------------------------
IPsec policy: 1
Sequence number: 10
Mode: ISAKMP
------------------------------
Tunnel id: 0
Encapsulation mode: tunnel
Perfect Forward Secrecy:
Inside VPN:
Extended Sequence Numbers enable: N
Traffic Flow Confidentiality enable: N
Path MTU: 1420
Tunnel:
    local   address: 10.1.14.1
    remote address: 10.1.14.2
Flow:
    sour addr: 192.168.5.1/255.255.255.255   port: 0   protocol: ip
    dest addr: 192.168.6.1/255.255.255.255   port: 0   protocol: ip
```

8.4.4 思考

请对比分析 GRE over IPsec 与 IPsec over GRE VPN 配置的差异，并掌握应用场景。

8.5 IPsec VPN NAT 穿越配置

8.5.1 原理概述

IPsec VPN 经常需要部署在 Internet 上。用户通过 ISP（运营商）接入到 Internet，而运营商为了节省公网的 IP 地址，会使用 NAT 技术，让用户端获得私网 IP 地址，当然这些地址在用户看来属于公网 IP 地址，最终给 IPSec VPN 的使用带来意想不到的麻烦。

1. IPsec VPN NAT 穿越带来的问题分析

穿越 NAT 后的身份确认：在 IP 网络中，IP 地址是最好的身份标识，IPSec VPN 中标准身份标识也是 IP 地址，如图 8-5-1 所示，NAT 处理过程中会改变 IP 地址，因此 IPSec 的身份确认机制必须能够适应 IP 地址变化。

IP 地址复用：IPsec 由 AH 和 ESP 两个协议组成，其中 AH 无法穿越 NAT，ESP 从理论上可以穿越 NAT，但是 ESP 的 IP 协议号是 50，并不是基于 UDP 和 TCP 的协议，因此当 NAT 网关背后存在多个 ESP 应用端时，无法只根据协议号进行反向映射，为了使 ESP 能够在 NAT 环境中进行地址复用，ESP 必须做出改变。

2. IPsec VPN NAT 穿越问题的解决

① 穿越 NAT 后的身份确认。目前解决此问题的方法主要有两种：第一种是使用数字证

书替代 IP 地址作为身份标识；第二种是使用字符串取代 IP 地址作为身份标识，IPsec 野蛮模式。第二种方法更为常见，部署也更为简单。

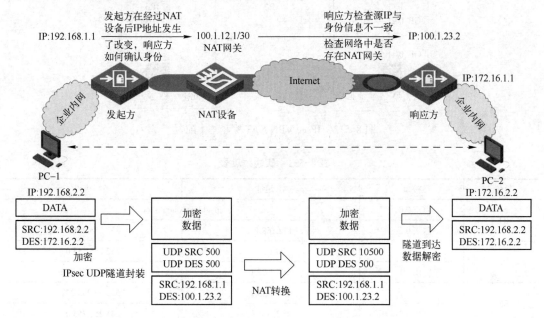

图 8-5-1 IPsec VPN NAT 穿越图示

② IP 地址复用。ESP 实现穿越 NAT 其实很简单，通过借用 UDP 的方式，实现 NAT 地址复用。ESP 实现穿越 NAT 需要使用到 UDP 协议 500 和 4500 号端口；UDP 500 端口：IKE 协商协议 ISAKMP 所使用端口；UDP 4500 端口由 RFC 规定；当网络中存在 NAT-PAT 设备时，IKE 在第一阶段交互过程中，会通过报文发现 NAT-PAT 穿越，IKE 会把 UDP 端口从 500 更换到 UDP4500，实现 ESP 能够在 NAT 环境中进行地址复用；Comware V7 设备无需单独配置 NAT 穿越，设备在协商阶段会自动检测隧道两端是否存在 NAT 设备，如果有则会自动开启 NAT 穿越功能，采用 UDP 报文进行封装。

8.5.2 实验目的

① 理解数据在 IPsec VPN NAT 中转发过程，理解 NAT 穿越。
② 掌握 IPsec VPN NAT 穿越配置方法。

8.5.3 实验内容

本实验拓扑结构如图 8-5-2 所示，实验编址如表 8-5-1 所示。本实验模拟了一个 IPsec VPN NAT 穿越的网络场景：R1 模拟企业 A 的网络，存在 192.168.1.0/24 的业务网段；R3 模拟企业 B 的网络，存在 172.16.1.0/24 的业务网段；两个企业通过运营商接入 Internet，运营商使用 R2 作为 NAT 设备，为 R1 的 GE 0/0 口动态分配 IP 地址，R3 采用固定 IP 地址接入；企业 A 的业务网段需要与企业 B 的业务网段通信，使用 IPsec VPN 保证数据的安全。

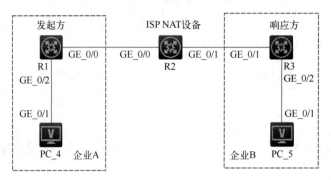

图 8-5-2　IPsec VPN NAT 穿越基本配置

表 8-5-1　实验编址表

设备	接口	IP 地址	子网掩码
R1	GE 0/0	ip address dhcp-alloc	
	GE 0/2	192.168.1.1	255.255.255.0
R2	GE 0/0	100.1.12.1	255.255.255.0
	GE 0/1	100.1.23.1	255.255.255.252
R3	GE 0/1	100.1.23.2	255.255.255.252
	GE 0/2	172.16.1.1	255.255.255.0
PC_4	GE 0/1	192.168.1.2	255.255.255.0
PC_5	GE 0/1	172.16.1.2	255.255.255.0

8.5.4　实验步骤

步骤 1：在 R1 的 GE 0/0 和 R3 的 GE 0/1 口上开启抓包

步骤 2：ISP NAT 设备 R2 的配置

DHCP 服务的配置，为 R1 的 GE 0/0 口分配 IP 地址：

```
[NAT] dhcp enable
[NAT]dhcp server ip-pool 1
[NAT-dhcp-pool-1] network 100.1.12.0 mask 255.255.255.0
[NAT-dhcp-pool-1] gateway-list 100.1.12.1
[NAT-dhcp-pool-1]quit
[NAT]interface GigabitEthernet 0/0
[NAT-GigabitEthernet0/0] dhcp server apply ip-pool 1
[NAT-GigabitEthernet0/0]quit
```

配置 NAT 转换，并与 GE 0/1 绑定：

```
[NAT]acl basic 2000
[NAT-acl-ipv4-basic-2000]rule permit source any
[NAT-acl-ipv4-basic-2000]quit
[NAT]interface GigabitEthernet 0/1
[NAT-GigabitEthernet0/1] nat outbound 2000
```

```
[NAT-GigabitEthernet0/1]quit
```

配置静态路由，保证路由可达：

```
[NAT] ip route-static 172.16.1.0 24 100.1.23.2
[NAT] ip route-static 192.168.1.0 24 100.1.12.2
```

步骤 3：R1 的配置

配置 GE 0/0 的 DHCP 地址获取：

```
[R1]interface GigabitEthernet 0/0
[R1-GigabitEthernet0/0] ip address dhcp-alloc
[R1-GigabitEthernet0/0] quit
```

配置默认路由，保证公网路由可达：

```
[R1] ip route-static 0.0.0.0 0 100.1.12.1
```

配置 IPsec VPN：

```
[R1]ike identity fqdn r1
[R1]ipsec transform-set 1
[R1-ipsec-transform-set-1] esp encryption-algorithm 3des-cbc
[R1-ipsec-transform-set-1] esp authentication-algorithm md5
[R1-ipsec-transform-set-1]quit
[R1]ike keychain 1
[R1-ike-keychain-1] pre-shared-key address 100.1.23.2 key simple h3c
[R1-ike-keychain-1] quit
[R1]ike profile 1
[R1-ike-profile-1]keychain 1
[R1-ike-profile-1]exchange-mode aggressive
[R1-ike-profile-1]match remote identity address 100.1.23.2
[R1-ike-profile-1]quit
[R1]acl advanced 3000
[R1-acl-ipv4-adv-3000]rule permit ip source 192.168.1.0 0.0.0.255 destination        172.16.1.0 0.0.0.255
[R1-acl-ipv4-adv-3000]quit
[R1]ipsec policy 1 10 isakmp
[R1-ipsec-policy-isakmp-1-10] transform-set 1
[R1-ipsec-policy-isakmp-1-10] security acl 3000
[R1-ipsec-policy-isakmp-1-10] remote-address 100.1.23.2
[R1-ipsec-policy-isakmp-1-10] ike-profile 1
[R1-ipsec-policy-isakmp-1-10] quit
[R1]interface GigabitEthernet 0/0
[R1-GigabitEthernet0/0] ipsec apply policy 1
[R1-GigabitEthernet0/0]quit
```

步骤 4：R3 的配置

配置默认路由，保证公网路由可达：

```
[R3] ip route-static 0.0.0.0 0 100.1.23.1
```

配置 IPsec VPN，固定 IP 地址端需要使用策略模板：

```
[R3] ike identity fqdn r2
[R3]ipsec transform-set 1
[R3-ipsec-transform-set-1] esp encryption-algorithm 3des-cbc
[R3-ipsec-transform-set-1] esp authentication-algorithm md5
[R3-ipsec-transform-set-1]quit
[R3]ike keychain 1
[R3-ike-keychain-1] pre-shared-key hostname r1 key simple h3c
[R3-ike-keychain-1]quit
[R3]ike profile 1
[R3-ike-profile-1] keychain 1
[R3-ike-profile-1] exchange-mode aggressive
[R3-ike-profile-1] match remote identity fqdn r1
[R3-ike-profile-1]quit
[R3]acl advanced 3000
[R3-acl-ipv4-adv-3000] rule permit ip source 172.16.1.0 0.0.0.255 destination      192.168.1.0 0.0.0.255
[R3-acl-ipv4-adv-3000]quit
[R3]ipsec policy-template 1 10
[R3-ipsec-policy-template-1-10]transform-set 1
[R3-ipsec-policy-template-1-10]security acl 3000
[R3-ipsec-policy-template-1-10]ike-profile 1
[R3-ipsec-policy-template-1-10]quit
[R3]ipsec policy 1 10 isakmp template 1
[R3]interface GigabitEthernet 0/1
[R3-GigabitEthernet0/1] ipsec apply policy 1
[R3-GigabitEthernet0/1] quit
```

步骤 5：PC_4 使用 ping 命令访问 PC_5

```
<H3C>ping 172.16.1.2
Ping 172.16.1.2 (172.16.1.2): 56 data bytes, press CTRL_C to break
Request time out
56 bytes from 172.16.1.2: icmp_seq=1 ttl=253 time=2.000 ms
56 bytes from 172.16.1.2: icmp_seq=2 ttl=253 time=2.000 ms
56 bytes from 172.16.1.2: icmp_seq=3 ttl=253 time=1.000 ms
56 bytes from 172.16.1.2: icmp_seq=4 ttl=253 time=3.000 ms
--- Ping statistics for 172.16.1.2 ---
5 packet(s) transmitted, 4 packet(s) received, 20.0% packet loss
```

步骤 6：在 R1 上查看 SA 信息

```
[R1]display ike sa
Connection-ID    Remote              Flag         DOI
-----------------------------------------------------------------
1                100.1.23.2          RD           IPsec
Flags:
RD--READY RL--REPLACED FD-FADING RK-REKEY
```

```
[R1]display ipsec sa
-------------------------------
Interface: GigabitEthernet0/0
-------------------------------

-------------------------------
IPsec policy: 1
Sequence number: 10
Mode: ISAKMP
-------------------------------
Tunnel id: 0
Encapsulation mode: tunnel
Perfect Forward Secrecy:
Inside VPN:
Extended Sequence Numbers enable: N
Traffic Flow Confidentiality enable: N
Path MTU: 1436
Tunnel:
    local   address: 100.1.12.2
    remote address: 100.1.23.2
Flow:
    sour addr: 192.168.1.0/255.255.255.0   port: 0   protocol: ip
    dest addr: 172.16.1.0/255.255.255.0    port: 0   protocol: ip

[Inbound ESP SAs]
  SPI: 2570190667 (0x9931ff4b)
  Connection ID: 4294967296
  Transform set: ESP-ENCRYPT-3DES-CBC ESP-AUTH-MD5
  SA duration (kilobytes/sec): 1843200/3600
  SA remaining duration (kilobytes/sec): 1843199/1360
  Max received sequence-number: 4
  Anti-replay check enable: Y
  Anti-replay window size: 64
  UDP encapsulation used for NAT traversal: Y
  Status: Active

[Outbound ESP SAs]
  SPI: 3048097381 (0xb5ae4665)
  Connection ID: 4294967297
  Transform set: ESP-ENCRYPT-3DES-CBC ESP-AUTH-MD5
  SA duration (kilobytes/sec): 1843200/3600
  SA remaining duration (kilobytes/sec): 1843199/1360
  Max sent sequence-number: 4
  UDP encapsulation used for NAT traversal: Y
  Status: Active
```

步骤 7：验证 ESP 实现 NAT 穿越 UDP 端口的使用

开启 R1 的 GE 0/0 口抓包，在选项栏输入 udp 作为筛选对象。

前两个 ISAKMP 的报文是 IKE 第一阶段交互过程，使用的 UDP 端口号为 500，如图 8-5-3 所示。

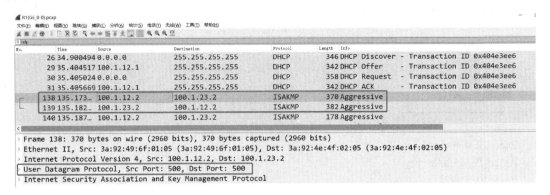

图 8-5-3　R1 的 GE 0/0 上的 UDP 报文

发起方和交互方发现存在 NAT-PAT 设备后，将 UDP 端口切换到 4500，如图 8-5-4 所示。

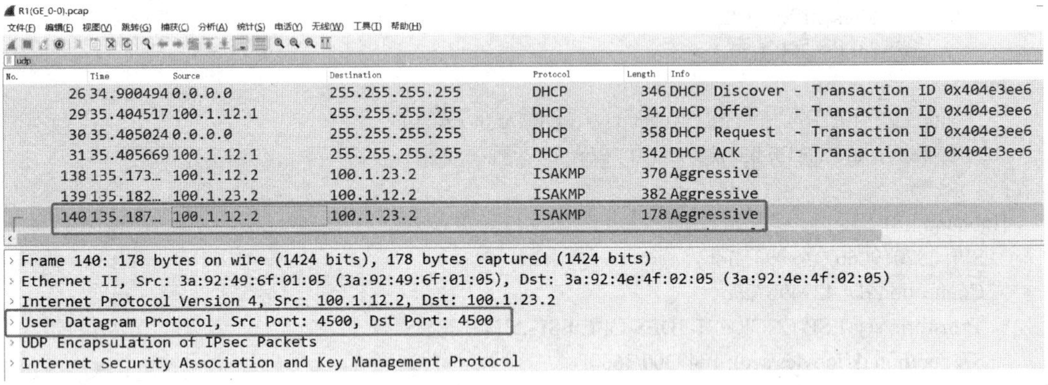

图 8-5-4　切换端口

结论：运营商必须放行 UDP 协议 500 和 4500 号端口。

8.5.5　思考

若网络中禁止 UDP 500 和 4500 号端口，IPsec VPN 如何工作？

第 9 章　其　　他

9.1　链路聚合配置

9.1.1　原理概述

以太网链路聚合通过将多条以太网物理链路捆绑在一起形成一条以太网逻辑链路，实现增加链路带宽的目的，同时这些捆绑在一起的链路通过相互动态备份，可以有效地提高链路的可靠性。

1. 链路聚合模式

① 静态聚合模式：一旦配置好后，端口的选中/非选中状态就不会受网络环境的影响，比较稳定。单根纤芯发生故障时，可能出现收端正常的一方端口处于 UP，而出现单通，所以这种情况一般要求端口匹配状态为自适应状态。

② 动态聚合模式：采用 LACP 协议实现，能够根据对端和本端的信息调整端口的选中/非选中状态，比较灵活；不同厂家对接可能因为协议报文的处理机制等不同，产生对接异常。

2. 成员端口状态

① 选中（Selected）状态：此状态下的成员端口可以参与数据的转发，处于此状态的成员端口称为"选中端口"。

② 非选中（Unselected）状态：此状态下的成员端口不能参与数据的转发，处于此状态的成员端口称为"非选中端口"。

3. 操作 key

系统在进行链路聚合时用来表征成员端口聚合能力的数值，根据成员端口上速率、双工模式等组合自动计算生成，任何一项改变都会导致 key 值变化。在同一个聚合组中，key 值必须一样。

4. 配置分类

① 属性类配置：端口隔离、QinQ 配置、VLAN 映射、VLAN 配置。在聚合组中，只有与对应聚合接口的属性类配置完全相同才能够成为选中端口。

② 协议类配置：包含 MAC 地址学习、STP 等。在聚合组中，即使有某成员端口与对应聚合接口的协议配置存在不同，也不影响该成员成为选中端口。

9.1.2　实验目的

① 掌握静态链路聚合模式配置。
② 掌握动态链路聚合模式配置。

9.1.3 实验内容

本实验拓扑如图 9-1-1 所示。S1 和 S2 为某企业在网运行的核心层交换机，因公司业务拓展，数据流量激增，原有的 1G 链路不够，需要对 S1 和 S2 互连链路扩容到 2G。

图 9-1-1 链路聚合配置实验拓扑结构

9.1.4 实验步骤

步骤 1：静态链路聚合基本配置

S1 的配置如下所示：

```
[H3C]sysname S1
[S1]interface Bridge-Aggregation 1
[S1-Bridge-Aggregation1]quit
[S1]interface GigabitEthernet 1/0/1
[S1-GigabitEthernet1/0/1]port link-aggregation group 1
[S1-GigabitEthernet1/0/1]quit
[S1]interface GigabitEthernet 1/0/2
[S1-GigabitEthernet1/0/2]port link-aggregation group 1
[S1-GigabitEthernet1/0/2] quit
```

S2 的配置如下所示：

```
[H3C]sysname S2
[S2]interface Bridge-Aggregation 1
[S2-Bridge-Aggregation1]quit
[S2]interface GigabitEthernet 1/0/1
[S2-GigabitEthernet1/0/1]port link-aggregation group 1
[S2-GigabitEthernet1/0/1]quit
[S2]interface GigabitEthernet 1/0/2
[S2-GigabitEthernet1/0/2]port link-aggregation group 1
[S2-GigabitEthernet1/0/2] quit
```

验证静态链路配置：

```
[S2]display link-aggregation verbose
Loadsharing Type: Shar -- Loadsharing, NonS -- Non-Loadsharing
Port: A -- Auto
Port Status: S -- Selected, U -- Unselected, I -- Individual
Flags:   A -- LACP_Activity, B -- LACP_Timeout, C -- Aggregation,
         D -- Synchronization, E -- Collecting, F -- Distributing,
```

```
        G -- Defaulted, H -- Expired

Aggregate Interface: Bridge-Aggregation1
Aggregation Mode: Static
Loadsharing Type: Shar
    Port            Status    Priority Oper-Key
    --------------------------------------------
    GE1/0/1           S         32768     1
    GE1/0/2           S         32768     1
```

步骤 2：动态链路聚合基本配置

修改 S1 和 S2 的聚合模式为 dynamic，其余配置不变，如下所示：

```
[S1]interface Bridge-Aggregation 1
[S1-Bridge-Aggregation1]link-aggregation mode dynamic
[S1]interface Bridge-Aggregation 1
[S2-Bridge-Aggregation1]link-aggregation mode dynamic
```

验证动态链路聚合配置：

```
[S2]display link-aggregation verbose
Loadsharing Type: Shar -- Loadsharing, NonS -- Non-Loadsharing
Port: A -- Auto
Port Status: S -- Selected, U -- Unselected, I -- Individual
Flags:   A -- LACP_Activity, B -- LACP_Timeout, C -- Aggregation,
     D -- Synchronization, E -- Collecting, F -- Distributing,
     G -- Defaulted, H -- Expired
Aggregate Interface: Bridge-Aggregation1
Aggregation Mode: Dynamic
Loadsharing Type: Shar
System ID: 0x8000, 4a55-9571-0200
Local:
    Port           Status   Priority Oper-Key  Flag
    ----------------------------------------------------------------
    GE1/0/1          S        32768     1        {ACDEF}
    GE1/0/2          S        32768     1        {ACDEF}
Remote:
    Actor          Partner Priority Oper-Key  SystemID              Flag
    ----------------------------------------------------------------------
    GE1/0/1          2        32768     1      0x8000, 4a55-8f8a-0100 {ACDEF}
    GE1/0/2          3        32768     1      0x8000, 4a55-8f8a-0100 {ACDEF}
```

9.1.5 思考

S1、S2 之间形成环路，在配置完链路聚合后，链路环路形成，是否还需要运行 STP 协议逻辑阻断某个端口？

9.2　IRF 配置

9.2.1　原理概述

将多个设备连接在一起，进行必要的配置之后，虚拟化成为一台设备。

1．IRF 设备角色

master（主设备）：负责管理整个 IRF。

slave（从设备）：当主设备故障时，再次通过选举，生成新的主设备接替工作。

2．IRF 端口

IRF 端口是 IRF 设备之间连接的逻辑接口，一个 IRF 设备只能配置两个逻辑端口，IRF-port1 和 IRF-port2，需要和 IRF 物理端口进行绑定才能生效。

注意：两台 IRF 设备的 IRF 端口必须交错配置，即与 A 设备的 IRF-port1 连接对端端口必须是 B 设备的 IRF-port2，否则不能形成 IRF。

3．IRF 物理端口

用于 IRF 设备之间进行连接的物理端口，在 H3C5560 的交换机上，可以使用 SPF+口作为 IRF 的物理端口。

注意：IRF 端口能与多个物理端口进行绑定，至于数量请在官网查询产品手册，各型号的交换设备有所区别。

4．IRF 域

一个逻辑概念，使用 domain 来区分 IRF 域。

5．角色选举规则

当初始化 IRF 时，所有设备都认为本端是 Master，进而进行下面的比较。

① 成员优先级越大越优；

② 系统运行时间越长越优，如果启动后，两个设备时间差小于 10 分钟，则认为是同时启动；

③ CPU 的 MAC 地址越小越优。

当前 Master 优先，后续有设备加入到 IRF 域时，只能成为 Slave，Master 角色地位不能抢夺。

6．IRF 配置流程

① 进行网络规划，明确 Master、Slave 编号和各成员设备编号；

② 修改成员编号，并重启使之生效；

③ 修改成员设备的优先级；

④ 配置 IRF 端口，并绑定 IRF 物理端口；

⑤ 保存，以便重启后 IRF 配置能够继续生效；

⑥ 激活 IRF 端口的配置，组成 IRF 域，Slave 将会自动重新启动。

9.2.2 实验目的

① 理解 IRF 原理和应用场景。
② 掌握 IRF 的配置。
③ 掌握 MSTP 与 IRF 联动的配置。

9.2.3 实验内容

本实验拓扑结构如图 9-2-1 所示。S1 和 S2 是某企业的核心交换机，S3 是接入层交换机。企业主要存在两个业务，VLAN 10 和 VLAN 20。现需要将 S1 和 S2 进行 IRF 配置，网络正常的情况下 S3 的 VLAN 10 优先使用 GE 0/1 端口转发，VLAN 20 的流量优先使用 GE 0/2 端口转发；S4 的 VLAN 10 优先使用 GE 0/2 端口转发，VLAN 20 的流量优先使用 GE 0/1 端口转发。

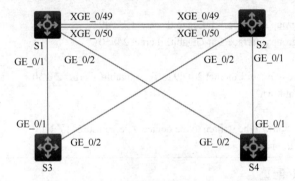

图 9-2-1 IRF 与 MSTP 联动配置实验拓扑结构

9.2.4 实验步骤

步骤 1：配置 S1

```
[H3C]sysname S1
[S1]interface Ten-GigabitEthernet 1/0/49
[S1-Ten-GigabitEthernet1/0/49]shutdown
[S1-Ten-GigabitEthernet1/0/49]quit
[S1]interface Ten-GigabitEthernet 1/0/50
[S1-Ten-GigabitEthernet1/0/50]shutdown
[S1-Ten-GigabitEthernet1/0/50]quit
[S1]irf-port 1/1
[S1-irf-port1/1]port group interface Ten-GigabitEthernet 1/0/49
[S1-irf-port1/1]port group interface Ten-GigabitEthernet 1/0/50
[S1-irf-port1/1]quit
[S1]interface range Ten-GigabitEthernet 1/0/49 to Ten-GigabitEthernet 1/0/50
[S1-if-range]undo shutdown
[S1-if-range]quit
[S1]save
The current configuration will be written to the device. Are you sure? [Y/N]:y
```

```
[S1]irf-port-configuration active
```

步骤 2：配置 S2

```
[H3C]sysname S2
[S2]irf member 1 renumber 2
Renumbering the member ID may result in configuration change or loss. Continue?[Y/N]:y
<S2>reboot
[S2]interface Ten-GigabitEthernet 2/0/49
[S2-Ten-GigabitEthernet2/0/49]shutdown
[S2-Ten-GigabitEthernet2/0/49]quit
[S2]interface Ten-GigabitEthernet 2/0/50
[S2-Ten-GigabitEthernet2/0/50]shutdown
[S2-Ten-GigabitEthernet2/0/50]quit
[S2]irf-port 2/2
[S2-irf-port2/2]port group interface Ten-GigabitEthernet 2/0/49
[S2-irf-port2/2]port group interface Ten-GigabitEthernet 2/0/50
[S2-irf-port2/2]quit
[S2]interface range Ten-GigabitEthernet 2/0/49 to Ten-GigabitEthernet 2/0/50
[S2-if-range]undo shutdown
[S2]save
The current configuration will be written to the device. Are you sure? [Y/N]:y
[S2]irf-port-configuration active
```

步骤 3：验证 IRF 配置

S2 重启完成后，成为 S1 的 Slave。

```
[S1]display irf
MemberID      Role      Priority   CPU-Mac              Description
*+1           Master    1          4cbd-9ada-0204    ---
2             Standby   1          4cbd-9eb7-0304    ---
--------------------------------------------------
* indicates the device is the master. //*标识代表为 Master
+ indicates the device through which the user logs in. //+标识代表当前用户登录的设备
The bridge MAC of the IRF is: 4cbd-9ada-0200
Auto upgrade                    : yes
Mac persistent                  : 6 min
Domain ID                       : 0
```

步骤 4：MSTP 配置，实现数据流的控制，满足网络要求

```
[S1]vlan 10
[S1-vlan10]vlan 20
[S1-vlan20]quit
[S1]interface GigabitEthernet 1/0/1
[S1-GigabitEthernet1/0/1]port link-type trunk
[S1-GigabitEthernet1/0/1]port trunk permit vlan    10 20
[S1-GigabitEthernet1/0/1]quit
```

```
[S1]interface GigabitEthernet 1/0/2
[S1-GigabitEthernet1/0/2]port link-type trunk
[S1-GigabitEthernet1/0/2]port trunk permit vlan    10 20
[S1-GigabitEthernet1/0/2]quit
[S1]interface GigabitEthernet 2/0/1
[S1-GigabitEthernet2/0/1]port link-type trunk
[S1-GigabitEthernet2/0/1]port trunk permit vlan    10 20
[S1-GigabitEthernet2/0/1]quit
[S1]interface GigabitEthernet 2/0/2
[S1-GigabitEthernet2/0/2]port link-type trunk
[S1-GigabitEthernet2/0/2]port trunk permit vlan    10 20
[S1-GigabitEthernet2/0/2]quit
[S1]stp region-configuration
[S1-mst-region]region-name test
[S1-mst-region]revision-level 1
[S1-mst-region]instance 1 vlan 10
[S1-mst-region]instance 2 vlan 20
[S1-mst-region]active region-configuration
[S1-mst-region]quit
[S1]stp instance 1 priority 0
[S1]stp instance 2 priority 0
[S1]interface GigabitEthernet 1/0/1
[S1-GigabitEthernet1/0/1]stp instance 2 cost 200
[S1-GigabitEthernet1/0/1]quit
[S1]interface GigabitEthernet 2/0/2
[S1-GigabitEthernet2/0/2]stp instance 1 cost 200
[S1-GigabitEthernet2/0/2]quit
[S1]interface GigabitEthernet 1/0/2
[S1-GigabitEthernet1/0/2]stp instance 2 cost 200
[S1-GigabitEthernet1/0/2]quit
[S1]interface GigabitEthernet 2/0/2
[S1-GigabitEthernet2/0/2]stp instance 1 cost 200
[S1-GigabitEthernet2/0/2]quit

[S3]vlan 10
[S3-vlan10]vlan 20
[S3-vlan20]quit
[S3]interface GigabitEthernet 1/0/1
[S3-GigabitEthernet1/0/1]port link-type trunk
[S3-GigabitEthernet1/0/1]port trunk permit vlan 10 20
[S3-GigabitEthernet1/0/1]quit
[S3]interface GigabitEthernet 1/0/2
[S3-GigabitEthernet1/0/2]port link-type trunk
[S3-GigabitEthernet1/0/2]port trunk permit vlan 10 20
[S3-GigabitEthernet1/0/2]quit
[S3]stp region-configuration
```

```
[S3-mst-region]region-name test
[S3-mst-region]revision-level 1
[S3-mst-region]instance 1 vlan 10
[S3-mst-region]instance 2 vlan 20
[S3-mst-region] active region-configuration
[S3-mst-region]quit
[S3]interface GigabitEthernet 1/0/1
[S3-GigabitEthernet1/0/1] stp instance 2 cost 200
[S3-GigabitEthernet1/0/1]quit
[S3]interface GigabitEthernet 1/0/2
[S3-GigabitEthernet1/0/2]stp instance 1 cost 200
[S3-GigabitEthernet1/0/2]quit

[S4]vlan 10
[S4-vlan10]vlan 20
[S4-vlan20]quit
[[S4]interface GigabitEthernet 1/0/1
[S4-GigabitEthernet1/0/1]port link-type trunk
[S4-GigabitEthernet1/0/1]port trunk permit vlan 10 20
[S4-GigabitEthernet1/0/1]quit
[S4]interface GigabitEthernet 1/0/2
[S4-GigabitEthernet1/0/2]port link-type trunk
[S4-GigabitEthernet1/0/2]port trunk permit vlan 10 20
[S4-GigabitEthernet1/0/2]quit
[S4]stp region-configuration
[S4-mst-region]region-name test
[S4-mst-region]revision-level 1
[S4-mst-region]instance 1 vlan 10
[S4-mst-region]instance 2 vlan 20
[S4-mst-region]ac region-configuration
[S4-mst-region]quit
[S4]interface GigabitEthernet 1/0/1
[S4-GigabitEthernet1/0/1]stp instance 1 cost 200
[S4-GigabitEthernet1/0/1]quit
[S4]interface GigabitEthernet 1/0/2
[S4-GigabitEthernet1/0/2]stp instance 2 cost 200
[S4-GigabitEthernet1/0/2]dis this
[S4-GigabitEthernet1/0/2]quit
```

步骤 5：在 S3 和 S4 上验证 MSTP 配置

```
[S3]display stp brie
MST ID   Port                         Role   STP State    Protection
0        GigabitEthernet1/0/1         DESI   FORWARDING   NONE
0        GigabitEthernet1/0/2         DESI   FORWARDING   NONE
1        GigabitEthernet1/0/1         ROOT   FORWARDING   NONE
1        GigabitEthernet1/0/2         ALTE   DISCARDING   NONE
```

2	GigabitEthernet1/0/1	ALTE	DISCARDING	NONE
2	GigabitEthernet1/0/2	ROOT	FORWARDING	NONE
[S4]dis stp brie				
MST ID	Port	Role	STP State	Protection
0	GigabitEthernet1/0/1	ALTE	DISCARDING	NONE
0	GigabitEthernet1/0/2	ROOT	FORWARDING	NONE
1	GigabitEthernet1/0/1	ALTE	DISCARDING	NONE
1	GigabitEthernet1/0/2	ROOT	FORWARDING	NONE
2	GigabitEthernet1/0/1	ROOT	FORWARDING	NONE
2	GigabitEthernet1/0/2	ALTE	DISCARDING	NONE

9.2.5　思考

对比 MSTP+VRRP 配置实验，MSTP+IRF 配置有什么不同？

9.3　BFD 配置

9.3.1　原理概述

BFD（bidirectional forwarding detection，双向转发检测）用于检测 IP 地址网络中链路连通状况，确保设备能够快速检测到通信故障，便于及时采取措施保证通信业务。

1. BFD 检测模式

BFD 可以进行单跳检测和多跳检测：

单跳检测用于直连设备的检测，单跳是指 IP 地址的一跳；

多跳检测是指 BFD 可以检测两个设备间任意路径的情况，这里的路径可以跨越多个 IP 地址的跳数。

2. BFD 会话的建立

BFD 本身没有发现机制，需要依赖上层协议建立会话，过程如下：

① 上层协议通过自己协议的 Hello 报文建立关系；

② 上层协议在建立关系后，将邻居参数和检测参数通告给 BFD；

③ BFD 根据收到的参数建立 BFD 的会话。

3. BFD 会话的工作方式

echo 方式：本端使用 UDP 协议 3785 端口发送 echo 报文建立 BFD 会话，对链路进行检测，对端不建立 BFD 会话，只需要将收到的 echo 报文转发回本端，只支持单跳检测.

控制方式：链路两端通过周期性发送控制报文，建立 BFD 会话，对链路进行检测；单跳检测使用 UDP 协议 3784 端口发送控制报文，多跳检测使用 UDP 协议 4784 端口发送控制报文。

4. BFD 会话的拆除

① BFD 检测到链路故障，拆除 BFD 会话，通知上层协议邻居不可达；

② 上层协议中止邻居关系；

③ 如果网络中存在备用路径，设备将选择备用路径进行通信。

9.3.2　实验目的

① 理解 BFD 的原理和应用场景。
② 掌握 BFD 的配置。
③ 掌握 VRRP 与 BFD 联动的配置。

9.3.3　实验内容

本实验拓扑结构如图 9-3-1 所示，实验编址如表 9-3-1 所示。S1 和 S2 是某企业的核心交换机，S3 是接入层交换机，R1 是路由器，模拟出口网关；S1、S2、R1 使用 OSPF 协议组网；S1 与 S2 之间运行 VRRP 协议，S1 作为主网关，S2 为备份网关；当主网关 S1 发生故障，切换到 S2 时，如果单纯依靠 VRRP 进行故障的切换，需要的时间较长，现在 S2 上配置 BFD 检测机制，加速 VRRP 故障切换的过程，提高网络的性能。

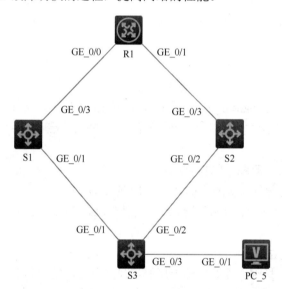

图 9-3-1　VRRP 与 BFD 联动配置实验拓扑结构

表 9-3-1　实验编址表

设备	接口	接口类型	VLAN ID	IP 地址/掩码	网关
	GE 0/1	trunk	VLAN 10	N/A	N/A
S1	GE 0/3	access	VLAN 30	10.1.11.2/24	N/A
	VLAN 10	N/A	N/A	192.168.10.253/24	192.168.10.254/24
	GE 0/2	trunk	VLAN 10	N/A	N/A
S2	GE 0/3	access	VLAN 30	10.1.12.2/24	N/A
	VLAN 10	N/A	N/A	192.168.10.252/24	192.168.10.254/24
	GE 0/1	trunk	VLAN 10	N/A	N/A
S3	GE 0/2	trunk	VLAN 10	N/A	N/A
	GE 0/3	access	VLAN 10	N/A	N/A

续表

设备	接口	接口类型	VLAN ID	IP 地址/掩码	网关
R1	GE 0/0	N/A	N/A	10.1.11.1/24	N/A
	GE 0/1	N/A	N/A	10.1.12.1/24	N/A
	Loopback 0	N/A	N/A	10.100.0.1/32	N/A
PC_5	GE 0/1	N/A	N/A	192.168.10.1/24	192.168.10.254/24

9.3.4 实验步骤

步骤 1：基本配置

S1 的配置，如下所示：

```
[H3C]sysname S1
[S1]vlan 10
[S1-vlan10]vlan 30
[S1-vlan30]quit
[S1]interface GigabitEthernet 1/0/1
[S1-GigabitEthernet1/0/1] port link-type trunk
[S1-GigabitEthernet1/0/1] port trunk permit vlan 10
[S1]interface GigabitEthernet 1/0/3
[S1-GigabitEthernet1/0/3] port access vlan 30
[S1-GigabitEthernet1/0/3] undo stp enable
[S1-GigabitEthernet1/0/3]quit
[S1]interface Vlan-interface    10
[S1-Vlan-interface10] ip address 192.168.10.253 24
[S1-Vlan-interface10] vrrp vrid 1 virtual-ip 192.168.10.254
[S1-Vlan-interface10] vrrp vrid 1 priority 110
[S1-Vlan-interface10] vrrp vrid 1 timer advertise 1000     //调整 vrrp 的 hello 报文时间为 10 s，便于观察
[S1-Vlan-interface10]quit
[S1]interface Vlan-interface 30
[S1-Vlan-interface30] ip address 10.1.11.2 24
```

S2 的配置，如下所示：

```
[H3C]sysname S2
[S2]vlan 10
[S2-vlan10]vlan 30
[S2-vlan30]quit
[S2]interface GigabitEthernet 1/0/2
[S2-GigabitEthernet1/0/2] port link-type trunk
[S2-GigabitEthernet1/0/2] port trunk permit vlan 10
[S2]interface GigabitEthernet 1/0/3
[S2-GigabitEthernet1/0/3] port access vlan 30
[S2-GigabitEthernet1/0/3] undo stp enable
[S2-GigabitEthernet1/0/3]quit
[S2]interface Vlan-interface    10
[S2-Vlan-interface10] ip address 192.168.10.252 24
[S2-Vlan-interface10] vrrp vrid 1 virtual-ip 192.168.10.254
```

```
[S2-Vlan-interface10] vrrp vrid 1 timer advertise 1000        //调整 VRRP 的 hello 报文时间为 10 s，便于观察
[S2-Vlan-interface10]quit
[S2]interface Vlan-interface 30
[S2-Vlan-interface30] ip address 10.1.12.2 24
```

S3 的配置，如下所示：

```
[S3]vlan 10
[S3-vlan10]port GigabitEthernet 1/0/3
[S3-vlan10]quit
[S3]interface GigabitEthernet 1/0/1
[S3-GigabitEthernet1/0/1]port link-type trunk
[S3-GigabitEthernet1/0/1]port trunk permit vlan 10
[S3-GigabitEthernet1/0/1] quit
[S3]interface GigabitEthernet 1/0/2
[S3-GigabitEthernet1/0/2]port link-type trunk
[S3-GigabitEthernet1/0/2]port trunk permit vlan 10
[S3-GigabitEthernet1/0/2] quit
```

步骤 2：S1、S2、R1 间的 OSPF 配置

```
[S1]ospf 1
[S1-ospf-1]area 0
[S1-ospf-1-area-0.0.0.0] network 10.1.11.2 0.0.0.0
[S1-ospf-1-area-0.0.0.0] network 192.168.10.0 0.0.0.255

[S2]ospf 1
[S2-ospf-1]area 0
[S2-ospf-1-area-0.0.0.0] network 10.1.12.2 0.0.0.0
[S2-ospf-1-area-0.0.0.0] network 192.168.10.0 0.0.0.255

[R1]interface GigabitEthernet 0/0
[R1-GigabitEthernet0/0] ip address 10.1.11.1 24
[R1-GigabitEthernet0/0]quit
[R1]interface GigabitEthernet 0/1
[R1-GigabitEthernet0/1] ip address 10.1.12.1 24
[R1-GigabitEthernet0/1]quit
[R1]interface LoopBack 0
[R1-LoopBack0]ip address 10.100.0.1 32        //模拟出一个主机的 IP 地址
[R1]ospf 1
[R1-ospf-1]area 0
[R1-ospf-1-area-0.0.0.0] network 10.1.11.1 0.0.0.0
[R1-ospf-1-area-0.0.0.0] network 10.1.12.1 0.0.0.0
[R1-ospf-1-area-0.0.0.0] network 10.100.0.1 0.0.0.0
```

步骤 3：在 PC_5 上连续发送数据报文访问 R1 的 Loopback 0 口网络

```
<H3C>ping -c 10000 10.100.0.1
```

步骤 4：S1 上断开 GE 0/1 口，模拟链路故障

```
[S1]interface GigabitEthernet 1/0/1
[S1-GigabitEthernet1/0/1]shutdown
```

步骤 5：在 PC_5 上观察没有配置 BFD 之前 VRRP 切换网关时数据丢包情况

```
<H3C>ping -c   10000 10.100.0.1
Ping 10.100.0.1 (10.100.0.1): 56 data bytes, press CTRL_C to break
56 bytes from 10.100.0.1: icmp_seq=0 ttl=254 time=5.000 ms
56 bytes from 10.100.0.1: icmp_seq=12 ttl=254 time=3.000 ms
Request time out
Request time out
Request time out
Request time out
Request time out
Request time out
Request time out
Request time out
Request time out
Request time out
Request time out
Request time out
Request time out
Request time out
Request time out
Request time out
Request time out
56 bytes from 10.100.0.1: icmp_seq=30 ttl=254 time=4.000 ms
56 bytes from 10.100.0.1: icmp_seq=31 ttl=254 time=3.000 ms
56 bytes from 10.100.0.1: icmp_seq=32 ttl=254 time=3.000 ms
```

步骤 6：恢复 S1 的 GE 0/1 链路

```
[S1]interface GigabitEthernet 1/0/1
[S1-GigabitEthernet1/0/1]undo shutdown
```

步骤 7：在 S2 上配置 BFD

```
[S2]bfd echo-source-ip 10.200.0.1
```

注意：此处的 IP 地址用于发送 echo 报文，IP 地址可以不存在，但是不得配置与已存在的业务网段相同的 IP，请合理规划设计。

```
[S2]interface vlan 10
[S2-Vlan-interface10] vrrp vrid 1 track 1 switchover
[S2-Vlan-interface10] bfd min-echo-receive-interval 100
[S2-Vlan-interface10] bfd detect-multiplier 3
[S2-Vlan-interface10]quit
```

```
[S2]track 1 bfd echo interface Vlan-interface 10 remote ip 192.168.10.253 local ip 192.168.10.252
```

步骤 8：重复步骤 4 和步骤 5 的操作，观察配置 BFD 后 VRRP 切换网关时数据丢包的情况

```
<H3C>ping -c    10000 10.100.0.1
Ping 10.100.0.1 (10.100.0.1): 56 data bytes, press CTRL_C to break
56 bytes from 10.100.0.1: icmp_seq=0 ttl=254 time=5.000 ms
Request time out
56 bytes from 10.100.0.1: icmp_seq=28 ttl=254 time=6.000 ms
56 bytes from 10.100.0.1: icmp_seq=29 ttl=254 time=4.000 ms
56 bytes from 10.100.0.1: icmp_seq=30 ttl=254 time=3.000 ms
```

发现切换明显加快，提升了网络的可靠性。

9.3.5　思考

BFD 的 delay-up 时间有什么作用？

9.4　Smart-link 配置

9.4.1　原理概述

Smart-link 是一种针对双上行组网的解决方案，实现了冗余备份和快速收敛。STP 协议在收敛速度上可以达到秒级，但是对于收敛速度很高的组网需求来说，Smart-link 技术收敛速度更快。

① Smart-link 组：每个组包含两个端口：主端口和从端口。主端口处于转发状态，从端口阻塞，处于待命状态；当主端口出现链路故障时，Smart-link 组自动阻塞该端口，并将从端口切换至转发状态。

② 主链路和从链路：主端口所在的链路为主链路，从端口所在的链路为从链路。

③ Flush 报文：当 Smart-link 组链路切换时，使用 Flush 的组播报文来通知其他设备刷新 MAC 地址表和 ARP/ND【IPv6】表项。

④ 保护 VLAN：是 Smart-link 组要保护的 VLAN，同一个端口上不同的 Smart-link 组保护不同的 VLAN。端口在保护 VLAN 上的转发状态由端口在其所属的 Smart-link 组内的状态决定。

⑤ 发送控制 VLAN：是用于发送 Flush 报文的 VLAN。当链路发生切换时，设备会在控制 VLAN 内发送 Flush 报文。

9.4.2　实验目的

① 理解 Smart-link 原理。
② 掌握 Smart-link 的配置。

9.4.3 实验内容

本实验拓扑结构如图 9-4-1 所示。S1、S2、S3 组成的网络拓扑，S3 是运行了 Smart-link 的设备。S3 上的 VLAN 2～VLAN 20 的流量通过 S1 和 S2 双上行转发。S3 通过配置实现双上行灵活备份和负载分担，VLAN 2～VLAN 10 的流量经过 S1 转发，VLAN 11～VLAN 20 的流量经过 S2 转发。

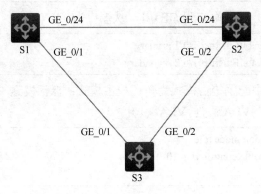

图 9-4-1 Smart-link 配置实验拓扑结构

步骤 1：配置 S3

在 S3 上创建 VLAN 2～VLAN 20；将 VLAN 2～VLAN 10 映射到 MSTI 1、VLAN 11～VLAN 20 映射到 MSTI 2 上，激活 MSTP 域的配置：

```
[H3C]sysname S3
[S3]vlan 2 to 20
[S3]stp region-configuration
[S3-mst-region]region-name smlk
[S3-mst-region]revision-level 1
[S3-mst-region]instance 1 vlan 2 to 10
[S3-mst-region]instance 2 vlan 11 to 20
[S3-mst-region]active region-configuration
[S3-mst-region]quit
```

关闭端口 GE 0/1 和 GE 0/2，关闭 STP 协议，将端口配置为 Trunk 端口，允许 VLAN 2～VLAN 20 通过：

```
[S3]interface GigabitEthernet 1/0/1
[S3-GigabitEthernet1/0/1]shutdown
[S3-GigabitEthernet1/0/1]undo stp enable
[S3-GigabitEthernet1/0/1]port link-type trunk
[S3-GigabitEthernet1/0/1]port trunk permit vlan 2 to 20
[S3-GigabitEthernet1/0/1]quit
[S3]interface GigabitEthernet 1/0/2
[S3-GigabitEthernet1/0/2]shutdown
[S3-GigabitEthernet1/0/2]undo stp enable
```

```
[S3-GigabitEthernet1/0/2]port link-type trunk
[S3-GigabitEthernet1/0/2]port trunk permit vlan 2 to 20
[S3-GigabitEthernet1/0/2]quit
```

创建 Smart-link 组 1，并配置其保护 VLAN 为 MSTI 1 所映射的 VLAN：

```
[S3]smart-link group 1
[S3-smlk-group1]protected-vlan reference-instance 1
```

配置 Smart-link 组 1 的主端口为 GE 0/1，从端口为 GE 0/2：

```
[S3-smlk-group1]port GigabitEthernet 1/0/1 primary
[S3-smlk-group1]port GigabitEthernet 1/0/2 secondary
```

在 Smart-link 组 1 中配置抢占模式为角色抢占模式；激活发送 Flush 报文的功能，并指定发送 Flush 报文的控制 VLAN 为 VLAN 10：

```
[S3-smlk-group1]preemption mode role
[S3-smlk-group1]flush enable control-vlan 10
[S3-smlk-group1]quit
```

创建 Smart-link 组 2，并配置其保护 VLAN 为 MSTI 2 所映射的 VLAN：

```
[S3]smart-link group 2
[S3-smlk-group2]protected-vlan reference-instance 2
```

配置 Smart-link 组 2 的主端口为 GE 0/2，从端口为 GE 0/1：

```
[S3-smlk-group2]port GigabitEthernet 1/0/1 secondary
[S3-smlk-group2]port GigabitEthernet 1/0/2 primary
```

在 Smart-link 组 2 中配置抢占模式为角色抢占模式；激活发送 Flush 报文的功能，并指定发送 Flush 报文的控制 VLAN 为 VLAN 20：

```
[S3-smlk-group2]preemption mode role
[S3-smlk-group2]flush enable control-vlan 20
[S3-smlk-group2]quit
```

重新开启端口 GE 0/1 和 GE 0/2：

```
[S3]int GigabitEthernet 1/0/1
[S3-GigabitEthernet1/0/1]undo shutdown
[S3-GigabitEthernet1/0/1]quit
[S3]interface GigabitEthernet 1/0/2
[S3-GigabitEthernet1/0/2]undo shutdown
[S3-GigabitEthernet1/0/2]quit
```

步骤 2：配置 S1

```
[H3C]sysname S1
[S1]vlan 2 to 20
[S1]interface GigabitEthernet 1/0/1
```

```
[S1-GigabitEthernet1/0/1]port link-type trunk
[S1-GigabitEthernet1/0/1]port trunk permit vlan 1 to 20
[S1-GigabitEthernet1/0/1]undo stp enable
[S1-GigabitEthernet1/0/1] smart-link flush enable control-vlan 10 20
[S1-GigabitEthernet1/0/1]quit
[S1]interface GigabitEthernet 1/0/24
[S1-GigabitEthernet1/0/24]port link-type trunk
[S1-GigabitEthernet1/0/24]port trunk permit vlan 1 to 20
[S1-GigabitEthernet1/0/24]smart-link flush enable control-vlan 10 20
[S1-GigabitEthernet1/0/24]quit
```

步骤 3：配置 S2

```
[H3C]sysname S2
[S2]vlan 2 to 20
[S2]interface GigabitEthernet 1/0/2
[S2-GigabitEthernet1/0/2]port link-type trunk
[S2-GigabitEthernet1/0/2]port trunk permit vlan 1 to 20
[S2-GigabitEthernet1/0/2]undo stp enable
[S2-GigabitEthernet1/0/2] smart-link flush enable control-vlan 10 20
[S2-GigabitEthernet1/0/2]quit
[S2]interface GigabitEthernet 1/0/24
[S2-GigabitEthernet1/0/24]port link-type trunk
[S2-GigabitEthernet1/0/24]port trunk permit vlan 1 to 20
[S2-GigabitEthernet1/0/24]smart-link flush enable control-vlan 10 20
[S2-GigabitEthernet1/0/24]quit
```

步骤 4：验证 Smart-link 配置

```
[S3]display smart-link group all
Smart link group 1 information:
Device ID        : 62a0-9a09-0300
Preemption mode : Role
Preemption delay: 1(s)
Control VLAN     : 10
Protected VLAN   : Reference Instance 1
Member            Role           State       Flush-count    Last-flush-time
--------------------------------------------------------------------------------
GE1/0/1           PRIMARY        ACTIVE      2              14:24:45 2022/01/17
GE1/0/2           SECONDARY      STANDBY     0              NA
Smart link group 2 information:
Device ID        : 62a0-9a09-0300
 Preemption mode : Role
Preemption delay: 1(s)
Control VLAN     : 20
Protected VLAN   : Reference Instance 2
Member            Role           State       Flush-count    Last-flush-time
--------------------------------------------------------------------------------
```

GE1/0/2	PRIMARY ACTIVE	1	14:24:57 2022/01/17
GE1/0/1	SECONDARY STANDBY	2	14:24:45 2022/01/17

步骤 5：关闭 S2 的 GE 0/2 口，查看设备上收到的 Flush 报文信息：

```
[S1]display smart-link flush
Received flush packets                        : 2
Receiving interface of the last flush packet : GigabitEthernet1/0/1
Receiving time of the last flush packet    : 14:59:19 2022/01/17
Device ID of the last flush packet         : 62a0-9a09-0300
Control VLAN of the last flush packet       : 20
```

9.4.4 思考

1. 在上述实验过程中，为什么要先关闭 STP 协议？

2. S3 的两条上行链路 GE 0/1 和 GE 0/2 中任意一条发生故障时，故障消息是如何发送的？

参 考 文 献

[1] 新华三大学. 路由交换技术详解与实践. 北京：清华大学出版社，2019.

[2] 华为技术有限公司. HCNP 路由交换实验指南. 北京：人民邮电出版社，2014.